U0285599

阶梯形变截面桩优化设计方法及应用

方　焘　刘新荣　黄　明　著

中国建筑工业出版社

图书在版编目（CIP）数据

阶梯形变截面桩优化设计方法及应用/方焘，刘新荣，黄明著. —北京：中国建筑工业出版社，2020.2
ISBN 978-7-112-24762-2

Ⅰ. ①阶… Ⅱ. ①方… ②刘… ③黄… Ⅲ. ①群桩-桩基础-桩承载力-最优设计-研究 Ⅳ. ①TU473.1

中国版本图书馆CIP数据核字（2020）第022318号

阶梯形变截面桩是基桩结构形式的一种，其设计计算理论滞后于工程实践。近些年，通过不断的工程实践证明：该类型桩受力更合理、更经济，其发展应用具有良好的经济价值和技术优势，但对该类型桩基础的变形及承载特性和计算理论的研究尚不系统、不完善。

本书采用试验研究、理论分析、数值模拟和程序研发相结合的研究方法，对阶梯形变截面桩的变形及承载特性进行了较为系统和深入的研究，给该类型桩基础设计计算奠定了一定的技术基础。书中内容为深入认识阶梯形变截面桩变形及承载特性提供了理论依据及技术支持，同时，给出了阶梯形变截面桩设计计算方法及程序。

本书可作为道路工程、铁道工程、土木工程领域内的设计、施工、管理和科研等人员的参考用书，也可作为道路与铁道工程、岩土工程及其相近专业的本科生和研究生的学习参考用书。

责任编辑：张伯熙　王　治
责任校对：赵听雨

阶梯形变截面桩优化设计方法及应用
方　焘　刘新荣　黄　明　著

*

中国建筑工业出版社出版、发行（北京海淀三里河路9号）
各地新华书店、建筑书店经销
霸州市顺浩图文科技发展有限公司制版
北京中科印刷有限公司印刷

*

开本：787毫米×960毫米　1/16　印张：17¾　字数：334千字
2021年6月第一版　2021年6月第一次印刷
定价：**80.00**元
ISBN 978-7-112-24762-2
（35084）

作者简介

方焘，安徽太湖人，2012年获重庆大学土木工程工学博士学位，澳大利亚纽卡斯尔大学访问学者，全国基坑工程研讨会学术委员会委员。目前为华东交通大学科学技术发展院副院长、教授、硕士生导师，主要从事深基坑工程、地下空间及隧道工程、路基工程等教学与科研工作。主持和参与国家及省部级科研项目10余项，获得江西省科技进步二等奖、三等奖各1项，教育部科技进步二等奖1项，中国铁道学会三等奖1项，江西省教学成果二等奖1项。出版专著2部，主编教材2部，发表学术论文40余篇，其中SCI检索4篇，EI检索6篇，获批发明专利3项，软件著作权2项。

前　　言

随着我国经济的快速发展，工程建设规模日益庞大，高速铁路、高速公路等公共基础设施的兴建，扩大了桩基础的需求。如何通过技术创新解决桩基础领域面临的技术难题，更好地满足桩基础领域的发展需求，是桩基工程领域相关学者和技术人员面临的挑战。其中，优化选型是桩基发展非常重要的方面，各国学者研究均取得了长足的进步，先后在不同的工程领域出现了阶梯形变截面桩、扩底桩、结节桩、支盘桩、多级扩径桩、钉形桩、锥形桩等新结构形式。阶梯形变截面桩在国内多座著名桥梁桩基础领域获得了较好的运用，解决了诸多工程技术难题，但明显的是：该类型桩基实践应用先于理论，其设计参数及相关计算理论的开展、系统深入的研究已经引起了桩基础相关科技人员的关注与重视。

目前，国内外不少专家学者对阶梯形变截面桩的变形特性及承载特性开展了一定程度的理论及试验研究，但是由于缺乏对阶梯形变截面桩的变截面比、变截面位置等参数对该类型桩基础水平及竖向变形与承载特性影响的充分认识，缺少变截面位置桩土相互作用理论及试验研究成果，致使该类型桩基础试验、理论研究成果尚不系统、不完善，没有形成规范，从而给其推广应用、设计和施工带来了较大困难。为此，合理确定变截面桩的设计计算参数，提出设计计算方法，充分认识阶梯形变截面桩的变形及承载特性，是解决该类型桩基设计的核心问题。在国家自然科学基金项目（51568021）以及相关省厅级课题的资助下，本书在弹性桩设计计算理论基础上，通过室内模型试验揭示了在均匀地层情况下，阶梯形变截面弹性桩承载最优变截面比、最优变截面位置等参数，通过现场试验和数值分析相结合的方法，认识了变截面桩承载及变形特性，提出了基于变形协调原则竖向承载特性分析方法，基于弹性桩设计计算方法的横向承载性状分析方法，并研发了相关设计计算软件，书中附研发源程序，给读者的研究带来便利。

本书在著写过程中，得到了我校岩土所多位教授的指导。同时，参与本书撰写的人员还有张胤红、郭国军等，对他们给予我的帮助，我表示衷心的感谢。

由于作者水平有限，书中难免有不妥之处，恳请广大学者和读者批评指正。

目　录

1 绪　　论

从最早的木桩使用至今，桩基的发展已经历了一万多年的历史。自 20 世纪 80 年代以来，随着城市高层、超高层建筑及大跨度桥梁等建（构）筑物的建设，为满足这些建筑物和结构的荷载及变形要求，并适应各种复杂的地质条件，桩基得到了广泛的应用。如今，随着经济社会的进一步发展和工程实践的需求，桩基在桩型、桩径、制作方法、施工技术、设计方法等方面也有了新的发展。为适应不同的工程地质环境，满足工程实践的需要，锥形桩、竹节桩、挤扩支盘灌注桩、阶梯形变截面桩等异型桩也得到了较快发展。

1.1 研究背景和意义

随着我国经济的快速发展，工程建设规模日益庞大，高速铁路、高速公路等公共基础设计的兴建，扩大了桩基的需求。尤其是在高速铁路对工后沉降的严格要求下，常采用桩网复合结构处理软土地基或以桥代路。因此，桥梁在高速铁路中所占的密度越来越大。我国京沪高铁全长 1318km，包含大小桥梁 238 座，桥梁长度达 1061km，占线路总长的 80.5%，江苏省内桥梁密度更是高达 90%以上，远高于一般铁路桥梁密度（20%）。桩基以其承载力大、易控制沉降的特点，在桥梁中得到了广泛应用。我国台湾省高速铁路的 75%为桥梁，基础均采用大口径钻孔灌注桩，基桩总量超过 30000 根，设计直径 1.5～2.5m，平均桩长 50～60m，最大桩长约 72m，基础工程花费巨大。同时，高速铁路桥梁的自重及荷载远超过普通的公路桥梁，为提高桥梁基础的承载力，要求桩基的桩径、桩长越来越大，基础工程的费用将有可能超过总投资的 30%。

因此，在保证安全的前提下，如何通过桩基技术、理论创新，满足工程上高质量、快进度和低造价的严格要求，是学者和工程技术人员共同面临桩的新挑战。桩基的优化选型是其发展的重要方向之一，各国学者对它的研究均取得了长足的进步。先后在不同的工程领域出现了阶梯形变截面桩、扩底桩、结节桩、支盘桩、多级扩径桩、钉形桩、锥形桩等新结构形式。但是大部分新的结构形式桩基试验、理论研究成果尚不系统、不完善，没有形成规范，从而给该类型桩的推广应用、设计和施工带来了较大困难。阶梯形变截面桩实践先于理论，例如，1985年，在上官兴总工程师的倡议下，在以2000t船泊碰撞力为控制的前提下，广东省公路勘察规划设计院将广东九江大桥通航孔边墩由6ϕ1.5m钻孔灌注桩修改为2根（ϕ3m、ϕ2.5m、ϕ2m）无承台变截面桩。这样不仅减少了4822m^3混凝土，而且仅用3个月就完成了施工任务。2007年九江大桥非通航孔受3000t砂船撞击垮塌，但主航道桥所受影响甚微。2003年动工兴建的世界第一大斜拉索桥—苏通大桥主墩基础采用ϕ2.8m/ϕ2.5m变截面钻孔灌注桩，成功解决了软土地区深大桩基的问题。阶梯形变截面桩一般采用沉井（护筒）、钻孔（挖孔）和桩端压浆等几种传统的工艺相互结合，与传统桩基相比，具有明显的优点。

综上所述，阶梯形变截面桩在工程领域已经得到了一定程度的应用，解决了部分桩基领域的技术难题，但是阶梯形变截面桩的相关设计理论尚不完善，对桩的承载特性、力学行为特性的研究成果尚不多见。对于阶梯形变截面桩而言，用现行规范公式确定桩基承载力显然不符合实际情况。变截面桩桩身的荷载传递规律究竟与普通桩有何差异？桩的承载机理、变形和破坏机理如何，桩的极限承载力如何测定，相应的设计参数如何准确确定，这些问题的存在，使设计者在设计时没有相应的计算理论与配套的设计方法可以遵循。只有能够很好地模拟桩的施工效应、反映桩型的承载特点以及相应的上部结构-桩基-岩土介质之间的相互作用，才能将变截面桩的工作机理分析透彻，从而解决设计与施工过程中存在的疑问。国内最早施工的变截面桩服役已经超过20年，完工后的沉降量极小，表现出了较好的承载性能和耐久性能。我国处于铁路建设的高峰期，需要建造大量的铁路桥梁，而前期公路桥梁建设中积累的经验，势必对铁路建设起借鉴作用。笔者以阶梯形变截面桩作为研究对象，探求其变形及承载特性，对丰富和获取变截面桩相关理论、设计依据具有重要的价值，对阶梯形变截面桩在桥梁桩基工程中的应用将起到良好的推动作用，同时，对节省桥梁桩基工程费用等具有重要的实际意义。

虽然桩基具有承载力高，抵抗地震、滑坡地质灾害能力强，稳定性好，可以适应各种复杂的结构及工程地质条件，灵活性强，施工进度快等优点。但桩基的造价较高，对于高层、超高层建筑物及高速铁路线路桥梁，其自重和荷载都远大于普通的建（构）筑物，为满足结构的承载力要求，桩身长度及桩径也要相应的增大，这就造成了基础工程费用的提高。因此，在满足建（构）筑物承载力要求和安全的同时，对桩基进行优化选型对于减少成本尤为重要。

1.2 桩基发展历程

1.2.1 桩基的分类和应用

1. 定义和作用

桩是深入土层的柱形构件，其作用是：将上部结构的荷载通过桩身穿过较弱地层或水传递到深部较坚硬的、压缩小的土层或岩层中，从而减少上部建（构）筑物的沉降，确保建筑物的长久安全[1]。桩基一般由与桩顶相连接的承台和基桩组成，对于不同的工程地质、受力特点及施工方式，桩基所发挥的作用也不相同，但总体讲仍是将荷载传递到土层，满足建筑物或结构荷载和变形的要求。比如，在地下水位较高的大型地下室工程中，桩可以发挥抗浮作用；在基坑工程中作为围护桩，可发挥支护作用及承受水平或竖向荷载满足建（构）筑物的水平、竖向承载力要求等。

2. 分类

随着经济社会及科学技术的发展，为满足工程实际中各种建筑物及结构的要求，桩基从最早使用的单一木桩发展到如今的各种混凝土桩、钢桩。根据划分标准的不同，桩型的分类也呈现多样化，通常可按制桩的材料、制作方法、截面特性、桩身受力状况及用途等方面进行分类。

1）按制桩的材料进行分类：

木桩：制作桩所用的材料为木材。木桩易于施工，当处于稳定的地下水位之下时，木桩使用寿命长，但承载力有限。

混凝土桩：包括素混凝土桩和钢筋混凝土桩。尤其是钢筋混凝土桩具有造价低、截面刚度大等特点，承载力较木桩大大提高。

水泥土桩：指水泥搅拌桩。水泥搅拌桩为柔性桩，具有良好的止水效果，但强度较混凝土桩低，成桩质量差，容易产生搅拌不均匀的情况，通常适用于3层以下的工业与民用建筑或者路堤。

钢桩：具有施工速度快、单桩承载力高等优点，可适应各种建筑，在工业与民用建筑、港口工程领域应用广泛。但由于桩身为钢材，单位体积造价高，经济性差；此外有些工程所在地区对钢材具有一定的腐蚀性。

2）按桩身的直径进行分类：

小直径桩：桩身的直径小于250mm；

中直径桩：桩身的直径大于250mm，但小于800mm；

大直径桩：桩身的直径大于800mm。

3）按桩身截面形状进行分类：

分为横截面形状和纵截面形状。横截面形状，桩可以分为圆桩、管桩、方形桩、外方内圆空心桩、多角形桩、H形桩、外方内异空心桩、T形桩、十字形桩等。纵截面形状，桩可以分为柱状桩（直柱状、竹节状等）、楔形桩、板状桩等。

4）按桩身的挤土情况进行分类：

大量挤土桩：对于预制管桩、闭口预应力管桩及沉管灌注桩，在入土过程中会对桩体周围土体产生明显的挤压，挤土作用明显。

少量挤土桩：对于开口钢管桩及H形钢桩，开口钢管桩在打入过程中部分土体会进入桩内形成土塞，减少了挤土作用；而H形钢桩的挤土效果与敞口管桩类似，挤土作用较小。

非挤土桩：对于钻孔桩和挖孔桩，在成桩的过程中，桩体对土体不产生挤压作用，这类桩为非挤土桩。由于没有挤土作用，桩周围土体不会产生隆起，对周边建筑物不会产生危害。

非置换而少量挤土桩：指的是水泥搅拌桩在成桩过程中没有桩土置换过程，而是利用搅拌机将水泥喷入土体并进行充分搅拌，使之与土发生系列作用使土体硬结。

5）按桩身受力状况进行分类：

桩身受力大致可分为桩身竖向受力和桩身水平受力。

(1）按桩身竖向受力可分为：

① 摩擦桩（桩的极限摩阻力 Q_{su}>50%极限承载力 Q_u）：

A. 纯摩擦桩——桩的竖向承载力几乎全由侧摩阻力提供，纯摩擦桩的极限侧摩阻力 Q_{su}≈极限承载力 Q_u。

B. 端承摩擦桩——桩的竖向承载力主要由桩侧摩阻力提供。

② 端承桩（桩的极限摩阻力 Q_{su}<50%极限承载力 Q_u）：

A. 完全端承桩——和摩擦桩不同的是，端承桩的竖向承载力几乎全由桩端阻力提供，完全端承桩的极限桩端阻力 Q_{pu}≈极限承载力 Q_u。

B. 摩擦端承桩——桩的竖向承载力主要由桩侧摩阻力提供。

(2) 按桩身水平受力可分为：

① 主动桩：当桩身受到力矩或水平力使得桩身轴线偏离初始位置，桩身所受土压力由桩身主动变位产生。

② 被动桩：桩身轴线因为所受被动土压力偏离初始位置的桩。

6) 按桩的用途、承台设置、成桩方法等分类：

按桩的用途分：抗滑桩、围护桩、基础桩、标志桩等；根据承台设置可分为：高承台桩和低承台桩；由成桩方法可分为：预制桩、灌注桩、就地搅拌桩。

3. 应用概况

主要介绍我国常用的钻孔灌注桩、沉管灌注桩、预制钢筋混凝土方桩、人工挖孔桩、预应力管桩、水泥搅拌桩及钢管桩在实际工程中的应用情况。

钻孔灌注桩虽然施工速度较慢且施工环境差，但具有单桩承载力可高可低的特点，对地层的适应性强，可适用所有建筑，广泛应用于工业与民用建筑、桥梁、水工领域。

沉管灌注桩的施工速度较快，比钻孔灌注桩造价低，但存在单桩承载力较低的问题，难进入起伏的硬持力层。一般适用于10层以下的建筑，适用范围为工业与民用建筑领域。

预应力管桩和预制钢筋混凝土方桩的单桩承载力相对较高、造价较低。适用于工业与民用建筑，一般适用于30层以下的建筑，预制钢筋混凝土方桩还可用于桥梁桩基。对于预应力管桩由于打桩过程中存在明显的挤土效应，对周边建筑物会造成损害，不宜在老城区使用。

水泥搅拌桩为柔性桩，一般适用于3层以下的建筑。此外，水泥搅拌桩具有良好的止水效果，可以作为止水桩使用，比如用于路堤加固、基坑止水等。

钢管桩的高承载力及施工作业迅速的特点使它可以适用于所有建筑。但由于桩身为钢材，它的造价也是各种桩里最高的。而人工挖孔桩在适用于所有建筑的前提下，造价比钢管桩稍低。由于桩孔为人工挖掘，桩体质量可以得到有效的保证。相对于机械施工，人工挖孔桩需要人工开挖，因此存在施工安全性低、开挖深度有限的问题，随着劳动力成本的提高，其经济性也随之降低。

1.2.2 桩基发展的趋势

我国改革开放后，国民经济进入了高速发展阶段，随着建设力度的加强，桩基在土木建设领域得到了广泛的使用。时至今日，桩基在桩型、桩径、制作方法、施工技术、设计方法等有了新的发展。

1）桩型的变化

（1）桩端（侧）压力注浆可以有效减少建筑物的沉降，具有施工速度快、经济性好等优点。注浆桩在桩端、桩侧土加固的效果良好，近些年得到了广泛的应用，沈保汉、刘金砺等研究员及张金苗教授等在这方面的理论研究及应用做了很多工作。

（2）为适应不同的工程地质环境，满足工程实践的需要，锥形桩、扩颈桩、竹节桩、挤扩支盘灌注桩等异型桩也得到了较快发展。如，挤扩支盘灌注桩对桩侧摩阻力提高效果显著，适用于黏土地层中的摩擦桩；为适应频繁的地震需要，竹节桩在国外率先使用；在淤泥质土层中，扩大头桩能够提高单桩承载力，满足工程需要。

（3）对于堤防工程，桩的竖向承载力要求不高。由于堤坝长期受到海水水平力作用，对水平承载力有一定要求，而大直径筒桩在抵抗水平力方面表现出色。

（4）其他，如大直径钻埋空心桩在桥梁深桩基应用较多，碎石型锤击灌注桩可以就地取材，在残坡积的土层加固中被广泛应用。

2）桩基直径和桩长的发展

随着工程技术的发展创新及城市空间的有效利用，建筑向高层、超高层领域发展。为了带动区域经济的发展，跨江、跨海特大桥梁的建设也相继出现。这些建（构）筑物对基础的要求不断提高，使桩的直径及长度向大直径、超长方向发展。例如：中国上海的金茂大厦使用的钢管桩长度超过 80m，中国浙江的钱塘江六桥和中国香港的西部铁路使用的钻孔灌注桩长度达到了 130m 以上，中国江西的贵溪大桥桩基桩径达到了 9.5m。

3）桩基施工技术的发展

随着人们对安全文明施工和施工环境要求的不断提高，一些会产生噪声或对其他既有建筑造成不良影响的传统施工技术和工艺正在被不断改进甚至取代。比如，传统的预制桩和钢桩的打入不但会产生噪声和振动，在打入过程中的挤土效应也会对既有建筑及附近其他设施造成不良影响。而埋入法通过先钻孔穿过硬夹层再将桩置入孔中，最后锤击沉桩到设计土层使得挤土效应很小，对于沉桩的抱压式施工可以避免传统打桩法所产生的噪声。

此外，针对正循环泥浆处理对环境造成的污染及钻孔桩的沉渣、泥皮等问题，出现了成套工艺的泵式反循环钻进系统和桩侧、桩端注浆施工技术。

4）组合桩的发展

由于复杂的工程地质及水文地质条件，在工程实践中，单一的桩型很难满足工程要求，于是组合式桩得到了应用。长短组合桩可以根据地质条件选择不同的持力层，有效利用上部荷载特性和地质条件使基础受力均匀。在刚柔桩组合中，柔性桩一般为水泥搅拌短桩，刚性桩为混凝土长桩，分别起到变形协调和控制沉降的作用，合理利用不同桩型的特点满足工程需求。其他像咬合桩组合、不同桩长的组合等也在工程中得到了应用。

5）桩基理论与设计的发展

工程的发展和进步离不开理论基础的研究。随着科学技术的发展，桩基理论的研究也取得了长足进步。对桩基的研究方法主要有：解析法、数值法、试验及实测分析，计算机技术的发展为解析法与数值法提供了一个较好的平台。在理论基础上建立合理的模型进行分析，使桩基的承载力和受力性状等方面的研究不断发展。在试验和现场实测方面，得益于现代化生产测试技术的发展，各种应变、应力测试的发明应用使试验分析不断进步，测试结果可以与理论数值等进行对比验证的同时，也为理论研究结果提供了依据。

虽然桩基的应用具有悠久的历史，但时至今日，桩基仍然有着蓬勃的生命力，且随着科学技术的进步和人类需求的变化不断发展。

1.3 阶梯形变截面桩的特点

变截面桩一般采用沉井（护筒）、钻孔（挖孔）和桩端压浆等几种传统工艺相互结合的方法施工。与传统桩基相比，具有明显的优点，主要体现在：①桩基在承载过程中有明显的挤土效应，提高了桩侧摩阻力；②变截面距桩顶较近，根据桩的竖向荷载传递规律，变截面处可以充分发挥浅层土体的承载力，且配合采用桩端压浆工艺，端承力得到保证，单桩竖向承载力高；③变截面桩充分利用了桩基在水平荷载作用下弯矩、剪力上大下小的特性，节约了材料，降低了工程造价；④基础中桩数较少，减少了水中作业，工程进度较快。

然而，由于大直径桩、变截面桩与小直径等截面桩相差较大，传统的桩基理论体系已经不能恰当地分析其工作机理和受力性状。大直径桩在荷载作用下，桩端土体不发生整体剪切破坏，而由土的压缩机理起主导作用，即随着荷载的增加，柱底以下土体产生体积压缩和向下辐射剪切，由此排出的土体足以容纳桩端的下沉体积，而不会导致土体侧向挤出形成桩端平面以上的连续剪切滑动面。变截面桩的工作机理则更为复杂，在竖向荷载作用下，上部变截面处土体首先被压缩，并向侧向挤出，周围土体的孔隙率降低，以适应桩身截面积的变化；随着荷载的进一步增加，桩底以下土体产生体积压缩和向下辐射剪切。可见桩体的竖向承载力由三部分组成：侧摩阻力、变截面处承载力、端承力，荷载-沉降的变形关系复杂；而在水平荷载作用下，由于桩身横向刚度的不同，桩体内力、位移与传统等截面桩更是相差甚远。

变截面桩虽然优点突出，但也未能在全国范围内得到大规模推广应用，由于工程技术人员对该桩型不熟悉，在设计中受传统桩型的束缚，应用中缺乏技术支持；变截面桩的工作机理复杂，桩基分析理论与设计理论不完善。现行公路或铁道桥涵地基与基础设计规范钻（挖）孔灌注桩承载力的计算公式是20世纪70年代通过108根试桩资料统计归纳得出的，其中最长的桩47m，桩径为0.8～1.2m，且桩长30m以下居多。对于大直径变截面桩而言，用现行规范中的计算公式确定桩基承载力显然不符合实际。变截面桩桩身的荷载传递规律究竟与普通桩有何差异，桩的承载机理、变形和破坏机理如何，桩的极限承载力如何确定，相应的设计参数如何准确确定等问题的存在，使设计者在设计时没有相应的计算理论与配套的设计方法可以遵循。只有能够很好地模拟桩的施工效应，反映桩型的承载特点以及相应的上部结构、桩基、岩土介质间的相互作用，才能够将变截面桩的工作机理分析透彻，从而解决设计与施工过程中存在的疑问。国内最早施工的变截面桩已经服役超过20年，完工后的沉降量极小，表现出了较好的承载性能和耐久性能。

1.4 变截面桩研究概况

随着岩土工程学科的不断进步与发展，随着桩基应用越来越多，桩基的承载力、变形及工程造价也日益成为建筑领域中最关注的问题，给从事桩基工程的技术人员提出了更高的要求，以适应新的岩土工程领域的挑战。桩基结构形式的创新、新型结构形式桩基理论的发展与完善就是桩基工程不断发展、不断向更高技术迈进的重要方面。

在这种背景下，广大学者和工程技术人员不断探索与创新对桩基的研究与应用，涌现出了许多新型桩型，变截面桩就是其中的一种。

变截面桩相对于传统普通等截面桩是一种新型结构的桩，是在等截面桩基的形式上发展起来的，与常规桩型有所不同。它是桩身横截面尺寸和形状大小沿着桩身轴向发生变化的桩体。改变桩身横截面的大小也就改变了横截面的几何特性，并且也有利于增加承载力；同样，缩减了桩身的横截面，桩体材料成本降低，工程造价相应降低，并获得了较好的经济效益。实际上，在远古时期，桩基的应用就以变截面形式存在了。古代人们使用树桩，桩体以倒置的树干作为主要支撑结构，横截面为上大下小的形式，然而真正定义变截面桩体是在水泥、混凝土的运用之后，如雷蒙德阶梯锥形桩被视为最早出现的变截面桩。随着桩基工程施工技术的不断进步，变截面桩无论是从构造形式上，还是从施工技术方面都大大提高，并不断变化和逐步完善。目前较为常用变截面桩有以下几种类型：

（1）按构造形式分：扩底桩、多级扩径桩、楔形桩、阶梯形变截面桩、分段变截面（变径）桩和组合桩等；

（2）按材料分：混凝土桩、组合桩；

（3）按施工方法分：沉管大头桩、钻孔削扩桩、钻孔挤扩桩、挖孔扩底桩、沉管夯扩桩、混合型桩等。

变截面桩大多具有工程性能高，机械设备易改造，经济效益好等优点，越来越多的应用在各种工程中。但变截面桩多属于新技术，对理论和设计方法仍有待于进一步的研究。

变截面桩的种类繁多，但限于本书篇幅及在模型试验中所采用的桩型（阶梯形变截面桩）不同，将对楔形桩、阶梯形变截面桩、钉形搅拌桩等国内外研究现状作重点介绍。

1）楔形桩

楔形桩（或锥形桩）是一种既节省材料、施工简便，又能提高桩的单位承载力的优良桩型。它巧妙地利用桩的楔形侧面，充分发挥了桩—土间的相互作用，犹如楔子楔入地基土中。除桩侧摩阻力（切向抗力）外，土体还对楔形侧面产生一法向抗力，即支承力，从而提高了楔形桩的承载力。实践表明：楔形桩与其他桩型相比具有以下特点：

① 打入成桩时，楔形桩改变了桩周土的天然结构状态，有利于改善桩周土物理、力学性质，在桩周形成土体挤密区；

② 楔形桩的楔形侧面有利于发挥桩—土间的相互作用，在相同条件下，比等截面桩的单位体积承载力要大；

③ 在提供相同承载力条件下，楔形桩可节约混凝土工程量，从而降低工程造价，特别是在软土地区中使用楔形桩作为深基础可以取得较好的经济效益。

尽管楔形桩在提高桩基承载力、减小沉降、增加桩基安全性、降低工程造价和缩短工期等方面已取得了显著的社会和经济效益，但目前其理论研究成果相对较少，而且它在实际工程中的应用不普遍。这是因为对楔形桩的承载机理和性状研究还不够深入、不够系统。近年来，有国内外学者对楔形桩进行了一些理论和试验研究。

Rybnikov[1] 通过试验发现，楔形灌注桩的承载力要比具有相同直径和长度的等截面桩高 20%～30%。

Mahmoud Ghazavi[2] 分析了楔形桩的地震动力反应特性，结果表明：楔形桩比等长度、等体积的等截面桩有更大柔韧性，其柔韧性随侧壁倾角增加、刚度比减小、地震频率降低、长径比的增加而增加。

Mohammed Sakr[3] 通过多组楔形桩与等截面桩在砂土中的对比试验，改进了楔形桩轴向承载力的简化计算方法，研究了楔形桩的荷载传递规律，以及侧壁倾角对楔形桩抗拔性能和在循环荷载作用下楔形桩承载性状的影响。

Mohammed Sakr[4] 基于 FRP 楔形桩室内大型模拟试验研究发现：楔形 FRP 混凝土复合桩的承载性能要优于 FRP 混凝土复合等截面桩，并利用圆孔扩张理论得到了楔形 FRP 混凝土复合桩的承载力解析算式。

国内部分地区如石家庄和南京等地，于 20 世纪 70 年代末在一些工程中相继试用过楔形桩，取得了较好的技术经济效果。但目前关于楔形桩的机理研究、机具开发以及工艺试验等方面还很欠缺，使得其在国内工程中应用还不普遍。

邵立群[5] 等在四川德阳地区进行了楔形桩静荷载试验，根据试验结果分析得到楔形桩承载力高、沉降量小的特点，并建立了楔形桩极限承载力估算的经验公式。

曾月进等[6] 分析计算了桩周土压力，得到了楔形桩的承载力及沉降特点，确定了楔形桩的轴力随桩深变化的发展规律。

蒋建平[7] 等通过对扩底桩、楔形桩和等截面桩进行了同等条件下的对比试验，并进行了较为系统的总结和分析，结果表明：楔形桩与等截面桩相比，承载力增加，而沉降量减少。

刘杰等[8] 在天津地区对楔形桩在竖向荷载作用下的工作性状进行了试验研究，得到了极限承载力、桩侧摩阻力及桩端阻力的发展规律，并与同条件下等截面桩进行了对比，分析了其经济效果，指出楔形桩的平均单位承载力与等截面桩相比提高了约 80%，在相同的条件下比等截面桩节省材料约 80%。

戴加东[9] 等通过分析楔形桩的受力机理，指出其楔形构造改变了桩周土的天然结构状态，有利于发挥桩土的共同作用，从而提高了其承载力。同时还分析并介绍了楔形桩承载力与几何尺寸的一般关系以及现有的楔形桩承载力计算公式。

成立芹[10] 等研究了锥形桩在竖向荷载作用下竖向极限承载力、桩侧摩阻力以及桩端阻力的发展规律，并与相同条件下的等截面桩进行对比，结果发现前者承载力是后者的1.83倍。

崔灏等[11] 通过多种不同侧壁倾角的锥形桩的试验，对锥形桩在冻土中的承载力进行了研究，分析了温度和桩型对承载力的影响，并与等截面桩相比较，得出冻土条件下锥型桩的单位极限承载力要比等截面桩提高约60%。

钱大行等[12] 通过分析锥形短桩与土相互作用的特性以及锥形短桩在受水平和垂直荷载时的承载性能、设计施工及技术经济指标，介绍了锥形短桩在提高单位承载力、加快施工速度、降低工程成本等方面的优势。

曹文贵等[13] 利用最小势能原理，推导出了楔形桩屈曲临界荷载的计算公式。通过计算表明：在相同条件下，变截面桩较普通等截面桩稳定性好，且锥形变截面桩存在一最不利桩长。

2）挤扩支盘桩

挤扩支盘桩是目前得到应用较好的变截面桩之一。对其承载性能和变形特性的研究也十分深入。

卢成原、孟凡丽、王章杰[14~19] 等设计室内模型试验，分别对支盘桩的静、动载荷作用下的承载力和变形性能进行了详尽的研究，通过对比试验得出变截面桩承载力远远高于等截面桩，对应的沉降量也小，给出了考虑各种影响因素在内的挤扩支盘桩极限承载力计算公式。同时研究了挤扩支盘桩在不同土层中的荷载传递规律，得出当上下两盘处于不同地层时，两盘承载力的发挥不同步，荷载传递规律差别明显，计算端阻力来源于不同的支盘端阻力，但不能简单相加。同时开展了循环荷载作用下的挤扩支盘桩的模型试验研究，给出了支盘桩桩距、盘间距等参数的合理取值建议。

钱德玲[20~25] 等开展了变截面单桩的静荷载试验和有限元数值模拟分析，深入研究了变截面桩的荷载传递机理、竖向荷载作用下位移场和应力场的变化情况，同时通过模型试验研究，提出了用经验公式计算变截面桩极限承载力的安全系数取值标准，给出了合理的支盘间距和桩间距等变截面桩设计的重要参数。

邓友生[26] 等开展了不同场地变截面桩的抗拔性能试验研究，得出变截面桩可提高极限抗拔承载力的结论，在相同承载力的情况下可以进一步减小桩径和缩短桩长，节省材料。

林小伟[27] 等对不同成桩工艺对支盘桩承载特性的影响进行了模型试验研究，得出了挤扩支盘桩和旋扩支盘桩的承载力分别是等截面桩承载力的3倍和2.6倍的结论。

巨玉文[28~30] 等结合实际工程，深入分析了竖向荷载作用下挤扩支盘桩的荷载传递机理和变形特性，得出挤扩支盘桩可以提高约一倍的承载力的结论。

同时还有崔余江[31]、吴兴龙[32]、胡骏[33]、蒋力和陈轮[34,35] 等对挤扩支盘桩进行过相关研究。研究单位有中国水利水电科学研究院、北京交通大学、合肥工业大学、太原理工大学、北京建筑工程研究院、浙江工业大学、天津大学等大学和相关研究机构。

国外从事过类似研究的学者有 Ogura H、Mohan D、O′Neill 等[36～40]。

3）阶梯形变截面桩

所谓的阶梯形变截面桩就是一种桩身断面随着深度呈阶梯形逐段减小的变截面桩，也被称为倒台阶形变截面桩。如果从桩体的受力性状看，阶梯形变截面桩非常符合轴力沿桩身向下传递而呈现下小上大的特征，尤其是在层状土中，这种桩能更充分地适应地基中各层土的承载力。只要在不很深的、良好的持力层以上的适当深度内将桩身断面变大，就能够充分地发挥该持力层土的承载力。已在国内很多著名桥梁工程中得到了应用，取得了较好的经济和社会效益，著名的桥梁和变截面桩的结构形式，见表 1.4-1 和表 1.4-2。

大直径、变截面钻孔桩桥梁 **表 1.4-1**

桥　　名	桩基直径(m)	说明
韶关五里亭大桥	2ϕ5.6/ϕ3.5/ϕ3	单排无承台
江西湖口大桥	ϕ5.3/ϕ5/ϕ3.5	有承台
湘潭湘江二桥	ϕ5/ϕ3.5	单排无承台
铜陵长江大桥	ϕ4.6/ϕ4/ϕ2.8	单排无承台
武汉天心州大桥	ϕ4.5/ϕ4	有承台
南昌八一大桥(南)	ϕ4.4/ϕ4	有承台
沅陵沅水大桥	ϕ4/ϕ3.5	单排无承台
广东九江大桥	ϕ3/ϕ2.5/ϕ2	单排无承台

大直径、变截面钻埋空心桩桥梁 **表 1.4-2**

桥名	桩基直径(m)	说明
翠林桥	ϕ3/ϕ2.5	单排无承台
南华渡大桥	ϕ3/ϕ2.5	四柱无承台
哑巴渡大桥	ϕ4/ϕ3	独桩独柱
石龟山大桥	ϕ5/ϕ4	独桩独柱

杨世忠等[41] 介绍并论述了嵌岩阶梯形变截面桩的应用条件及优点。分别采用各层地基竖向、横向反力系数为常数，建立了位移函数通解及导数的矩阵式并

引入桩顶、桩端边界条件以及桩的连续条件，求解积分常数。

王小敏等[42] 根据岩溶地区红黏土层其状态一般为上硬下软的变化规律以及单桩工作性状分析，论述了采用上大下小的阶梯形变截面桩的合理性。采用地基反力系数为常数进行分析，对桩径、变截面位置的初步拟定提出了依据，并通过有限元法对变截面桩的上、下段相互作用进行了分析讨论。

杨有莲等[43] 以某工程钻孔变截面灌注试桩为例，采用二维有限元计算程序，研究了相同土质条件下阶梯形变截面桩和等截面桩在竖向桩顶加载方式下荷载传递机理的异同，引入相对摩阻力 R 进一步分析了桩型对桩侧摩阻力发挥程度的影响。

胡培进、汪中卫等[44] 通过对变截面桩的荷载传递性质及变形特性详细分析，指出其具有受力合理、沉降小等优点，并通过工程实例进行了验证。

1997 年，王伯慧与上官兴[45] 根据桃源大桥 8 根变截面桩水平荷载试验，提出了变截面桩水平力作用计算方法，并在韶关五里亭大桥下部结构选型设计中得到了应用。

王小敏、刘玉[46] 等根据岩溶地区红黏土层状态一般为上硬下软的变化规律，基岩埋藏平均深度较浅，但起伏较大的地质特点，对在水平荷载作用下单桩：进行工作性状研究分析，阐述了在嵌岩变截面桩进行选择截面上部比下部大的合理性。然后采用数值法对变截面桩身上部、下部段耦合作用以及嵌岩作用效果进行了研究。

杨果林、陈似华和林宇亮[47]通过试验对比研究了大直径扩径桩和传统等截面桩，由试验数据分析可知：扩径桩在新型桩基形式发展方面进展较大，只是扩径桩身的截面在某一深度发生了骤然改变，使得在研究扩径桩荷载分布工作性状时增加了麻烦。当前对其研究分析仅局限于截面较小的模型试验连同数值模拟分析，但是对于横截面较大的扩径桩的研究相对匮乏。对同一条件下，相同场地、相同横截面、桩型各异的钻孔灌注桩实施了静荷载实验分析，并对两种不同桩型的桩承载力、荷载分布、应力分布进行了比对分析探究。通过分析结果可知，扩径桩的确能够改善单桩承载力、降低桩体位移增加量，其截面扩大段荷载分布传递发挥了一定效果。

希腊的工程技术人员最早研发了这种新的桩基形式。研究者对桩径 1.5m、桩长 42m，并将从地面到地面下 3m 以内扩大到 3m 桩径的钻孔灌注桩进行了水平、垂直静荷载试验，同时还对该桩进行了有限元数值模拟，最终试验结果和分析结论如下：在桩顶较短范围内扩大桩径能够显著减小桩的水平、竖向位移。值得注意的一点是：通常人们认为，将等截面桩的顶部扩大，对桩的竖向承载力没有明显的影响。然而，这次试验的结果却表明：将等截面桩的顶部扩大，桩的竖向极限承载力提高了约 30%，当竖向荷载为极限荷载的一半时，所对应的沉降量减少了约 40%。因此，这种桩基比较适合对沉降敏感的重要工程。科威特大学 Nabil F. Ismael[48,49] 对阶梯形变截面钻孔桩在水平向荷载作用下的承载性能进行了现场试验，通过土工试验确定出土的基本特性、强度指标等参数。通过试验研究了桩的水平承载力和变形。结果表明：变截面桩在不同水平荷载作用下，桩的水平承载力增加，而变形减小，这是因为桩身上部结构横截面扩大了。这类桩型应用的优点在于节省成本，设计经济合理。

近年来，在东南大学刘松玉教授的研究下，台阶性变截面桩应用领域得到了进一步的拓展，形成了钉形水泥土搅拌桩处理软土地基的成套研究成果，并得到了一定程度的应用。

钉形水泥土搅拌桩是通过对现有的常规水泥土搅拌桩成桩机进行简单改造，配上专用的动力设备与多功能钻头，采用同心双轴钻杆，在水泥土搅拌桩成桩过程中，由动力系统分别带动安装在同心钻杆上的内、外两组搅拌叶片同时正、反旋转搅拌；在施工过程中，利用土体的主被动压力，使钻杆上叶片打开或收缩，桩径随之变大或变小，使桩身上部截面扩大而形成的类似钉子形状的水泥土搅拌桩。东南大学岩土所在充分研究水泥搅拌桩加固机理和影响成桩质量因素的基础上，对现行水泥土搅拌桩成桩机械进行改进，采用可伸缩的搅拌叶片，该叶片可在地面以下任意深度伸缩为两种不同的半径，使桩体上部截面扩大（扩大头），形成钉子形状的水泥土搅拌桩，即钉形搅拌桩，简称钉形桩。同时，对成桩机的动力传动系统、钻杆以及钻头也进行了改进，采用双向搅拌技术，提高水泥土搅拌均匀性，确保成桩质量。

与常规水泥土搅拌桩相比，钉形桩具有搅拌均匀、扰动小、受力合理、易于推广、经济性好的优点。

东南大学刘松玉和易耀林[50～55] 针对国内水泥土搅拌桩应用中存在的技术问题，研制了钉形桩及其施工工艺。它吸收了常规水泥土搅拌桩的优点，在充分利用水泥土搅拌桩复合地基应力传递规律的基础上，取得了良好的复合效果，大大提高了水泥土搅拌桩的成桩质量与经济效益。在现场试验的基础上，对钉形桩单桩承载力及荷载传递特性进行了二维数值模拟，模拟结果表明：在其他条件相同的情况下，钉形桩的单桩极限承载力在一定范围内随扩大头高度增加而增大，随扩大头直径增加而增大。钉形桩的桩身荷载主要集中在扩大头，是主要承载部位。由于扩大头的作用，钉形桩的桩身轴力在变截面附近有较大的衰减，其他条件相等。在各自的极限荷载下，钉形桩下部桩体的轴力大于常规搅拌桩，桩身侧摩阻力比常规搅拌桩发挥更加充分。通过江苏省高速公路钉形桩与常规搅拌桩加固软土地基的试验段工程，分别进行了载荷试验、标准贯入试验、芯样的无侧限抗压强度试验；进行了路堤荷载作用下的沉降、深层水平位移、超静孔压、荷载传递等监测，从桩身强度、成桩质量、荷载传递、加固效果等方面对钉形桩与常规搅拌桩加固软土地基进行了对比研究，论证了钉形桩加固软土地基的优越性和经济性，结果表明：钉形桩具有很好的工程应用前景。

对阶梯形变截面桩理论方面的研究早在 20 世纪 80 年代就已经开始，但不系统，没有得到进一步的应用和推广。张金苗、石洞[56] 拓展了等截面桩 m 法，提出了桥梁变截面桩基的幂级数法，郗蔚东[57] 采用弹性地基梁理论，运用桩身结构变形连续条件及桩周约束边界条件以及参数方程方法，建立弹性桩挠曲协调方程组，并分析推导出在横向荷载作用下的变化土层及变截面桩的通用单桩抗弯刚度分析模式，为溶岩地区等复杂地质条件下桩（柱）基础的结构分析提供了一种较为有效的分析方法。近年来，孙太亮、赵宏[58,59] 对变截面桩竖向承载特性和地基的破坏特性进行了研究。方焘、黄明、刘新荣等[60～71] 对阶梯形变截面桩的设计参数、计算方法及应用等进行了比较系统深入的研究。

由上述文献研究的成果看，目前对变截面桩的研究主要集中在锥形桩、阶梯形变截面桩和挤扩支盘桩等桩型，研究方法涉及理论分析、试验研究和数值分析。理论分析主要揭示变截面桩荷载传递机理，分析的结果依赖理论模型和选取参数的准确性，容易产生较大误差。试验研究有：模型试验研究和现场足尺模型试验研究，揭示了变截面桩承载性能和变形特性机理，但是由于现场试验的成果较少，不具有广泛的代表性，其成果直接为设计和施工服务尚存在一定的困难。同样，数值模拟的结果也只能作为验证的手段，其分析的成果依赖于所取参数的合理性和准确性。同时，可以看出，对阶梯形变截面桩的研究远远落后于实践，故此，对阶梯形变截面桩的研究具有较大的工程实际意义。

2 阶梯形变截面桩的模型试验研究

由于桩基的原型试验需花费大量的人力、物力和时间或其他因素的限制无法实现，加之变截面桩结构形式的特殊性，其承载特性、桩土相互作用和变形特性比一般直桩更要复杂得多，其不仅受桩周土特性影响，更受桩的变截面位置、变截面比等桩的结构形式参数影响，要掌握变截面桩的力学行为更是难上加难，原型试验很难全面和清晰地反映变截面桩的完整工作性状和桩周土体的变形破坏情况。因此，模型试验成为探索和解决问题的一种有效方法。桩基的模型试验就是根据实际桩基的受力性状和工作状态，借助相关的仪器设备，对试验条件进行人为控制，研究桩基在各种受荷载情况下的承载性状和变形特性的一种物理模拟技术。模型试验可以不受各种外界因素的干扰和限制，具有较强的可比性和可重复性，可将模型试验的结果与现场原型试验的结果进行对比和校验。通过桩基的模型试验，不仅可以为建立桩基设计理论和方法提供重要的实验依据，而且可以更深入地研究桩基从开始受荷载到最后被破坏的整个过程中的承载性状和工作机理，进而掌握桩基的承载变形机理和荷载传递规律。

本章首先从模型试验加载设备的设计、模型桩的制作与选取、砂土材料准备、量测设备以及模型安装与制作误差等方面阐述变截面单桩分别在桩顶竖向荷载和横向荷载作用下的模型试验设计与准备；其次，介绍了竖向模型试验步骤，并从竖向荷载作用下的四根模型桩的 P-S 曲线、桩身轴力分布、桩侧摩阻力分布、桩端和变截面位置端阻力、桩端土体破坏模式等方面探讨变截面单桩竖向承载特性和沉降变形特性；最后，在竖向承载特性研究的基础上，选择变径比为 0.8 的变截面桩，设计四根横向不同变径位置的模型桩，开展不同变截面位置的桩在水平静荷载作用下的模型试验，研究了桩在黏土介质中桩位移荷载变形规律，桩两侧土压力的分布和发展规律、桩身拉压变形特性、桩土交界面桩周土体位移的发生和发展规律，进一步确定变径桩变径位置与其横向承载力之间的相互关系。

2.1 模型试验设计

2.1.1 模型桩材料比选

试验开始之前制作了专用模具，采用石灰、硅藻土、标准砂、水泥砂浆等材料制作模型桩，但是由于石灰硅藻土具有较强的收缩性，对于制作长度大、截面小的模型桩难以保证成桩的质量，尤其是制作模型试验用的半桩结构更是困难重重。经过反复的推敲，同时考虑模型试验探讨变截面对桩横、竖向力学行为的影响以及变截面处的桩土挤土效应等，而不是完全的相似模型试验，故此最后选定容易成型的杉木作为模型桩的材料。

竖向荷载作用下模型桩为四根，成桩直径为 15cm，桩长 150cm，变径比为 0.7、0.8、0.9、1.0，定义 b 值为模型桩下段变径后的直径与上段未变径直径的比值，变径位置为距离桩顶 50cm 处，变径采用突变的形式，四根桩根据 b 值大小的不同分别定名为 ST1(b=1.0)、T2(b=0.9)、T3(b=0.8)、T4(b=0.7)，见图 2.1-1，模型桩采用半桩形式。

在竖向荷载模型试验的基础上，横向荷载作用下模型桩四根，b 值为 0.8，材料为杉木，模型桩采用全桩的形式。考虑到承受横向荷载作用加载大小适宜模型试验，选取标准桩的直径为 6cm，变截面位置为距离桩顶 30cm、50cm、70cm、90cm，并分别定名为 S1、S2、S3、S4，如图 2.1-1 所示。

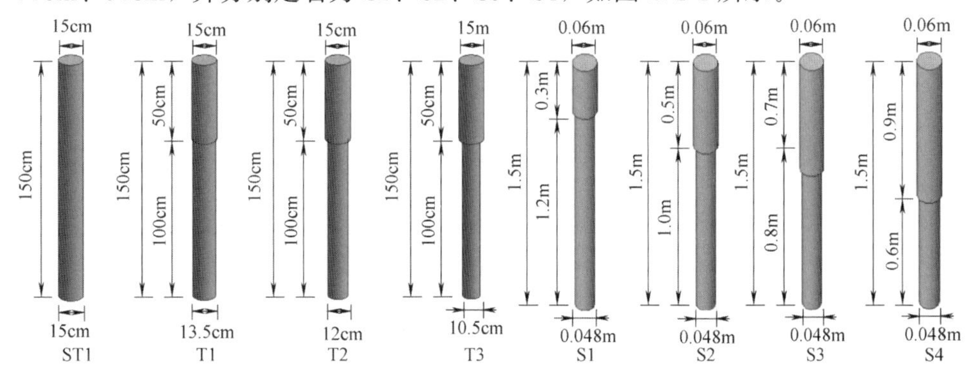

图 2.1-1 竖向及水平静载荷作用下模型桩示意图

将竖向荷载桩的对称面抛光处理并粘贴光滑膜纸，以减小和玻璃之间的摩擦，所有桩弧形表面粘贴用环氧树脂调配的洁净中粗砂，起到增大桩侧摩阻力的作用。

2.1.2 模型箱及加载装置

专门为此次模型试验设计制作模型箱及加载装置。模型箱内净空几何尺寸为：1.8m（长）×1.8 m（宽）×2m（高）。模型箱周边骨架采用I20 等边角钢焊接而成，底板以槽钢十字交叉焊接，箱底板中间四个方向各外伸可以连接加载设备的槽钢。模型箱四周采用厚度为 10mm 的透明高强度钢化玻璃，外加透明光滑玻璃膜，以便在试验的过程中观察土体的变形和破坏情况，同时，外加钢支撑，以防玻璃存在缺陷和强度不足。模型箱基本为轴对称设计，模型桩采用半桩形式，同时可以安装四根不同的桩做试验，保证四个桩同时安装，并处于同一介质中，减小误差。桩在模型箱中的布置形式如图 2.1-2～图 2.1-5 所示。

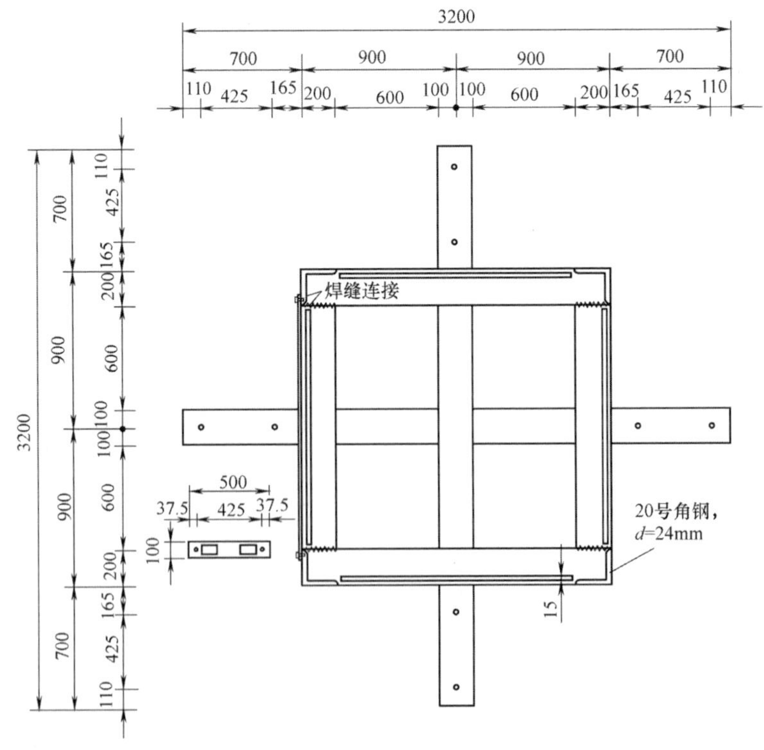

图 2.1-2 模型箱底板连接示意图（mm）

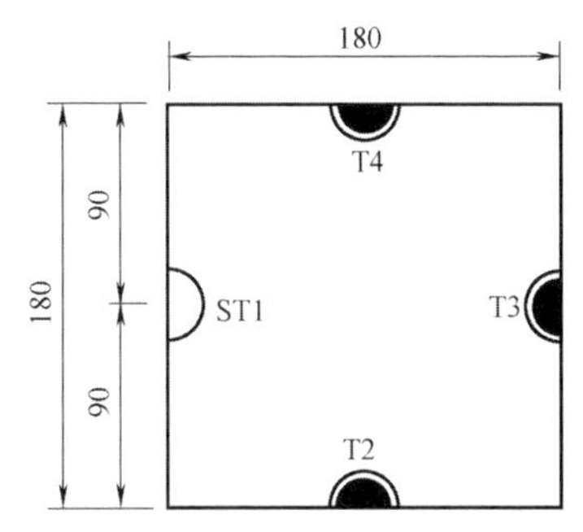

图 2.1-3 模型桩平面布置示意图（mm）

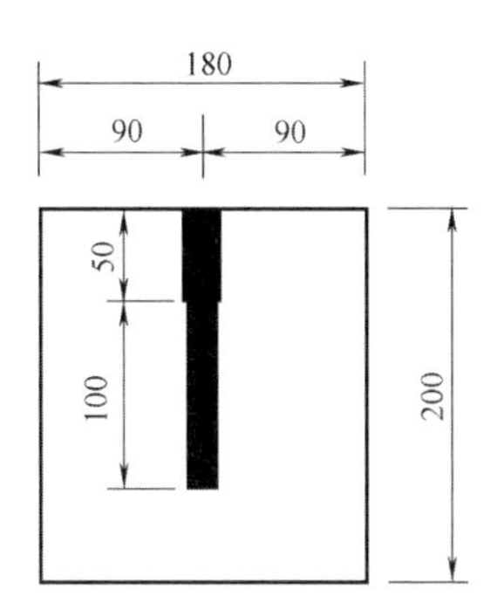

图 2.1-4 箱内的模型桩立面示意图（mm）

竖向模型加载装置采用杠杆原理设计（图 2.1-6 和图 2.1-7），利用杠杆原理将杠杆一端铰接于立柱上，然后将带螺杆的支点作用在桩头上达到施加竖向荷载的作用，同时，另一端进行逐级加载。支撑杆与模型箱外支撑采用螺栓连接，模型箱四面采用相同的连接设计方式。在试验过程中，可以拆卸杠杆装置对另一根模型桩进行加载试验，即每根桩采用相同的加载装置。

图 2.1-5 模型箱装置

横向加载设备是在模型箱顶部角钢上预留钻孔，并用螺栓锚固一个类似“U”形槽的带孔钢板，“U”形槽钢板内安置螺纹轴承，用作滚珠滑轮轴，在滑轮两侧各使用螺母定位阻止在两夹板中央位置。具体布置如图 2.1-8 所示。

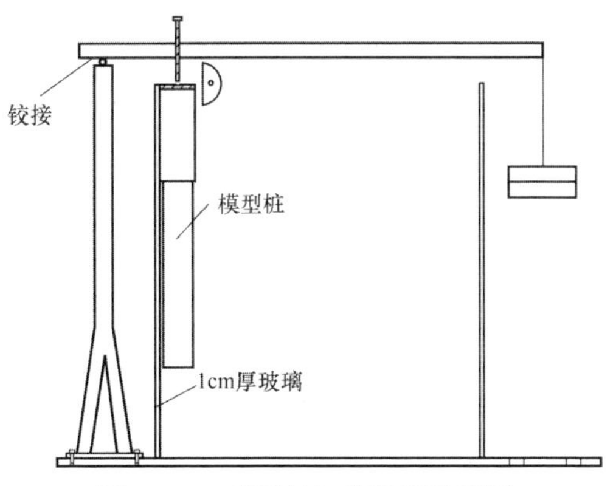

图 2.1-6 模型桩加载装置示意图

图 2.1-7 模型试验系统

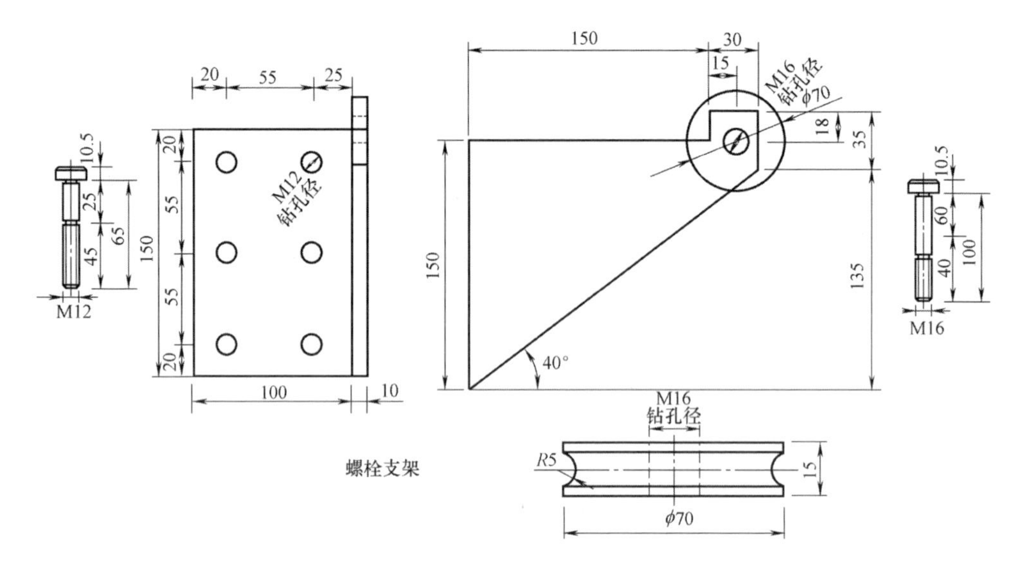

图 2.1-8 加卸载定滑轮示意图（mm）

加载设备包括钢绞线、滑轮、捯链、重物砝码及砝码篮。加载原理为：先将钢绞线一端固定在接近桩土交界面上部，另一端水平引出并由定滑轮转为竖向而下，在模型箱上部角钢面上由固定的定滑轮将水平力转化为竖向力。钢绞线悬挂装有重物砝码的砝码篮，利用捯链控制对桩顶处的水平受力加卸荷载，具体操作布置详见图 2.1-9 和图 2.1-10。

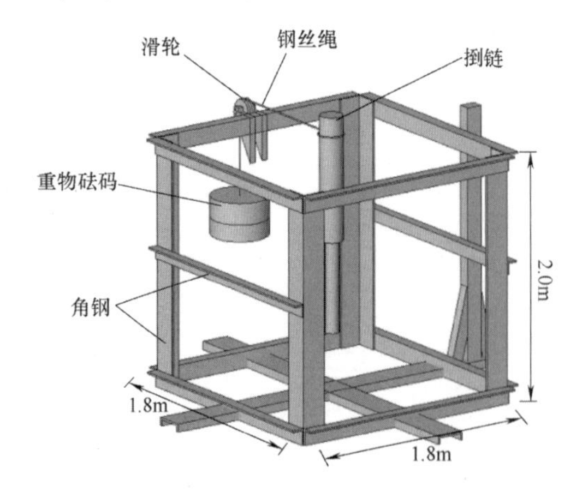

图 2.1-9 模型加载示意图

图 2.1-10 模型整体试验装置

2.1.3 数据采集设备

根据设计模型试验目的，模型试验的数据量测项目包括以下几个方面：

1. 位移量测

采用精度为0.01mm，量程为30mm的百分表量测桩顶的竖向沉降量。竖向荷载桩在测试桩顶沉降时，将两个百分表对称地布置在桩顶，可以监测加载过程中荷载是否偏心，百分表的测点落于桩头的钢板上，通过磁性支座将表身固定在模型箱四周的加劲肋上；横向荷载桩在露出砂土界面20cm的桩头上、下安装两个百分表，供计算桩顶水平位移和桩顶转角量测数据。

2. 应变量测

为了分析变截面桩桩身变形特性，量测竖向荷载作用下的桩身轴线压缩应变和横向荷载作用下桩身的拉压应变，在各模型桩上布置应变片，量测桩身不同深度上的应变值。在本模型试验中采用浙江台州市某工程传感器厂生产的具有一定防水性能的聚氨酯精密级电阻应变片，其主要的技术指标如下：

型号：BK120—50AA　　精度等级：A

电阻：120Ω　　灵敏系数：206

规格尺寸：栅长×栅宽（50mm×3mm）　　桥接方式：半桥接补偿片

采用502胶水（氰基丙烯酸乙酯瞬间胶粘剂）粘贴并用702胶（硫化硅橡胶）防水。竖向荷载作用下每根模型桩选用10片，横向荷载作用下每根模型桩选择20片，分布于对称面左右各10片（图2.1-11）。

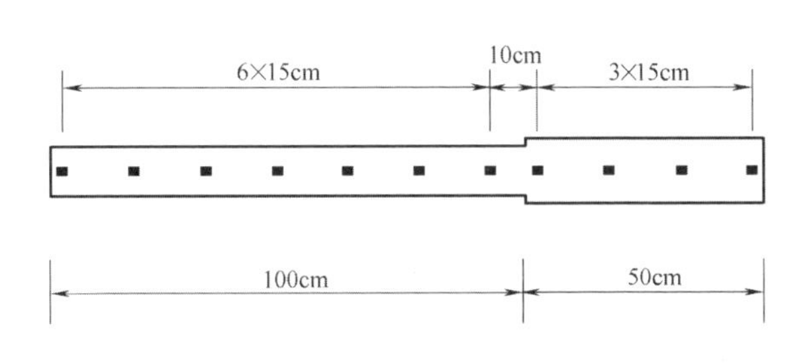

图2.1-11　桩身应变片布置示意图（cm）

3. 土压力量测

试验过程中竖向受荷载桩需量测的土压力主要是桩端及变截面处的土压力。在模型土的填筑过程中，在每根模型桩的桩端及变截面处各埋设三个土压力计；横向荷载作用下的模型桩主要用土压力盒量测桩侧土压力大小，即考虑桩土的相互作用。本试验采用了辽宁省丹东市某传感器有限公司生产的 BY-3 型电阻应变式土压力传感器，如图 2.1-12 所示，其主要技术指标如下：

规格：1MPa　　灵敏系数：200

外型：ϕ30×15mm　　非线性：≤±0.5%FS

输出灵敏度：满量程时 1mV/VFS　　超载能力：20%

绝缘电阻：>500MΩ　　输出阻抗：350Ω

在量测桩身应变片及土压力盒应变读数时，采用扬州某电子有限公司生产的 TS3860 静态电阻应变仪（图 2.1-13）进行数据采集。TS3860 型静态应变仪是一款数字式应变仪，仪器内部装有微处理芯片，它可通过 RS232 串口与计算机 USB 口连接，并在 Windows 和 XP 操作系统平台上运行。多台应变仪可同时由一台计算机控制，并具有计算绘图、显示图表等多种功能。该应变仪也可以脱机操作，单独使用。该仪器操作简便，可广泛应用于土建、船舶、车辆、桥梁、铁路、机械、港口等各种工程领域对结构应力进行测量分析，特别适合高校及研究机构对结构、材料、力学的教学试验。TS3860 静态电阻应变仪的主要技术指标包括以下方面：

测点数：每台 24 个测点　　灵敏系数：1.00～9.99

桥路电阻：120Ω、240Ω、350Ω、500Ω　　桥路激励：恒流源 1～8mA

桥路形式：半桥、半桥（公共补偿片）、全桥　　误差：±0.3%测量

应变范围：±19999??　　采样速率：2 点/s

稳定度：1με/℃；±3με/2h　　工作环境：20%～85%RH；0～40℃

接口：RS232 串行接口

2.1.4 模型加载方案

竖向荷载模型试验采用慢速维持荷载法，即在试验过程中逐级加载，待每级荷载达到相对稳定后再加下一级荷载，直至模型桩破坏，最后分级卸载到零。

图 2.1-12　土压力传感器

图 2.1-13　TS3860 静态电阻应变仪

加载分级：

每级加载取预估极限荷载值的 1/10～1/15。

沉降观测：

规范规定，下沉未达稳定时不得进行下一级加载。每级加载的观测时间规定为：每级荷载加完后应立即观测，然后在第一个小时内，每隔 15min 观测一次；在第二个小时内，每隔 30min 观测一次；从第三个小时开始，每隔 1h 观测一次。

沉降的稳定标准：

如果每级荷载的下沉量在最后 30min 内不大于 0.1mm 时，即可视为沉降已经达到稳定，可以施加下一级荷载。

加载的终止及极限荷载的取值：

① 总位移量大于或等于 40mm，本级荷载的下沉量等于或大于前级荷载的下沉量 5 倍时，加载即可终止。取此终止时荷载的前一级荷载值作为极限荷载。

② 总位移量大于或等于 40mm，本级荷载施加 24h 后仍未达到稳定，加载即可终止。取此终止时荷载的前一级荷载值作为极限荷载。

卸载与卸载沉降观测：

每次按顺序卸除荷载后应观测桩顶回弹量，观测办法与沉降观测相同，直至回弹稳定之后再进行下一阶段卸载，回弹的稳定标准与下沉稳定标准相同。待卸载到零后，至少在 2h 内，每隔 30min 观测一次。其中，如果桩尖下为砂类土，则在开始的 30min 内，每隔 15min 观测一次；如果桩尖下为黏性土，则在开始的 1h 内，每隔 15min 观测一次。

横向荷载试验加载方法采用多循环加卸载法，并取预估水平极限承载力的 1/10～1/15 作为每级加载增量。根据桩径大小并适当考虑土层软硬程度，结合相关规范按实际情况增量加载。

加载程序与位移观测方法：

试验采用重物（统一的单位铁质砝码）施加水平作用力的方法。每级荷载施加完成后，恒载 4min 测读水平位移，然后卸载至零，停测 2min 读取残余水平位移，至此完成一个加卸载循环，如此循环 5 次完成一级荷载的试验观测。加载时间应尽量缩短，测量位移的间隔时间严格准确，试验不间断持续进行。当桩身折断或者水平位移超过 30～40mm（软土取 40mm）时，终止试验。

2.1.5 模型介质材料的选取与填筑参数

试验用的砂土采用江西省南昌梅岭山脚处的黏土作为地基土的模型材料，并对取回的土样进行了室内土工试验以获得土样的各项物理力学性质指标。结合土工试验的结果并根据综合分析，决定采取控制土样的含水量和密度重塑土体，并最终得到试验所需的土样，然后将制备好的土样在模型箱内进行分层填筑并夯实。

2.2 桩的埋置方法对试验结果的影响分析

本次试验采用预先安装模型桩，再填筑桩周土体的形式填装模型，同时采用杠杆加载。与实际施工的打入桩、钻孔灌注桩等在成桩方法上有一定的差异，故此存在一定的误差。

竖向荷载模型安装与加载测试存在的问题及解决方法：

温度变化：由于每一组静载试验需要完成四根桩的竖向荷载试验，试验周期长，环境温度的变化会对应变测试仪器的读数产生一定的影响，因此数据的采集需要在白天相同时间段进行，尽量保证相同的环境温度，减小由于环境温度影响导致的仪器设备读数误差。

模型桩的定位及垂直度控制的问题：根据对称原理，竖向荷载作用下模型桩用半桩结构，模型桩的安装是保证整个试验成功与否的关键因素。模型桩需要垂直紧贴钢化玻璃的中心线和模型桩的中心线，同时考虑加载位置。为此，首先根据加载装置荷载作用点位置，在埋置模型桩之前定出模型箱四周的钢化玻璃及模型桩的中心线，然后通过两者中心线的吻合保证模型桩的准确定位，并采用重锤悬挂法控制模型桩的垂直度。试验人员在模型箱内装填土体的过程中，要确保不对模型桩的定位和垂直度产生影响，从而保证在静载试验时桩顶荷载不发生偏心。

应变片的布设：四根模型桩应变片的粘贴需要保证相同位置，以便后期采集数据的可比性。为此在粘贴前，在每个应变片粘贴位置刻划十字交叉点。

圣维南现象：受力杆件在受力部位会形成一定程度的应力集中，而应力集中会造成应变读数出现偏差，可能导致应变片的读数在模型桩端部的一段长度范围内不够理想，从而使试验结果的分析不够全面，因此加载之前要保证加载块与桩顶的密贴。

荷载偏心问题：杠杆加载的过程中很容易导致偏心发生，故此在每级荷载施加前通过调节加载螺杆，确保杠杆水平，并用水平尺量测。

横向荷载模型安装与加载测试存在的问题及解决方法：

除与竖向荷载桩有部分相同的注意事项外，横向加载尚需要注意：

水平循环荷载加载时间控制要准确，尤其是四根桩保证同一标准。桩顶水平位移量测当超过百分比量程时，调整百分比读数时应记录清楚。

2.3　阶梯形变截面桩竖向力学行为模型试验研究

2.3.1　竖向试验加载过程设计

1. 电阻应变片的粘贴

需要使用的设备和器材：①常温用电阻应变片；②数字式万用表；③502 粘结剂（氰基丙烯酸酯粘结剂）；④电烙铁、镊子、铁砂纸等工具；⑤丙酮、药棉等清洗器材；⑥704 硅橡胶；⑦环氧树脂胶。

方法和步骤：

（1）应变片的选择及检查：检查应变片上的丝栅是否平行以及是否有锈点或霉点，测量应变片的电阻值，选择电阻值误差在±0.5Ω 范围内的应变片供粘贴备用。

（2）桩身测点处的清洁：为使应变片在模型桩表面粘贴牢固，必须在粘贴应变片前对模型桩表面进行清洁。具体的操作过程如图 2.3-1 所示。

（3）粘贴应变片：应变片粘贴的具体过程如图 2.3-2、图 2.3-3 所示。

图 2.3-1 模型桩测点表面的清洁

（4）应变片粘贴后的干燥处理

粘贴好的应变片应具有足够的粘结力以保证其能与桩体共同变形。此外，桩身表面和应变片之间应有一定的绝缘度，以保证应变测试读数的稳定。因此，在应变片粘贴好之后就要及时进行干燥处理（可以采取人工干燥或自然干燥）。如果试验室内的温度超过 20℃，且相对湿度在 50%左右时，可以采用自然干燥。当采用电吹风进行人工加热干燥时，应保证应变片的温度不能超过其限定的最高工作温度，以防应变片损坏。

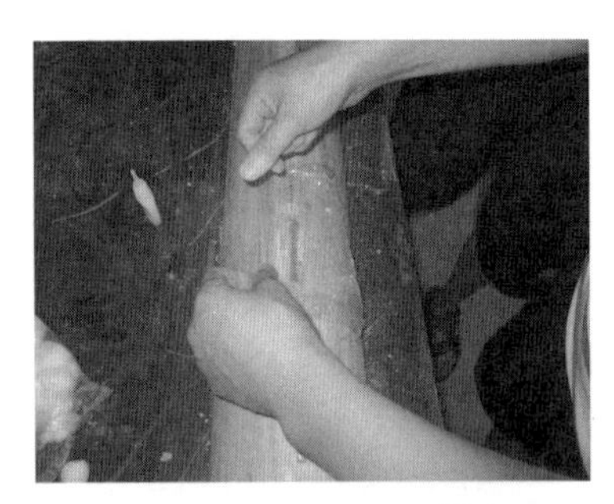

图 2.3-2 应变片的粘贴

图 2.3-3 应变片的引出线与接线端子的焊接

(5) 应变片和应变测试仪之间的导线连接

根据模型试验的要求和工作环境选用导线。在测试静应变时，通常选用双芯多股平行线。在焊接导线之前，先用万用表测试导线是否断路，再将相同的号码标签贴在导线的两端，以便在测试过程中辨认，避免出现差错。然后把应变片引线与导线焊接在一起，在焊接时应注意防止假焊。在焊接完成后，在导线另一端用万用表检查是否接通。此外，可使用接线端子以防拉动导线时应变片的引出线被拉坏。接线端子就相当于一个接线柱，使用时先用 502 胶水将其粘贴在应变片引出线的前端，再将导线和应变片引出线分别焊在接线端子的两端，从而起到保护应变片的作用，如图 2.3-4～图 2.3-6 所示。

(6) 应变片的防潮处理

在应变片接好导线并且绝缘电阻达到试验要求后，应立即对应变片采取防潮处理，从而防止因胶层的受潮而导致绝缘电阻值的降低。本试验的防潮处理根据实际环境采用的 704 硅胶防潮。

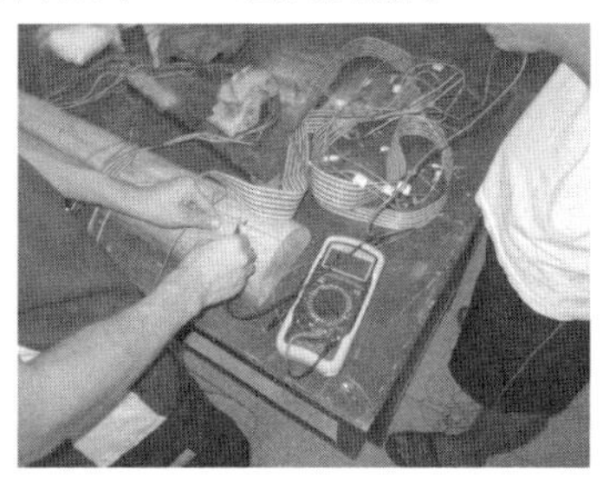

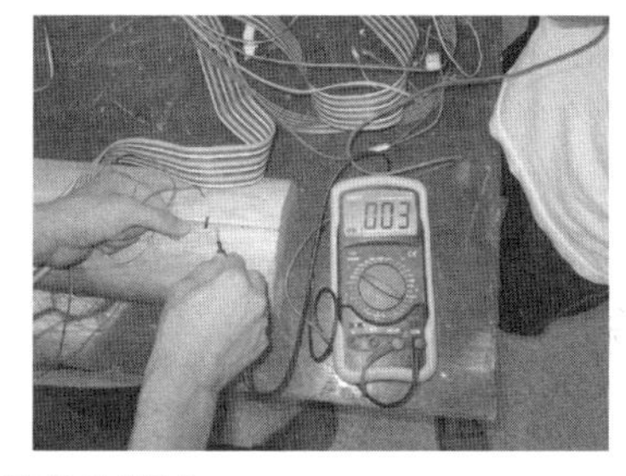

图 2.3-4 导线的测试

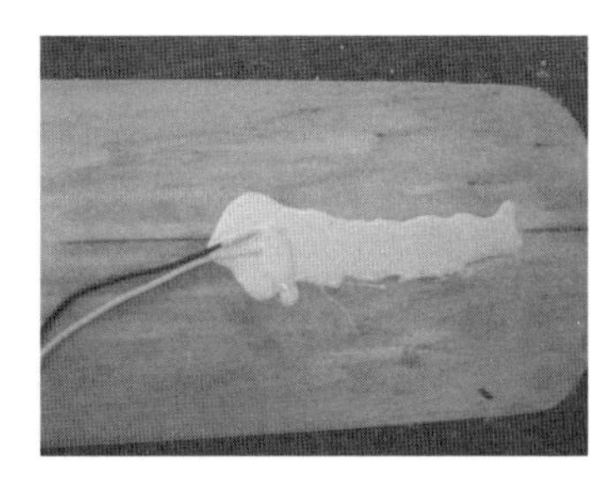

图 2.3-5 应变片的防潮处理

图 2.3-6 处理完后的模型桩实图

2. 模型桩的埋设

(1) 模型桩的埋设

目前模型桩的埋设有两种方式：压入式和埋置式。压入式一般用于模拟挤土桩，方法是：先将土体填筑到预定的桩顶高度，然后将模型桩压入土体。而埋置式主要用于模拟非挤土桩，方法是：先将土填筑到预定的桩端高度位置，然后将模型桩放在指定的位置并固定，再继续将土体填筑到预定的桩顶高度。本次试验采用的是埋置式，具体的操作过程如图 2.3-7 所示。

图 2.3-7　模型桩的埋设

（2）模型桩的定位

模型桩的定位是埋设模型桩过程中非常重要的步骤。在埋设模型桩之前先定出模型箱四周的钢化玻璃以及模型桩的中心线。为了保证模型桩的准确定位，在模型桩的埋设过程中应使钢化玻璃的中心线和模型桩的中心线吻合一致。具体过程如图 2.3-8 所示。

图 2.3-8　模型桩的定位

（3）模型桩的垂直度控制

在模型箱内进行土体填筑时，必须小心地操作，尽量降低土体填筑对模型桩定位的影响。此外，还应采取必要的措施来确保模型桩的垂直度和定位。本试验采用的措施是重锤悬挂法。

3. 介质材料的填筑与特性测试

（1）桩周土体的准备

本次试验采用黏土模拟桩周土，经过晾晒、筛分、含水量调配、闷料等准备过程。

（2）桩周土体装填

将准备好的黏土均匀、对称地装填至模型箱中，进行分层摊铺和分层夯实，并按照试验方案控制每层土的厚度以及夯击的能量，尽量使箱内土体的密实度均匀。每层土的填筑厚度以及压实的具体情况如表 2.3-1 所示。

每层土的填筑厚度以及压实的具体情况　　表 2.3-1

土层高度(cm)	填筑分层	每点击数	分层厚度(cm)
0～30	3	2	10
30～50	4	1	5
50～130	8	2	10
130～150	4	1	5
150～200	5	2	10

为了便于透过模型箱四周的钢化玻璃观察桩周土体的变形发展以及破坏形态，在土体的分层边界部位均匀地撒上一薄层石英砂。待模型箱内的土体填筑完毕后，在土体表层盖上湿布防止其水分挥发。最后要静置 24h 以上，使箱内土体在自重作用下得到充分密实。模型箱内土体的填筑及击实的具体过程如图 2.3-9 所示。

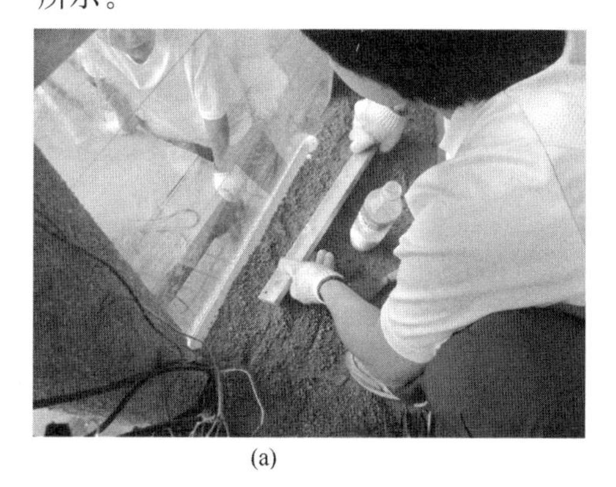

(a)

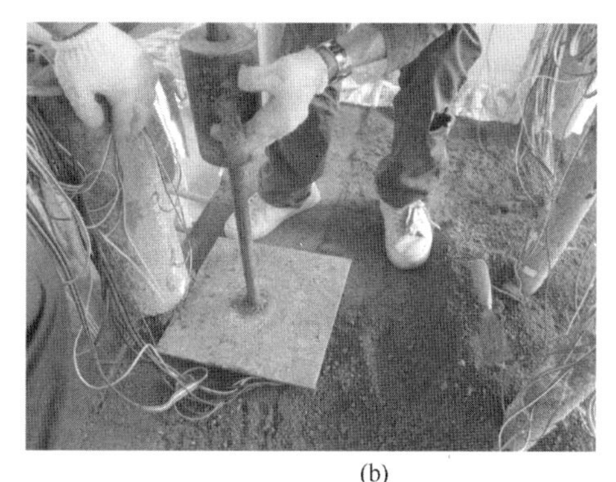

(b)

图 2.3-9　模型箱内土体的填筑及击实（一）

（a）土体整平；（b）击实板就位

(c)

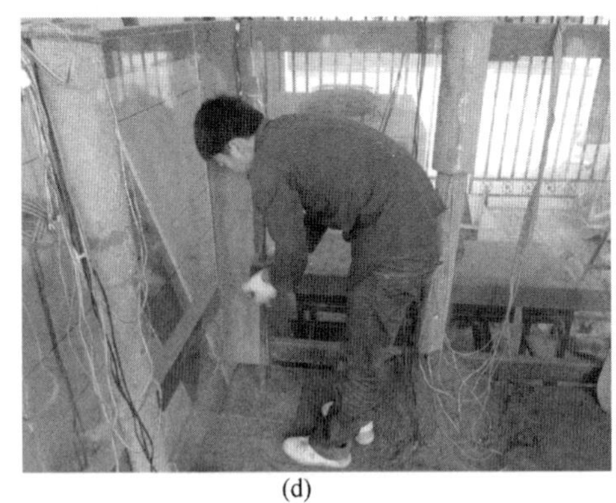
(d)

图 2.3-9 模型箱内土体的填筑及击实（二）
(c) 移动击实板；(d) 击实

4. 土层相关参数的测试

在模型箱内土体填筑至桩端及变截面处的位置时，应分别进行 E_{vd} 动态变形模量试验轻型动力触探试验以及环刀取样，从而测试各土层的相关参数。试验过程如图 2.3-10～图 2-3-12 所示。

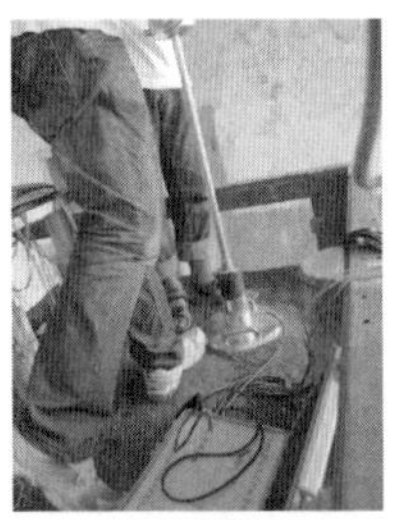

图 2.3-10 E_{vd} 动态变形模量试验

图 2.3-11 轻型动力触探试验

图 2.3-12　环刀取样

5. 土层相关参数测试结果

通过颗粒分析得到土的颗粒级配曲线（图 2.3-13），由级配曲线可知该土类为低液限粉质黏土。同时，通过室内标准重型击实试验，测得该土的最大干密度 $\rho_d=1.75g/cm^3$，最优含水量 $\omega=19.4\%$，该土其余的各项物理力学性质指标如表 2.3-2 所示。

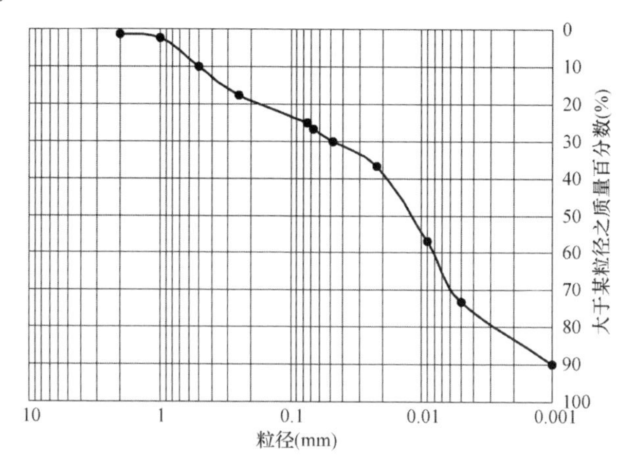

图 2.3-13　土的颗粒级配曲线

土其余的各项物力学性质指标　　表 2.3-2

土粒密度 G_s (g/cm³)	液塑限试验			固结试验			直剪试验		
	液限 W_L (%)	塑限 W_P (%)	塑性指数 I_P	压力 P (kPa)	压缩系数 α_v (MPa^{-1})	压缩模量 E_s (MPa)	剪切状态	凝聚力 c (kPa)	内摩擦角 ϕ (°)
2.60	36.5	25.4	11.1	400	0.0371	43.48	固结慢剪	21.3	28.4
				800	0.0138	116.79			

6. 加载设备与测试系统调试

（1）安装调试数据采集系统

由试验方案可知，本模型试验的数据量测系统包括以下三方面的内容：桩顶沉降、桩身应变量测、桩端及变截面处的土压力量测。其中，桩顶沉降通过对称地布置在桩顶的两个百分表来量测，如图 2.3-14 所示。桩身应变及土压力的量测采用扬州某电子有限公司生产的 TS 3860 静态电阻应变仪进行数据采集，如图 2.3-15 所示。

（2）竖向加载试验

在所有的准备工作就绪后可以依次对 4 根模型桩进行竖向加载试验，具体的操作步骤参照竖向加载试验方案，加载的具体情况如图 2.3-16 所示。

图 2.3-14　桩顶沉降位移的测量

图 2.3-15　数据采集

在静载试验过程中存在很多导致荷载偏心的因素，如模型桩的桩身倾斜以及杠杆加载设备引起的偏心等。文献[2] 曾对模型试验过程中荷载偏心问题对试验结果的影响进行了分析，认为荷载偏心无法避免且对桩体的承载特性影响

图 2.3-16 模型桩的竖向加载

较大，但在试验过程中应尽量减小。本次研究采用自制的杠杆加载装置对模型桩进行竖向加载，在竖向加载过程中，下桩体的沉降会造成桩顶荷载发生一定程度的偏心。

2.3.2 竖向变形及承载特性试验结果分析

1. 荷载沉降关系

四根桩 ST1(b=1.0)、T2(b=0.9)、T3(b=0.8)、T4(b=0.7) 的 P-S 曲线如图 2.3-17～图 2.3-21。

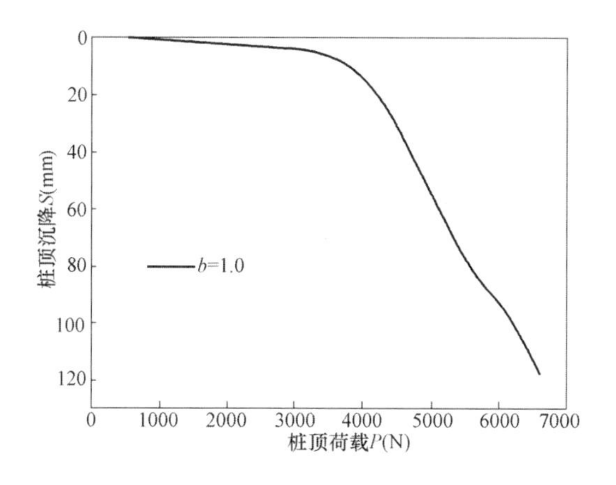

图 2.3-17 ST1 桩的 P-S 曲线

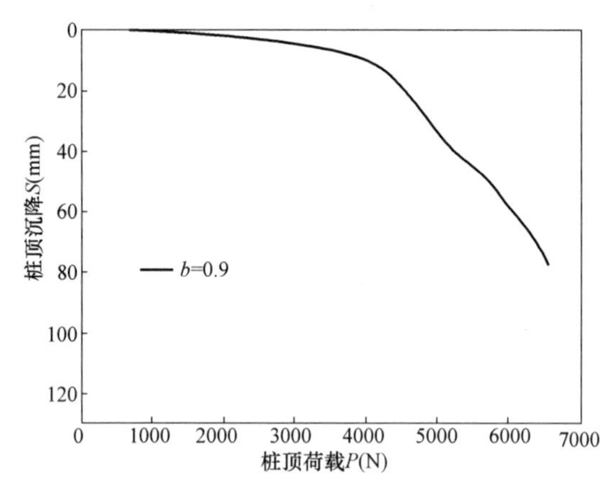

图 2.3-18 T2 桩的 P-S 曲线

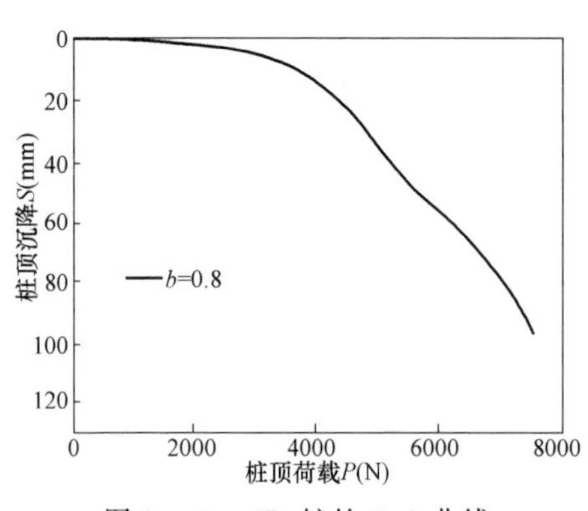

图 2.3-19 T3 桩的 P-S 曲线

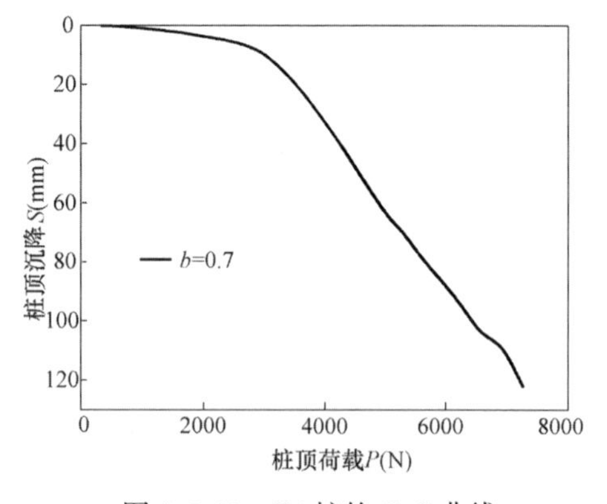

图 2.3-20 T4 桩的 P-S 曲线

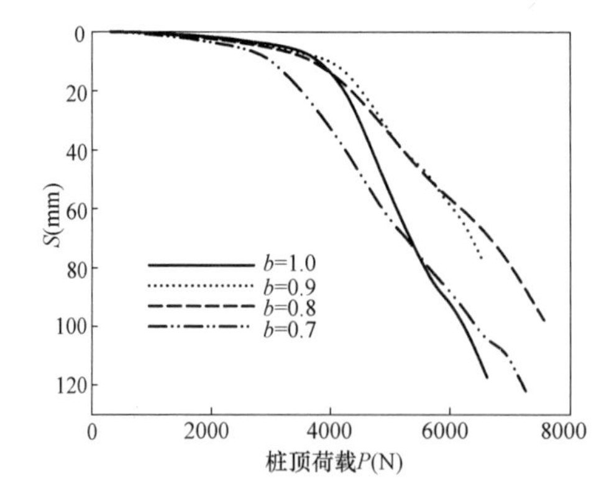

图 2.3-21 四根模型桩的 P-S 曲线对比

由图可以看出，各模型桩的 P-S 曲线均呈现非线性特性，且用作判断极限承载力的拐点非常明显，表现出明显的摩擦桩沉降特性。根据《建筑桩基技术规范》JGJ 94 的桩基承载力判别标准，对于陡降型 P-S 曲线选取该曲线出现明显陡降的起始点对应的荷载作为基桩的竖向极限承载力，从图 2.3-21 四根模型桩的 P-S 曲线图可以看出，四根不同变截面比 ST1(b

=1.0)、T2(b=0.9)、T3(b=0.8)、T4(b=0.7) 极限承载力分别约为 4.0kN、4.1kN、3.8kN、3.3kN。

同时也可以看出，桩的荷载-沉降（P-S）曲线都呈陡降型。与常规桩相比变截面桩达到临塑荷载的位移明显大于不变截面的桩，体现承载力提高有一定的挤土效应。此外，还可以很明显地看到，当作用在桩顶的竖向荷载不大时，变截面桩与等截面桩的沉降相差不多，但随着桩顶竖向荷载的不断增大，变截面桩在减小沉降方面的优势逐渐显现。例如：在桩顶荷载为 4kN 时，ST1 桩沉降量为 14.5mm，T2 桩沉降量最小为 10.8mm，只有 ST1 桩沉降量的 74%；T3 桩沉降量为 13.6mm，是 ST1 桩沉降量的 94%，但 T4 桩沉降量超过了 ST1 桩，达到了 32.7mm。同时可以看出，当桩顶位移超过一定值，变截面比为 0.7 的承载力大于变截面比为 1.0 时的承载力，变截面比为 0.8 的承载力大于变截面比为 0.9 的承载力，体现明显的挤土效应，但是承载力的提高是以牺牲桩顶位移为代价。

为比较各桩承载力单位体积材料的发挥情况，引入系数 K_v，其值为：按标准确定的桩的极限承载力除以桩的体积，同时定义系数 K_a为变截面桩竖向承载力与标准桩的比值。其比较结果见表 2.3-3。

不同标准情况下 K_v 与 K_a 比较结果 **表 2.3-3**

选用标准	项　目	ST1	T2	T3	T4
P-S 曲线明显转折点法	Q(kN)	4.00	4.1	3.8	3.3
	$K_v=Q/V$(kN/m^3)	150.9	177.1	188.6	188.6
	Qi/Q_{ST1}	1.00	1.03	0.95	0.83
桩顶竖向位移 4mm	Q(kN)	2.947	2.737	2.574	2.123
	$K_v=Q/V$(kN/m^3)	111.2	118.2	127.8	121.4
	$K_a=Qi/Q_{ST1}$	1	0.929	0.873	0.720
桩顶竖向位移 20mm	Q(kN)	4.20	4.50	4.35	3.50
	$K_v=Q/V$(kN/m^3)	158.60	194.17	215.88	200.12
	$K_a=Qi/Q_{ST1}$	1.00	1.07	1.03	0.83
桩顶竖向位移 40mm	Q(kN)	4.69	5.22	5.24	4.25
	$K_v=Q/V$(kN/m^3)	176.97	225.53	259.86	242.87
	$K_a=Qi/Q_{ST1}$	1.00	1.11	1.12	0.91
FHWA*	Q(kN)	3.97	4.31	4.03	3.25
	$K_v=Q/V$(kN/m^3)	149.92	185.96	200.24	185.94
	$K_a=Qi/Q_{ST1}$	1.00	1.08	1.02	0.82

续表

选用标准	项　目	ST1	T2	T3	T4
ISSMFE**	Q(kN)	4.47	4.87	4.81	3.89
	$K_v=Q/V$(kN/m^3)	168.67	210.54	238.52	222.52
	$K_a=Qi/Q_{ST1}$	1.00	1.09	1.07	0.87

*美国联邦公路管理局准则；**国际土力学及基础工程协会准则。

图 2.3-22 给出了 P-S 曲线明显转折点法、桩顶竖向位移 4mm、桩顶竖向位移 20mm、桩顶竖向位移 40mm、FHWA、ISSMFE 等不同标准下单位体积极限承载力。从图中可以看出单位体积极限承载力与变截面比具有明显的相关性，随着变截面比的减小，单位体积极限承载力先增加后减小，减小的趋势逐渐趋缓，即 T3 与 T4 桩的单位体积极限承载力差别不大，说明从单位体积极限承载力和充分发挥材料的实用效率看，变截面比不宜过小与过大，存在最优变截面比，其值在 T2 和 T3 之间，即 0.8～0.9。

同时，由上述不同标准可以看出，其差别主要是桩顶产生的最大极限位移不同。桩顶不同，极限位移对应了不同极限承载力变化趋势，随着桩顶极限位移的增加对应单位体积极限承载力值增加，单位体积极限承载力峰值有向右变化的趋势，但变化趋势也趋于不明显，说明变截面比在一定范围内随着桩顶极限位移的增加对单位体积极限承载力有明显的影响，出现了一定的挤土效应。

图 2.3-23 的为不同极限承载力确定标准情况下，T2、T3、T4 与 ST1 极限承载力比值（Q_{Ti}/Q_{ST1}）。由图可以看出，极限承载力与变截面比具有一定的相关性，在同一极限承载力确定标准的情况下，随着变截面的减小，T2、T3、T4 与 ST1 极限承载力比值先增加后减小，存在明显的变截面比最优情况，其值也在 T2 和 T3 之间，即 0.8～0.9。但是在规定的桩顶极限位移比较小的情况下不

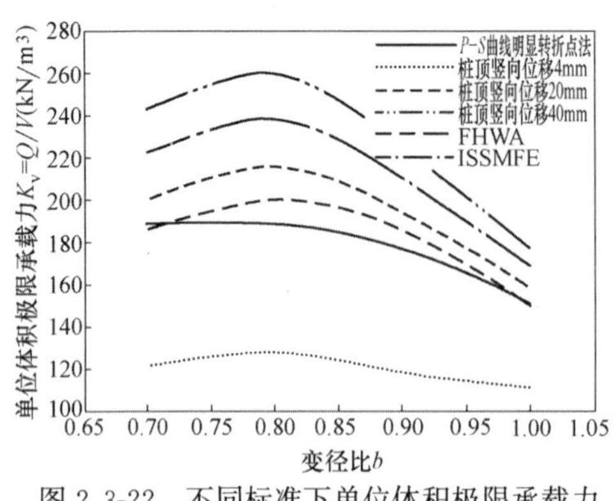

图 2.3-22　不同标准下单位体积极限承载力

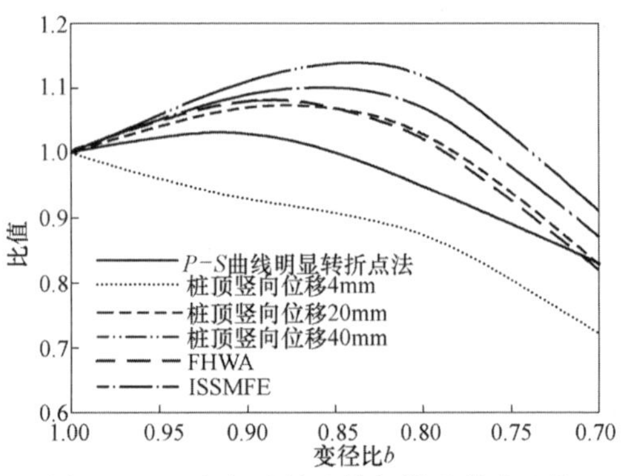

图 2.3-23　与标准桩比较极限承载力比值

是很明显，随着规定的桩顶极限位移的增加，Q_{Ti}/Q_{ST1} 的变化规律越来越明显，且峰值随着变截面比的减小而右移，变截面比对 Q_{Ti}/Q_{ST1} 的影响反映变截面处桩土作用效果随着规定的桩顶位移增加而增加，但只是在一定范围内有效。

2. 桩身变形及其轴力变化规律分析

试验过程中量测了 T2、T3、T4 与 ST1 沿桩身的轴向应变，根据式（2.3-1）可以计算出桩身的轴力分布曲线

$$Q_i = \varepsilon_i E A_i \tag{2.3-1}$$

式中，Q_i 为第 i 个应变片处桩身轴力；ε_i 为第 i 个应变片处桩身轴向应变；E 为桩身弹性模量；A_i 为第 i 个应变片处桩身横截面积。

图 2.3-24（a）、（b）、（c）、（d）分别对应 ST1、T2、T3、T4 四根桩在不同级别桩顶竖向荷载作用下的桩身轴力分布曲线。

图 2.3-24（a）中，总的荷载级数为 13 级。桩顶一组应变片和桩端附近三组应变片由于试验过程中测试元件不稳定，没有测试到试验结果，但从测试的试验成果看，对于变截面比为 1.0 的情况，0.7m 以上的桩身轴力分布形式与普通的桩基轴力分布形式基本一致。随着桩顶荷载增加，自临塑荷载以后，桩端刺入土体有明显的位移，桩身轴力分布大的趋势没有很大的变化，桩身呈现屈曲变形形态。

图 2.3-24（b）中，总的有效荷载级数为 10 级。桩顶和桩端各有一组应变片数据没有被监测到，在小变形情况下，桩变截面对桩身轴力的分布有一定影响，在第一至第五级荷载时，变截面上下桩身轴力的分布存在明显的差别，变截面处桩身轴力小，但随着桩顶荷载量的增加，桩身轴力分布趋势与不变截面的情况基本一致。

图 2.3-24（c）由于在试验过程中突然停电，采集到的总有效荷载级数为 8 级。桩端有一组应变片数据没有被监测到，整体桩身轴力传递形态非常明显，规律性也很强。既反映了变截面桩的传递特征，也反映了长桩的轴力传递特性，变截面对桩身轴力传递影响显著，变截面处桩身轴力存在明显的突变点。

图 2.3-24（d）采集到的总有效荷载级数为 17 级。整体桩身轴力传递的形态更加明显，变截面对桩身轴力传递影响显著，变截面处桩身轴力存在明显的突变点。随着桩顶荷载量值的增加，变截面以下附近桩身轴力增加值明显，增长速率大于以上变截面处的轴力增长速率。

从图 2.3-24 四种情况下的桩身轴力传递曲线可以看出：在不同变径比的情

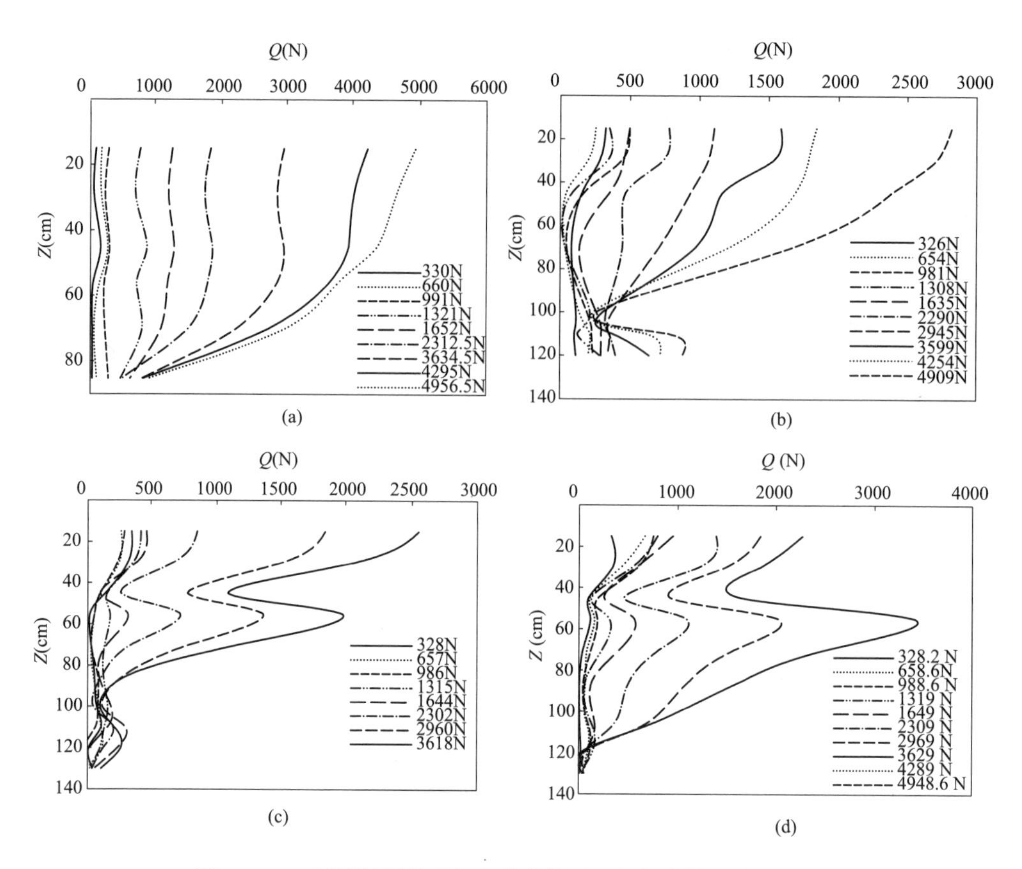

图 2.3-24 不同级别桩顶竖向荷载作用下的桩身轴力分布曲线

(a) ST1 桩；(b) T2 桩；(c) T3 桩；(d) T4 桩

况下，随着变截面比的增加，桩身轴力传递模式存在明显的差别，变截面对桩身轴力传递模式的规律性越来越明显。以第 8 级荷载监测到的桩身轴力的最大值为准，进行比较：ST1 桩身最大轴力为 2956.8N，T2 桩身最大轴力为 1585.92N，T3 桩身最大轴力为 1840.8N，T4 桩身最大轴力为 3417.36N，ST1 桩身最小轴力为 816.64N，T2 桩身最小轴力为 308.88N，T3 桩身最小轴力为 54.24N，T4 桩身最小轴力为 20.88N。桩身轴力分布情况存在明显的差异，T2、T3 桩身轴力分布与其他两种情况相比比较均匀，有利于整个桩身受力。但是从轴力传递模式看，变截面比也不宜过大，因为轴力值突变明显，并且最大值出现在变截面附近的小桩侧，不利桩身的受力和稳定。由此可见，从桩身变形形态看，存在最优变截面比，其值为 0.8～0.9。

3. 桩身侧摩阻力分布规律分析

根据静力平衡，可通过式（2.3-2）由桩身轴力换算出桩身侧摩阻力：

$$\tau_{ij}=\frac{Q_i-Q_j}{\pi DL_{ij}} \tag{2.3-2}$$

式中，τ_{ij} 为应变片 i 与应变片 j 之间桩身段的平均侧摩阻力；Q_i、Q_j 分别为应变片 i 与应变片 j 所在桩身截面的轴力；D 为桩身截面直径；L_{ij} 为应变片 i 与应变片 j 之间桩身段的长度。

换算后得到各模型桩的侧摩阻力分布情况（图 2.3-25）和桩顶沉降与桩身摩阻力关系曲线（图 2.3-26）。从图中可以看出：随着桩顶荷载的增大，桩土之间的相对位移也逐渐增大，桩身侧摩阻力则逐渐得到充分发挥，且上部桩身段的侧摩阻力会先于下部桩身段而得到充分发挥，即桩身侧摩阻力是沿着桩身自上而下地逐渐得到充分发挥。例如，等截面 ST1 的桩侧摩阻力就是沿桩身呈现先增大后减小的趋势，而由于变截面桩（T2～T4）在距桩顶 50cm 位置处的桩径发生突变，其桩侧摩阻力沿桩深方向的变化趋势就和等截面桩不一样，而且更加复杂。随着桩顶荷载以及变径比的增大，两者的差异也会逐渐增大。变截面处以上桩身段的侧摩阻力要远大于下部桩体，这与变截面处以上桩身段轴力衰减较快相一致。这一现象说明变截面处以上桩身段的桩-土相对位移较大，桩身侧摩阻力得到充分发挥，而由于变截面的作用，下部桩-土之间的相对位移比较协调，其侧摩阻力的发挥程度不如变截面处以上桩身部分。从图中还可以看出在各自的竖向极限荷载作用下，随着变径比在一定范围内的增大，变截面桩的桩身侧摩阻力比等截面桩发挥更加充分。但当变径比超过一定值时，由于下部桩身横截面面积的减小，造成其与桩周土体的接触面积的大幅度减小，反而导致变截面桩的桩身侧摩阻力的发挥不及等截面桩。

从图 2.3-26 可以看出：摩阻力合力大小为变截面比为 1.0、0.9、0.7、0.8 的桩，摩阻力合力大小还是与桩土接触面大小成正比的，估计在相同的介质中，在桩达到极限状态位移之前，变截面对桩土挤土效应增加摩阻力是有限的，也进一步证实靠桩土挤土效应提高桩侧摩阻力是以牺牲桩顶和桩身位移为代价的，桥梁变截面桩设计不受竖向承载特性控制。

4. 变截面处及桩端处土体阻力分析

通过土压力计测得的读数并按照厂家提供的标定方程（式）可换算得到变截

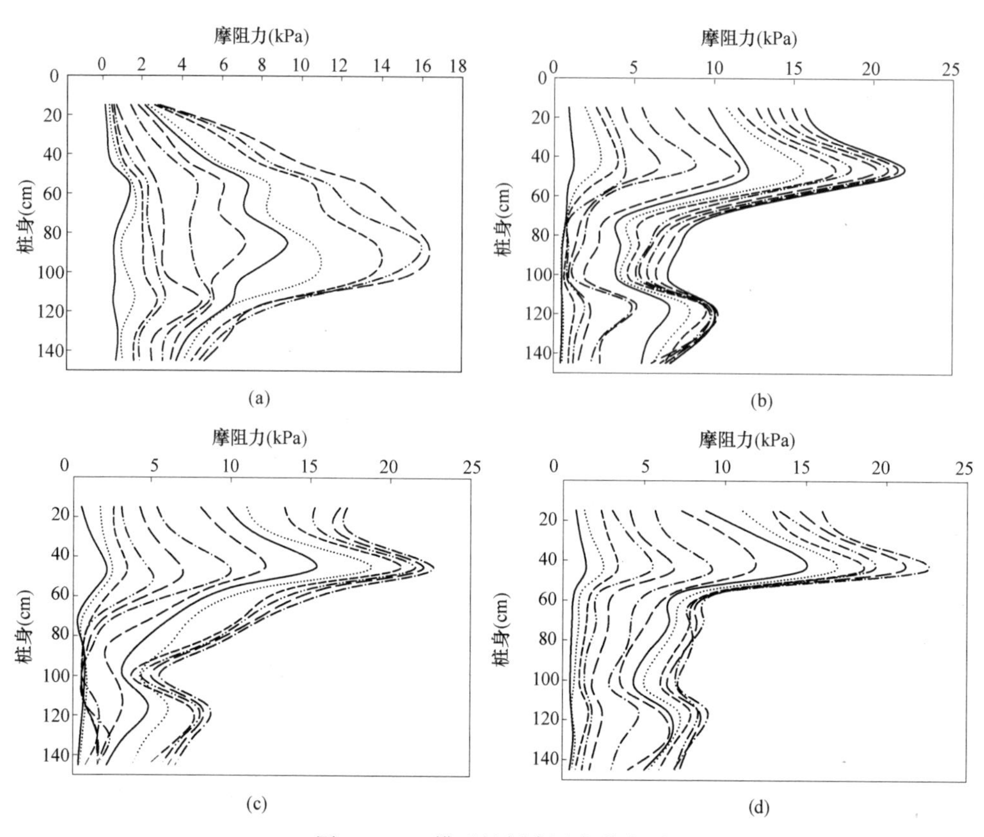

图 2.3-25 模型桩侧摩阻力分布图

(a) ST1 桩；(b) T2 桩；(c) T3 桩；(d) T4 桩

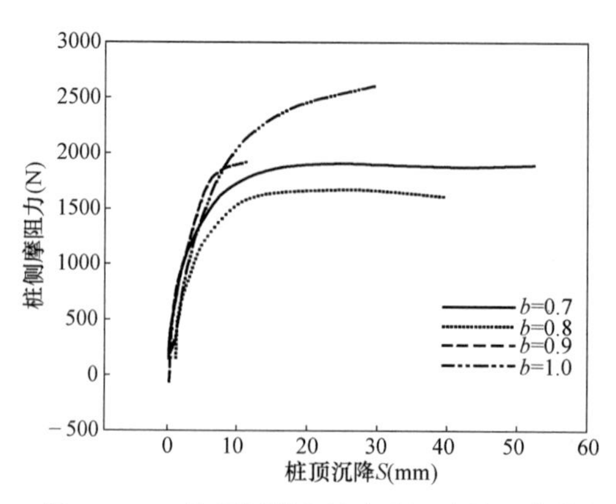

图 2.3-26 桩顶沉降和桩身摩阻力关系曲线

面处及桩端处土压力公式。

$$P=(\mu\varepsilon-A)K \tag{2.3-3}$$

式中 P——土体对应的压力（kPa）；

ε——实测的土体应变值；

A——截距（参照标定表上的数值）；

K——系数（参照标定表上的数值）。

根据换算后的数据分别绘制变截面处土压力与桩顶沉降及荷载水平的关系图，在图 2.3-27 中，上方两条线为变截面处土压应力曲线，下方三条线为桩端土压应力曲线，鉴于图 2.3-27（a）没有变截面，为便于比较，图 2.3-27（a）为曲线为距离桩顶相同位置处，即距离桩顶 50cm 处的土压应力曲线。

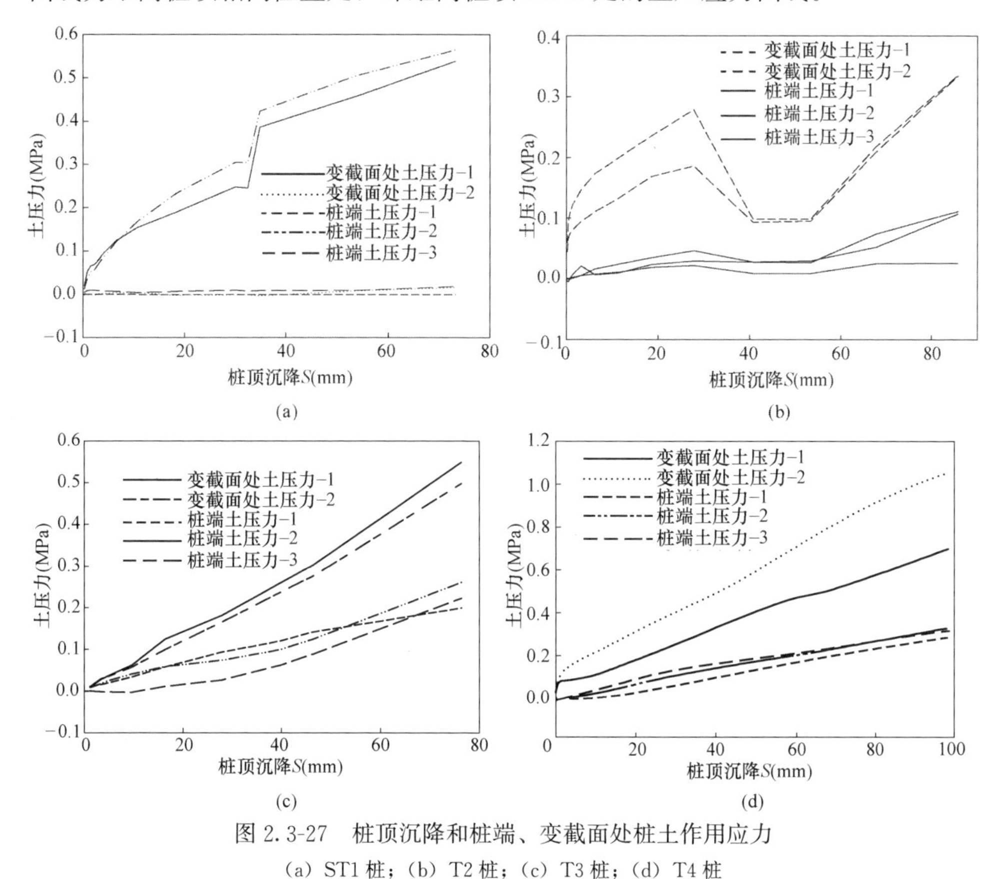

图 2.3-27 桩顶沉降和桩端、变截面处桩土作用应力

（a）ST1 桩；（b）T2 桩；（c）T3 桩；（d）T4 桩

图 2.3-27（a）为变截面比等于 1.0 的等截面桩，距离桩顶 50cm 量测到的

土压应力基本为零，起始段桩土相互作用呈典型的非线性，临塑荷载对应的位移约为 3mm，以此为界曲线可以分为两段：前段切线与后段相比切线斜率大，体现桩端土压密的过程，后段呈现典型的桩土非线性。

图 2.3-27（b）为变截面比等于 0.9 的变截面桩。由于在试验过程中突然停电，测试曲线出现异常。但 30mm 以前的曲线也能反映桩土的相关作用。桩端曲线同样具有两段特性，在小变形情况下变截面处桩土相互作用并不明显，只是当位移达到较大值（大于 60mm 时）才出现明显的线性增加。

图 2.3-27（c）为变截面比等于 0.8 的变截面桩。起始端桩端土的挤密效应没有明显体现，但仍旧可以看出典型的桩土相互作用的非线性段，极限位移约为 8mm，后期整个过程桩端与变截面处土压应力增量基本为线性。

图 2.3-27（d）为变截面比等于 0.7 的变截面桩。起始端桩端土非线性段非常明显，极限位移约为 2mm，后期整个过程桩端与变截面处土压应力增量基本为线性，变截面处桩土相互作用明显。

从图 2.3-27 桩顶位移和桩端、变截面处量测到的土压应力关系曲线看出：在试验所采用的均一介质中，随着变截面比的减小，变截面处桩土相互作用明显，桩端呈现典型的桩土作用非线性。随着桩顶位移的增加，桩端刺入破坏，桩土相互作用呈现明显的线性特性，桩端土呈现硬化特性。

图 2.3-28 为桩端、变截面处桩土相互作用情况。由图可以看出：变截面处桩周土的影响范围随变截面比不同而不同，说明变截面处存在一定程度的挤土效应，但是影响的深度有限。桩端处存在明显的刺入破坏特征，变形形态存在一定的差别，变截面比越小，刺入破坏的特性越明显，桩端土的影响范围和深度越小。

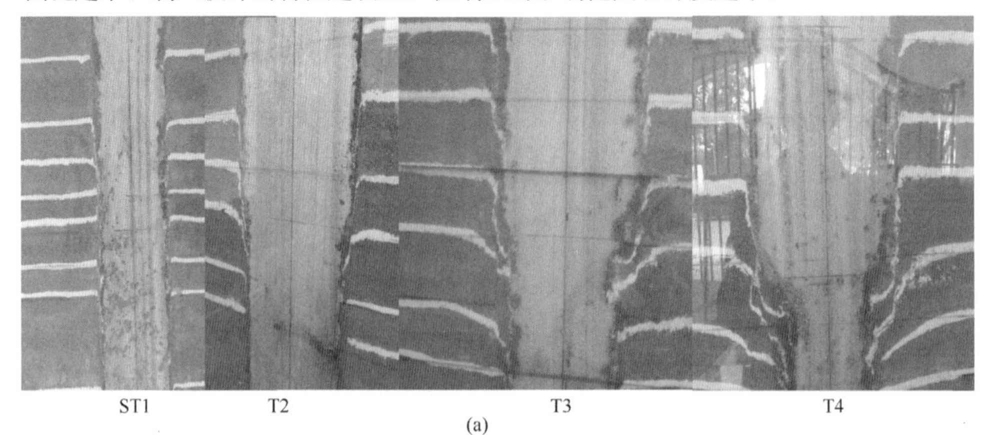

(a)

图 2.3-28　桩端、变截面处桩土相互作用（一）

（a）变截面位置桩土相互作用

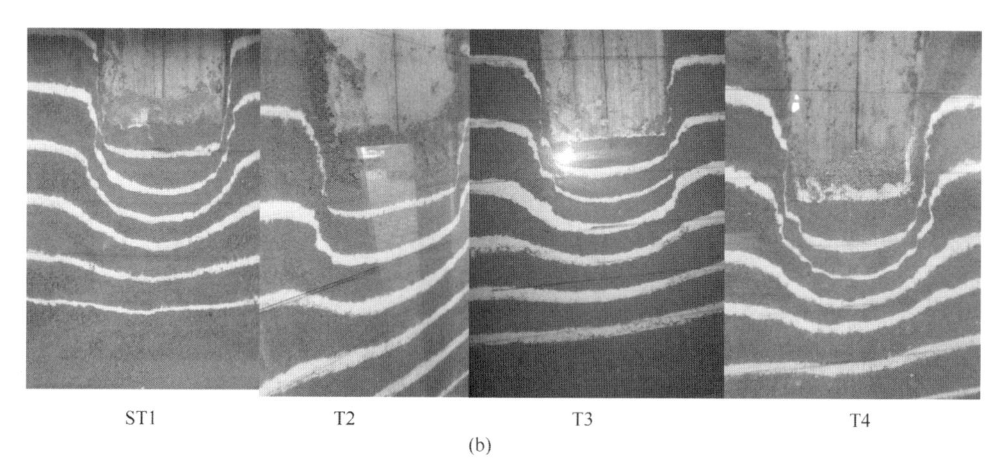

图 2.3-28 桩端、变截面处桩土相互作用（二）
（b）变截面位置桩土相互作用

2.4 阶梯形变截面桩横向变形与承载特性模型试验研究

在竖向承载特性研究的基础上，选择变径比为 0.8 的变截面桩，设计四根横向不同变径位置的模型桩，开展不同变截面位置的桩在水平静荷载作用下的模型试验。研究了桩在黏土介质中位移荷载变形规律，桩两侧土压力的分布和发展规律、桩身拉压变形特性、桩土交界面桩周土体位移的发生和发展规律，进一步确定变径桩变径位置与其横向承载力之间的相互关系。

2.4.1 横向试验加载过程设计

试验在前述竖向承载性状的基础上，在同一试验平台开展，模型介质材料同时填筑，竖向荷载模型桩和横向荷载模型桩同时安装，桩土界面土压力测试设备、桩身应变测试元件均与第 3 章简述相同，因此在介绍本章内容时，模型箱和桩土介质材料物理力学特性不作重复介绍。

1. 试验目的

本章模型试验拟达到如下目的：

（1）通过水平静载试验，探讨不同变截面位置模型桩在试验介质中的水平荷载—位移特性；

（2）探讨不同变截面位置模型桩在水平荷载下桩土相互作用；

（3）探讨不同变截面位置模型桩在水平荷载下的变形、受力特性；

（4）测试水平荷载下不同变截面位置模型桩身轴向变形、轴力、弯矩、桩顶转角等特性。

2. 模型桩参数确定

模型桩体具体参数如下：

模型桩直径为 6cm，桩长 1.7m（设计为填筑黏土面以上 0.2m，黏土面以下 1.5m）。根据竖向承载特性研究结论，选用变径比 b 为 0.8，即未变径段直径为 6cm，变径段直径为 4.8cm。变径位置分别设在黏土表面以下 30cm、50cm、70cm、90cm 处，分别将其编为 S1、S2、S3、S4 号桩。模型桩变径采用突变的形式，呈台阶状，材料为杉木。桩身模量为 0.80GPa，泊松比为 0.3。为防止桩在土中受潮，影响桩身应变片的测试效果，预先对桩表面进行预处理，桩表面涂刷桐油，同时粘贴环氧树脂和调配洗净的中粗砂，增大桩与土相互作用的效果。

3. 模型桩填筑

在桩身对称位置粘贴应变片，应变片粘贴的技术要求同竖向桩的技术要求（图 2.4-1）。并同步安装土压力盒，土压力盒事先粘贴在桩身上对应位置，防止

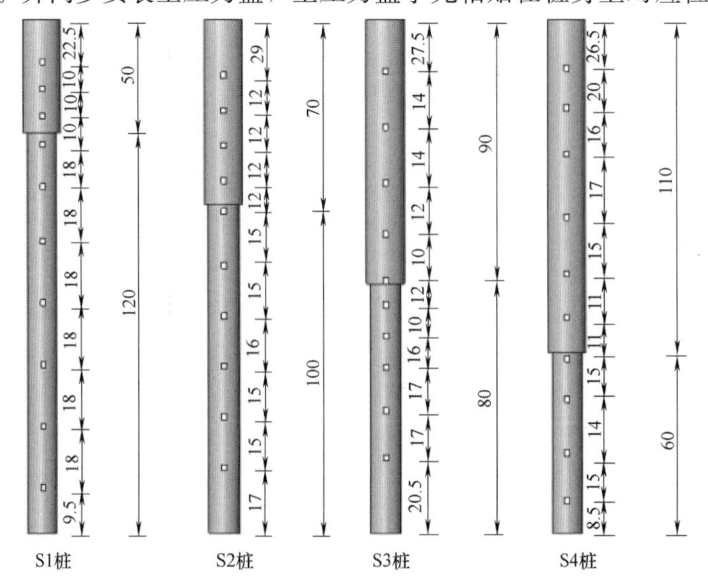

图 2.4-1 模型桩应变片粘贴位置

循环加载过程中桩土分离后土压力位置变动，影响测试效果。

土体填筑至模型箱顶处时，要再做触探试验和环刀取样，在填土过程中自始至终要尽力保证桩身应变片和土压力盒的正常工作，及时对桩的竖直度用水平尺进行测试（图 2.4-2～图 2.4-5）。

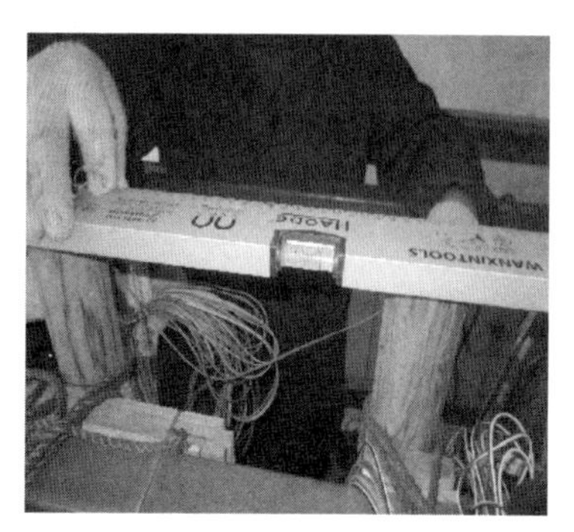

图 2.4-2　水平尺

图 2.4-3　桩体定位

图 2-4.4　导线布置

图 2.4-5　桩位布置

用硬质刷笔将白色涂料（图 2.4-6 和图 2.4-7）涂在桩土交界面上，以估算划分桩的水平位移影响宽度。用以测试桩发生水平位移时土拱隆起的影响范围，划分间隔用硬纸板预先定位、挖孔，并用透明胶带将其一面贴好防止受潮影响硬度。将制作好的硬质纸模板套在桩上，然后将涂料沿着条形槽均匀涂抹在土体表面，揭去纸板后，将土体表面上涂料痕迹不明显的条状进行补画。

尽量减少应变片和土压力盒导线的影响。将所有导线编号后，在较近的各个角水平向引到模型槽侧壁，并沿着壁面迁出到土表面外统一用胶带分组处理。

将两只量程为 50mm 的百分表用上下布置的方式进行布设，百分表固定在模型箱体角钢面基准梁上。

图 2.4-6 百分表布置

图 2.4-7 加载装置

加载之前，预先人工加工一个钢套，并在钢套两端对称打孔，然后将钢绞线穿过钢套孔眼，再将其套放在桩顶以下距离桩土交界面处。钢绞线和吊篮相连，加卸载荷通过捯链进行，捯链预先用一个闲置的钢绞线绑在定滑轮支架处，对于加卸载不会产生水平力。

为了清楚地了解桩土位移产生的影响宽度变形状态，用数码相机进行每级图像加载采集工作，由此可以更为合理的获取土体受力后的影响范围宽度变化规律。

密封剂采用 E-44 环氧树脂和速凝剂，并按照 1：0.3 的配合比拌合而成，起到防水、防潮作用，又能有效的防治应变片在试验过程被损坏。

4. 模型桩加载

（1）加载和变形

试验加载方法宜采用多循环加卸载法，并取预估水平极限承载力的 1/10～1/15 作为每级加载增量。根据桩径大小并适当考虑土层软硬程度，结合相关规范按实际情况增量加载，在试验过程中测试桩身应变和桩土接触面处位移。

加载程序与位移观测方法：试验采用重物（单位统一的铁质砝码）施加水平作用力的方法。每级荷载施加完后，恒载 4min 读取水平位移，然后卸载至零，停测 2min 读取残余水平位移，至此完成一个加卸载循环，如此循环 5 次完成一级荷载的试验观测。加载时间应尽量缩短，测量位移的间隔时间应严格准确，试验不间断持续进行。当桩身折断或者水平位移超过 30～40mm（软土按 40mm）时，可以终止试验。

（2）读取数据

试验前记录百分表、应变片和土压力盒的初读数，加载后按照 4min 加载、2min 卸载各读取数据一次，然后循环四次并重复采集数据各一次，完成第一级荷载后，进行第二级荷载循环试验，同样按第一级要求读取百分表、应变片以及土压力盒数据。

（3）四根桩加载级数

模型桩加载级数表如表 2.4-1 所示。

模型桩加载级数表　　**表 2.4-1**

桩　号		加载级数(N)										
S1	级数(级)	1	2	3	4	5	6	7	8	9	10	11
	荷载(N)	0	421.5	676.5	931.5	1186.5	1441.5	1696.5	1951.5	2206.5	2461.5	2716.5
	级数(级)	12	13	14	15							
	荷载(N)	2971.5	3226.5	3481.5	3736.5							
S2	级数(级)	1	2	3	4	5	6	7	8	9	10	11
	荷载(N)	0	421.5	676.5	931.5	1186.5	1441.5	1696.5	1951.5	2206.5	2461.5	2716.5
	级数(级)	12	13	14	15	16	17					
	荷载(N)	2971.5	3226.5	3481.5	3736.5	3991.5	4246.5					
S3	级数(级)	1	2	3	4	5	6	7	8	9	10	11
	荷载(N)	0	421.5	676.5	931.5	1186.5	1441.5	1696.5	1951.5	2206.5	2461.5	2716.5
	级数(级)	12	13	14	15	16	17	18				
	荷载(N)	2971.5	3226.5	3481.5	3736.5	3991.5	4246.5	4501.5				
S4	级数(级)	1	2	3	4	5	6	7	8	9	10	11
	荷载(N)	0	421.5	676.5	931.5	1186.5	1441.5	1696.5	1951.5	2206.5	2461.5	2716.5
	级数(级)	12	13	14	15	16	17	18	19	20	21	22
	荷载(N)	2971.5	3226.5	3481.5	3736.5	3991.5	4246.5	4501.5	4756.5	5011.5	5266.5	5521.5

桩号	荷载(N)								
	1 级	2 级	3 级	4 级	5 级	6 级	7 级	8 级	9 级
S1	0	421.5	676.5	931.5	1186.5	1441.5	1696.5	1951.5	2206.5
S2	0	421.5	676.5	931.5	1186.5	1441.5	1696.5	1951.5	2206.5
S3	0	421.5	676.5	931.5	1186.5	1441.5	1696.5	1951.5	2206.5
S4	0	421.5	676.5	931.5	1186.5	1441.5	1696.5	1951.5	2206.5

桩号	荷载(N)								
	10 级	11 级	12 级	13 级	14 级	15 级	16 级	17 级	18 级
S1	2461.5	2716.5	2971.5	3226.5	3481.5	3736.5			
S2	2461.5	2716.5	2971.5	3226.5	3481.5	3736.5	3991.5	4246.5	
S3	2461.5	2716.5	2971.5	3226.5	3481.5	3736.5	3991.5	4246.5	4501.5
S4	2461.5	2716.5	2971.5	3226.5	3481.5	3736.5	3991.5	4246.5	4501.5

2.4.2 横向变形及承载特性试验结果分析

1. 桩身拉压应变

试验过程中测试桩身的拉压应变情况如下：由于一次试验耗费了大量的人力和物力，测试的荷载级别偏大，主要目的是为了观测模型桩极限情况的变形性状，实际上对于混凝土材料来说试验过程中的最大应变值是不可能达到的，已经超过材料的最大变形极限。但从四根桩的变形特性的比较来看，并不影响得出的试验结论，四根桩的拉压应变曲线见图 2.4-8～图 2.4-11。

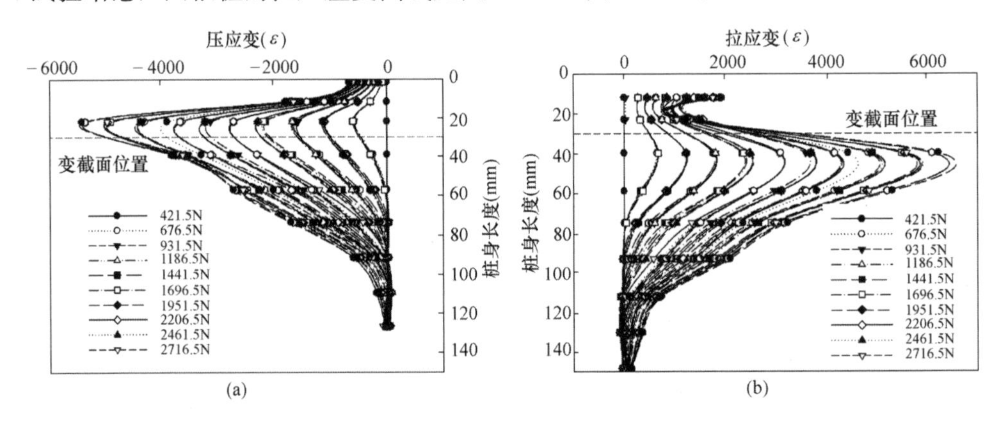

图 2.4-8 S1 桩身拉压应变曲线

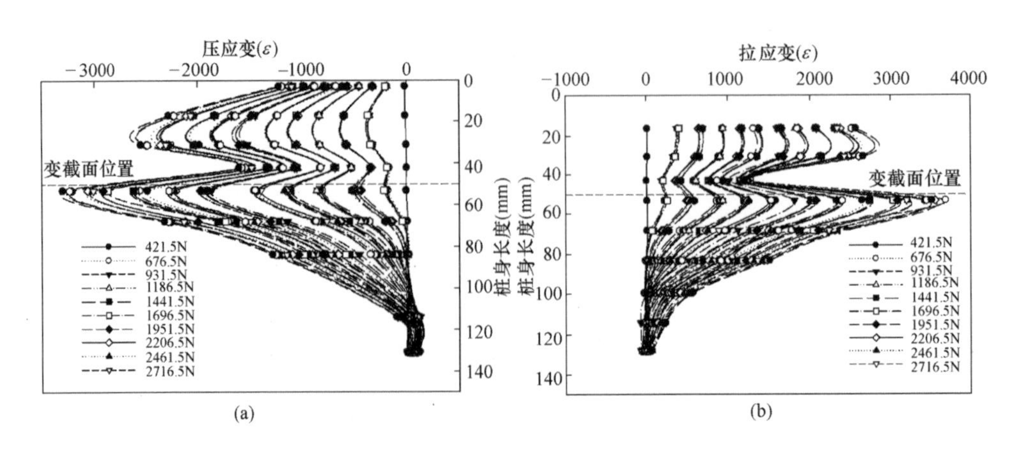

图 2.4-9 S2 桩身拉压应变曲线

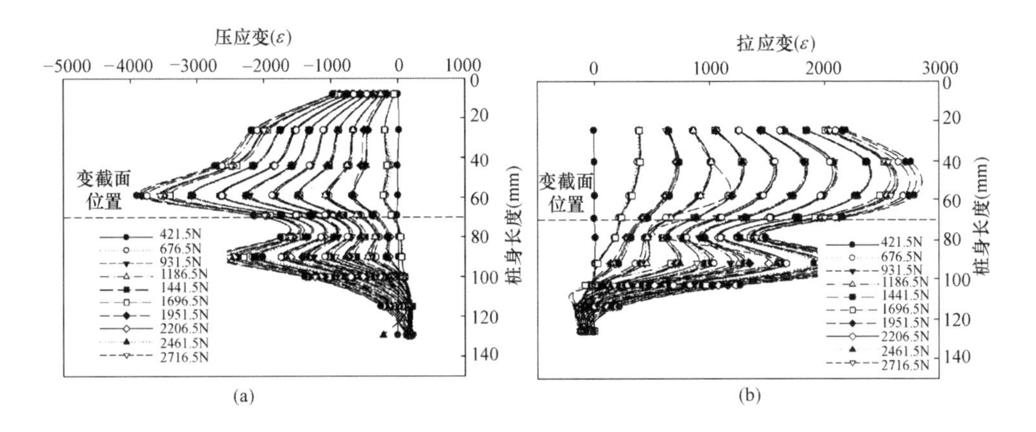

图 2.4-10　S3 桩身拉压应变曲线

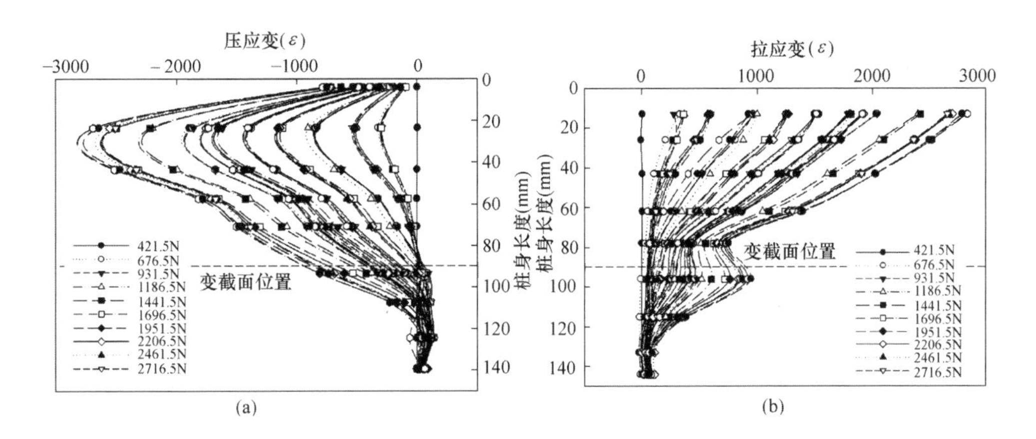

图 2.4-11　S4 桩身拉压应变曲线

图 2.4-8 为 S1 桩身在桩顶横向荷载作用下的拉压应变曲线图。S1 桩测试数据中，由于应变片数据不稳定，压应变第一个数据和拉应变最后一个数据未被监测到。S1 桩变径位置离泥面为 30cm，变径段占整个桩长的 20%。试验曲线呈单峰值形态，峰值出现在变截面以下的小直径段位于变径位置以下约 10cm 处，大直径段抗弯刚度大，应变整体较小。拉、压应变峰值未出现在同一个桩身横断面，压应变峰值更靠近泥面。峰值下桩身应变呈线性衰减，当桩顶横向荷载达到较大值时，桩端出现反向应变段，整体变形形态与一般弹性桩类似。

图 2.4-9 为 S2 桩身在桩顶横向荷载作用下的拉压应变曲线图。S2 桩变径位置离泥面为 50cm，变径段约占整个桩长的 33%。S2 桩测试数据中，由于应变片

数据不稳定，拉应变侧桩顶和桩端各有一组数据没有被监测到，但总体上不影响曲线形态。曲线明显以变截面位置为界在大直径段和小直径段均出现峰值，但是小直径段拉、压应变峰值均大于大直径段拉、压应变峰值。上、下两段压应变峰值出现位置均略低于拉应变峰值出现的位置。

图 2.4-10 为 S3 桩身在桩顶横向荷载作用下的拉压应变曲线图。S3 桩变径位置离泥面为 70cm，变径段约占整个桩长的 47%。S3 桩测试数据中，由于应变片数据不稳定，拉、压应变总共有三个数据没有被测试到。从试验成果看，曲线明显以变截面位置为界在大直径段和小直径段均出现峰值，但是大直径段拉、压应变峰值均大于大直径段拉、压应变峰值。上、下两段压应变峰值出现位置均略低于拉应变峰值出现的位置。

图 2.4-11 为 S4 桩身在桩顶横向荷载作用下的拉压应变曲线图。S4 桩变径位置离泥面为 90cm，变径段约占整个桩长的 60%。从试验结果看，桩身压应变曲线呈单峰值特征，与非变径桩变形曲线类似。

从四个桩拉、压应变曲线看，当变径段长度分别为 20%、33%、47%与 60%时，呈现出明显的、不一样的变形特征。S1、S4 桩拉压应变基本呈现单峰值曲线，变截面对桩身受力特性的优化均没有体现，仍旧受最大弯矩控制。与 S2、S3 桩相比，S2、S3 桩弯矩分布较均匀，但是 S3 桩最大弯矩值出现在小直径段，这样对桩身受力不利，而 S2 桩最大弯矩出现在大直径段，对桩身受力有利，符合变截面桩受力特性和结构特征，弯矩分布与 S2 桩比较更加合理。根据模型试验结果，变截面位置宜确定为泥面以下桩长的 47%左右，与文献[3~4] 中现场试验结果基本一致。变径段长度不宜太长也不宜过短，过短时，小直径段出现应力集中，将首先被破坏，过长则不能发挥变截面桩受力特点和经济优势。

根据上述试验结果，同时借用材料力学平截面假设，即假设桩的中性轴为对称面，则可以根据式（2.4-1），获得桩身弯矩值。

$$M=\frac{\varepsilon EI}{y} \tag{2.4-1}$$

式中 M——横截面处弯矩值（kN·m）；

E——桩身材料的弹性模量值（kPa）；

I——横截面处对应中性轴的惯性矩（m^4）；

ε——桩身应变值；

y——横截面实测点处距离桩轴心线距离，取 0.5 倍桩的直径，0.03m。

取拉、压应变平均值，求取桩身弯矩，见图 2.4-12。

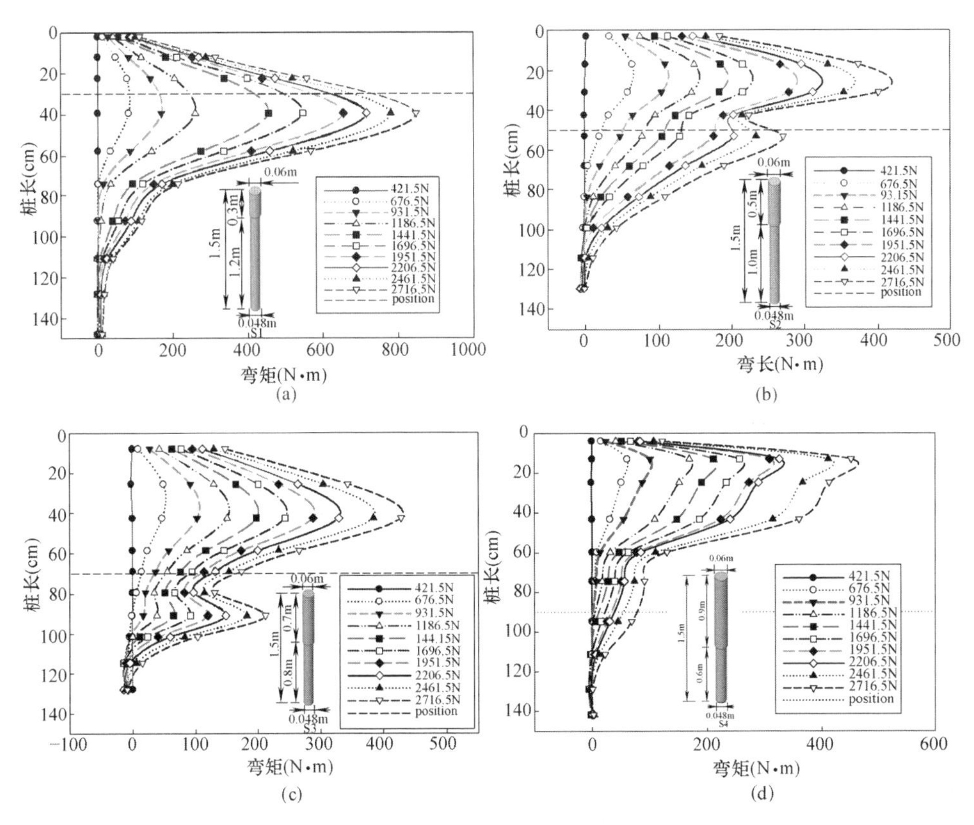

图 2.4-12　桩身弯矩图（虚线为变截面位置）

（a）S1 桩；（b）S2 桩；（c）S3 桩；（d）S4 桩

综上，模型桩弯矩分布复杂、形态各异，随着变截面位置不断下移，弯矩分布曲线由单峰曲线变为双峰曲线，后又转为单峰曲线，并且随着桩顶水平荷载的增加，规律性仍旧十分明显。由此可见，合理的变截面位置，对桩身合理的受力形态具有明显影响。当弯矩分布曲线呈双峰曲线时，变截面位置对双峰曲线峰值的影响显著，图 2.4-12 中（a）S1 桩最大弯矩位置出现在变截面下，故此变截面位置不合适，而（b）、（c）中同级荷载比较，变截面下的峰值弯矩 S3 桩小于 S2 桩，但总体上均小于 S1 桩，同时大于 S4 桩，但 S4 桩弯矩值已经衰减的十分明显，桩身变截面上抗弯刚度大，变截面下抗弯刚度小，（c）中的情况对桩身受力有利，所以根据以上规律确定变截面位置为 40％～50％。

2. 桩顶荷载-位移曲线

桩端加载方式为单向多循环加卸载法，图 2.4-13 为其中三根桩的每级荷载在第五次循环后所对应的荷载位移曲线。可以很明显地看出，即使在很小横向静荷载作用下，桩的响应呈现典型的非线性。

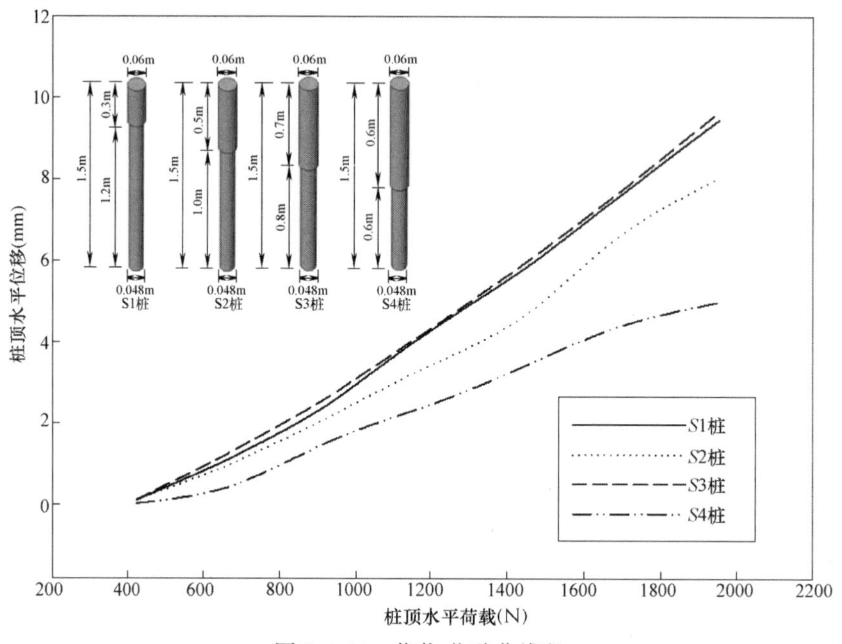

图 2.4-13 荷载-位移曲线段

与前述桩身拉压应变相对应，随着桩顶荷载-位移曲线间距减小，在相同位移下，随着变截面段长度的增加所需要的水平荷载的差越来越小，表 2.4-1 中，当桩顶水平荷载从 421.5N 增加到 1951.5N，S1 桩桩顶水平位移从 2.95mm 增加到 40.4mm，S3 桩桩顶水平位移从 1.97mm 增加到 25.79mm，S4 桩桩顶水平位移从 1.44mm 增加到 24.01mm，三根桩桩顶的水平位移增量为 37.45mm、23.82mm、22.57mm，S3 桩桩顶水平位移和 S4 桩桩顶水平位移之间的增量差最大为 2.13mm，S3 桩桩顶水平位移、S4 桩桩顶水平位移与 S1 桩桩顶水平位移之间的增量差最大值则分别为 14.61mm、16.39mm。说明变截面位置从 0.7m 增加 0.9m 时，桩顶承受相同水平荷载，桩顶产生的水平位移没有明显的差别，变截面深度的增加没有实际意义，体现存在合理的变截面位置。变截面段长度过长水平向承载力提高不明显。同时与文献[48,49] 现场试验研究的成果相近。证实模型试验的合理性和可行性。

3. 桩顶水平荷载-转角关系

由图 2.4-14 可以看出，桩顶荷载与水平转角大小关系曲线与桩顶水平荷载和水平位移之间的关系类似，随着变截面位置的加深，桩顶水平转角增加的幅度不断减小，甚至趋同，据此看承受横向荷载作用的变截面桩存在合理的变截面位置，见表 2.4-2。

不同级别荷载下桩顶水平位移（mm） 表 2.4-2

荷载(N)	421.5	676.5	931.5	1186.5	1441.5	1696.5	1951.5
S1 桩位移	2.95	7.18	12.49	19.41	25.76	33.09	40.4
S3 桩位移	1.97	4.68	8.12	11.77	15.59	21.59	25.79
S4 桩位移	1.44	4.28	7.48	11.26	15.2	19.46	24.01
S1 桩～S3 桩	0.98	2.5	4.37	7.64	10.17	11.5	14.61
S1 桩～S4 桩	1.51	2.9	5.01	8.15	10.56	13.63	16.39
S3 桩～S4 桩	0.53	0.4	0.64	0.51	0.39	2.13	1.78

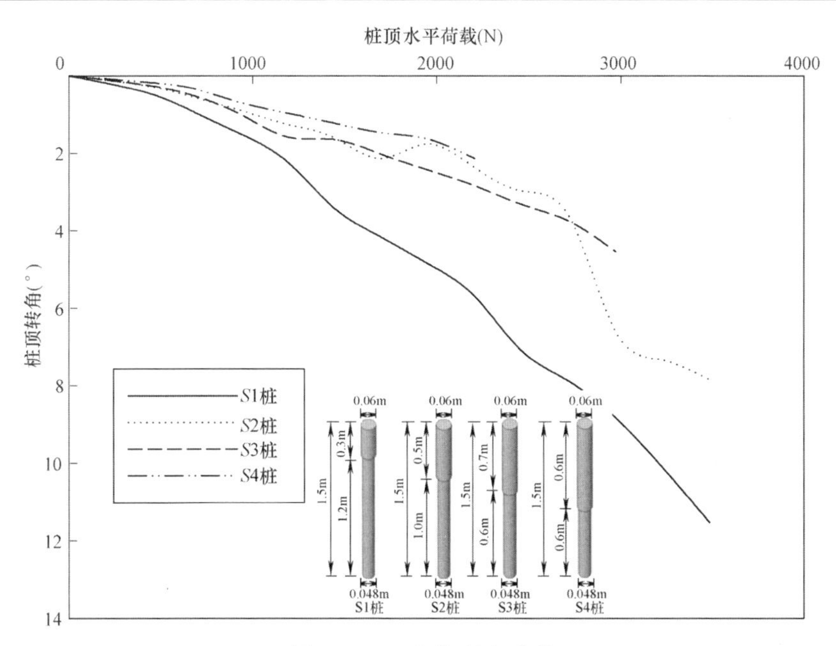

图 2.4-14 荷载-转角曲线

4. 荷载-时间-位移曲线

桩顶加载方式为运用单向多循环加卸载法，每级荷载共进行五个循环。第一级荷载为 421.5N，每级荷载增量为 250N，第一根桩至第四根桩加载级数为 14、16、17、21，图 2.4-15 为加卸载循环次数与桩顶水平位移关系图。图中曲线与

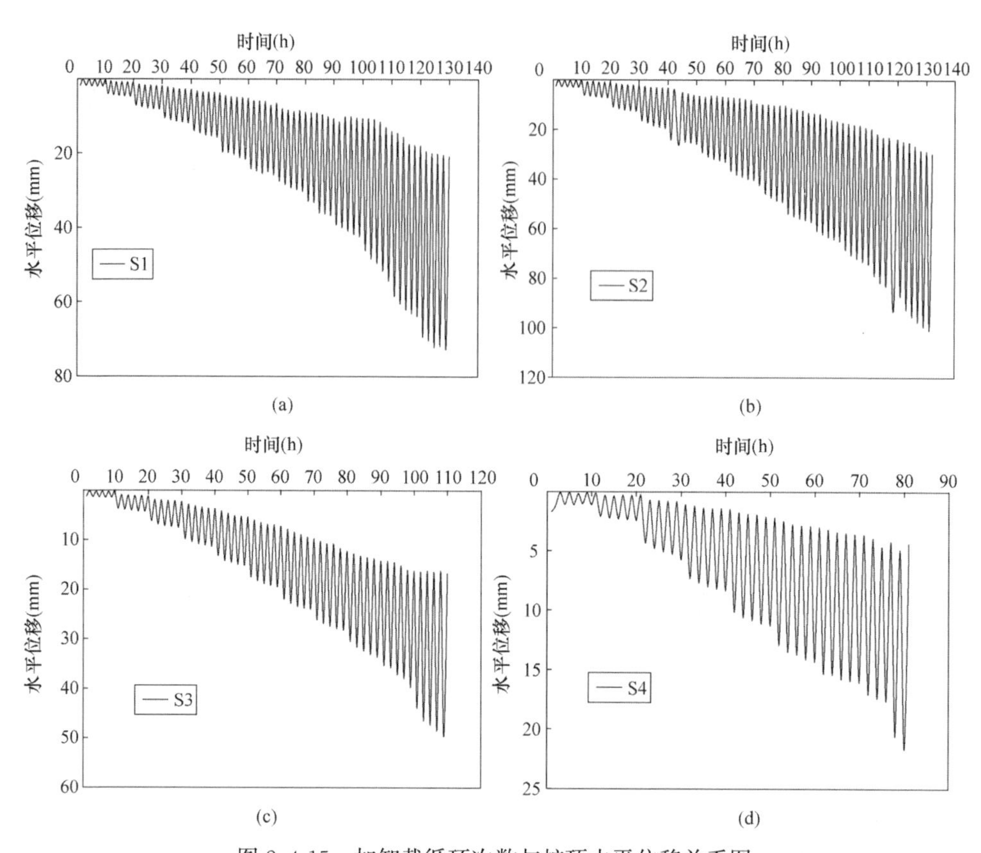

图 2.4-15 加卸载循环次数与桩顶水平位移关系图

(a) S1 桩荷载-时间-位移曲线；(b) S2 桩荷载-时间-位移曲线；
(c) S3 桩荷载-时间-位移曲线；(d) S4 桩荷载-时间-位移曲线

典型的荷载-时间-位移曲线存在较大的差别，没有典型的下凹段出现，故此结合桩顶荷载位移曲线判定承载性状。

2.5 本章小结

本章从模型试验所用到的设备和设施的角度详细阐述了模型桩材料的选取和制作、模型箱和模型加载设备的设计与制作、量测设备和元件、砂土材料等，同时对试验结果可能产生误差的注意事项进行了分析并提出相关预处理措施。在此基础上，对阶梯形变截面桩力学性状等开展了系统的模型试验研究，获得了以下主要结论：

（1）对石灰硅藻土、水泥砂浆、木材等作为模型桩材料进行了比较，最终确定选用成桩容易的杉木作为模型桩材料。

（2）设计 1.8m×1.8m×2.0m 的多功能大型模型箱和加载设备，可实现同种介质中，同时埋设八根模型桩供试验，保证了试验介质的同一性，减小了试验误差，保证了试验结果的可比性。加载设备可以灵活拆卸与安装，以实现对多根桩的加载。

（3）在桩顶截面相同的情况下，变截面桩竖向承载特性受变截面比影响显著，P-S 曲线呈现典型的非线性，在不同极限承载力确定下，均能得出变截面桩单位体积混凝土所分担的极限承载力与变截面大小有明显的关系，揭示变截面比不宜过大或过小，存在最优变截面比的情况，b 值为 0.8～0.9。同时，不同变截面桩极限承载力与等截面桩极限承载力的比率与变截面比的大小相关性也十分明显，T4 桩比率仅为 0.72～0.87，变截面比过小，小于 0.7，竖向极限承载力损失明显。

（4）不同变截面比桩身变形形态和桩身轴力分布存在明显的差异，T2 桩、T3 桩桩身轴力分布与其他两种情况相比更均匀，有利于整个桩身受力。变截面比越大，轴力值突变越明显，且最大值出现在变截面附近的小桩侧，不利桩身的受力和稳定。由此可见，从桩身变形形态看，存在最优变截面比，其值为 0.8～0.9。

（5）变截面处以上桩身段的侧摩阻力要远大于下部桩体，变截面处以上桩身段的桩-土相对位移较大，桩身侧摩阻力得到充分发挥，下部桩-土之间的相对位移较协调，其侧摩阻力的发挥滞后于变截面桩以上部分。变截面比在一定范围内增大，变截面桩的桩身侧摩阻力比等截面桩发挥更加充分。当变截面比超过一定值时，变截面桩的桩身侧摩阻力的发挥不及等截面桩有优势。

（6）不同变截面位置变截面桩桩身呈现不同变形特征，在整个桩长不变的情况下，随着大直径段的加长，桩身拉压应变曲线出现了一个峰值、两个峰值、一个峰值的典型特征，且出现两个峰值曲线最大应变的位移不同，一个位于大直径段，一个位于小直径段，据此可以初步确定变截面桩存在最优变截面位置，在桩长一定的情况下，大直径段为 0.47 倍桩长时，变截面位置是最合适的。

（7）在材料力学平截面假定的情况下，桩身弯矩曲线与拉压应变曲线的形态特征相同。

（8）桩顶水平荷载一水平位移曲线以及桩顶水平荷载一转角的关系也具有同样的规律性，揭示在桩长一定的情况下，大直径段长度的增加对增加桩顶水平极限承载力贡献有限，同样说明，对于变截面桩存在合理的变截面位置。

3 阶梯形变截面桩的现场试验研究

阶梯形变截面桩较传统桩而言，具有单桩竖向承载力高，可以充分利用桩基在水平荷载作用下弯矩、剪力上大下小的特点，节省材料、降低工程造价，基础中桩数较少，可以减少作业，提高工程进度的优点。尽管这种桩优点突出，但也并未在国内大范围的推广应用。究其原因，一方面大直径阶梯形变截面桩与传统桩相差较大，传统的理论体系已经不能恰当地分析其工作机理和受力性状，现行规范的公式已经不再适用于此种桩。另一方面，工程技术人员及从业人士受传统桩型束缚，缺乏理论技术支持，施工时往往需要专家到现场进行指导施工。虽然近年来各学者对阶梯形变截面桩的承载性状及变形特性进行了系列研究，并取得了一定成果，但成果较为分散。现行的对阶梯形变截面桩的研究方法主要以理论研究、数值模拟及模型试验为主，而对阶梯形变截面桩受横向荷载下的现场试验尚不多见，一些理论及数值成果缺乏必要的现场数据支撑印证。

在这里作者以阶梯形变截面桩作为研究对象，对其展开现场试验，对丰富变截面桩相关理论、设计依据具有重要的价值，对阶梯形变截面桩在桥梁桩基工程中的应用起到一定的推动作用，同时对节省桥梁桩基工程费用等具有重要的工程实际意义。

3.1 试验场地概况

3.1.1 场地工程地质概况

试验场地位于南昌市中国铁建青秀城。由现有的场地在建工程地勘资料，本次钻探揭露，勘探深度内试验场地地层为第四系人工填土层、全新统冲积洪层和前震坦系千枚岩，现自上而下将试验桩埋深范围内各地层岩土体基本特性简述如下：

1. 人工填土（Q^{ml}）

① 素填土：灰褐、浅黄、褐黄色，主要由黏性土、全风化千枚岩及强风化千枚岩及其碎块等物质组成，为近期人工堆积，未经压实处理，结构松散，稍湿，局部饱水，底部有 0.3～0.5m 厚的耕植土。全场地内均有分布，层厚 1.75～5.74m。

2. 第四系全新统冲洪积层（Q^{4al+pl}）

②粉质黏土：浅黄、棕黄、灰褐色，以可塑状态为主，主要成分为粉黏粒，摇振无反应，稍有光滑，干强度及韧性中等，稍湿。全场地均有分布，层顶埋深 1.80～5.80m，层顶标高 17.22～22.08m，层厚 0.50～5.80m。

②-1 淤泥质粉质黏土：浅灰、黑灰色、饱水、呈流塑状态，局部软塑状，成分主要为粉黏粒，含少量腐殖物，具有腐臭味。孔隙比平均值为 1.230，天然含水量平均值为 45.5%。场地内局部分布，层面埋深 2.80～7.30m，层顶标高 16.08～20.94m，层厚 0.60～3.00m。

③ 细砂：灰色、浅灰色、稍湿～饱和，稍密，含有一定的泥质。颗粒组分为：粒径 0.25～0.50mm 含量占 8.3%～16.1%，粒径 0.075～0.25mm 含量占 73.8%～81.6%，粉黏粒含量占 8.1%～9.9%。该层场地内个别孔见及全风化千枚岩，层顶埋深 3.52～5.39m，层顶标高为 17.64～19.21m，层厚为 0.86～4.30m。

④ 角砾：灰白色、灰色，中密状态，饱和，呈棱角状或次棱角状，成分以石英为主，少量千枚岩、砂岩，含约 20%的石英碎石及 10%左右的黏性土。2～20mm 颗粒占 40.3%～49.9%，0.5～2mm 颗粒占 14.1%～23.2%，0.25～0.5mm 颗粒占 5.3%～11.8%，0.075～0.25mm 颗粒 1.2%～8.8%，小于 0.075mm 颗粒占 3.8%～10.5%，级配一般。层顶埋深 3.40～8.90m，层顶标高 13.83～19.99m，层厚 0.80～5.70m。

3. 前震旦系千枚岩（Ptsh）

⑤-1 全风化千枚岩：灰黄、浅黄、褐黄色，粉砂质、泥质结构，千枚状构造，冲击可钻进，手捻易碎，遇水易软化，随深度增加强度逐渐增大。场地内均有分布，层顶埋深 6.10～11.30m，层顶标高 11.26～17.50m，层厚 1.50～9.00m。

⑤-2 强风化千枚岩（上段）：灰黄、浅黄、灰褐色，千枚结构，岩芯极破碎，呈粉末状、碎块状。勘察范围内岩体未探出空洞、临空面及软弱夹层。场地内均有分布，层面埋深 9.74～19.12m，层顶标高 3.04～13.64m，层厚

1.40～14.60m。

⑤-3强风化千枚岩（下段）：灰黄、浅黄、褐黄色，粉砂质结构，千枚结构，岩芯破碎，呈块状。岩场地内均有分布，层面埋深18.8～25.1m，层顶标高0.90～-2.67m，层厚0.50～17.80m。

⑤-4中风化千枚岩：青灰色灰黄，粉砂质结构，千枚结构，裂隙不发育，岩芯较破碎，呈块状，锤击声较清脆，勘察深度范围岩体内未发现空洞、临空面及软弱夹层。岩芯中交角20～30°，片理裂隙发育，呈闭合状。场地内均有分布，层面埋深25.20～40.50m，层顶标高-17.49～-1.84m。该层未揭穿，揭露厚度8.70～16.90m。

3.1.2 场地水文地质概况

根据试验场地岩土勘察报告，试验场地的水位埋深在2.82～9.12m，地下水类型为第四系松散岩类孔隙水，为微承压水，承压水头高度约为2.50m。场地地下水位高程为13.65～19.45m，稳定水位埋深为1.61～5.05m，年变幅度0.51～1.20m。

3.1.3 场地地层物理力学参数

本次试验中四根试验桩皆为人工挖孔桩，在挖孔过程中每开挖1m便用取土环刀采集土样。取土完成后用薄膜封住环刀两端，防止水分流失并及时送至试验室做直剪试验和含水率试验，土样采集见图3.1-1。

图3.1-1 土样采集

1. 直剪及含水率试验

直剪试验是一种测定各土层抗剪强度的简单、常用的方法。本次试验运用直剪仪分别对土样在垂直压力为100kPa、200kPa、300kPa、400kPa时施加剪切力，当土样发生破坏（测力计读数不变或出现回弹）时记下读数（图3.1-2），再根据总应力抗剪强度公式计算出各土层的抗剪强度指标：黏聚力 c 和内摩擦角 φ。含水率试验采用烘干法，首先称量称量盒质量 m_1，直剪土样破坏后取代表性试样土15～30g放入称量盒内，立即盖上盒盖称量并记录总质量 m_2，后放入试验室电热干燥箱内进行烘干。8h后取出称量盒，待称量盒冷却后称量烘干后的总质量 m_3，计算含水率，含水率计算见式（3.1-1）。

$$w=\left(\frac{m_2-m_1}{m_3-m_1}-1\right)\times100\% \tag{3.1-1}$$

式中 w——含水率（%），计算至0.1%；

m_1——称量盒质量（g）；

m_2——称量盒和湿土质量（g）；

m_3——称量盒和干土质量（g）。

图3.1-2 直剪试验数据记录

2. 试验结果

由室内试验结果整理可得表3.1-1数据。

各土层物理力学数据 **表3.1-1**

桩入土深度（m）	地层	黏聚力 c（Pa）	内摩擦角 φ（°）	湿密度 ρ（$g\cdot cm^{-3}$）	压缩模量（MPa）	含水率（%）
0～1	粉质黏土	18640	30.3	2.0	6.27	11.6
1～2	黏土	23210	32.5	1.89	6.45	11.0
2～3	黏土	59100	22.3	1.92	6.38	10.3
3～4	粉质黏土	43880	26.4	1.93	6.74	10.6
4～6	淤泥质粉质黏土	27600	24.2	1.96	6.87	11.4

3.2 试验方案设计

3.2.1 桩身设计

本次试验课题来源于国家自然科学基金“软土地层中阶梯形变截面桩变形特性与荷载传递机理研究”，试验场地位于江西省南昌市中国铁建青秀城。试验设计两根阶梯形变截面桩和两根等截面桩，通过对 4 根试桩进行现场水平推力试验，研究在黏土地层水平荷载下的阶梯形变截面桩的变形规律及受力特性。

1. 桩身参数

两根阶梯形变截面桩设计尺寸和参数一致，另外两根等截面桩也具有相同的尺寸和参数。通过对 4 根试验桩进行室内模型试验，在相同的竖向承载力下，得出阶梯形变截面桩的最佳变截面比为 0.8 和阶梯形变截面桩的最优变截面位置为整个桩长 46.7%处。本次试验阶梯形变截面桩桩身长度为 6m，根据以上研究成果设计桩身上半段长为 2.8m、下半段长为 3.2m，上半段桩身直径为 1.06m、下半段桩身直径为 850mm，等截面桩桩身直径为 1.06m，具体见图 3.2-1。

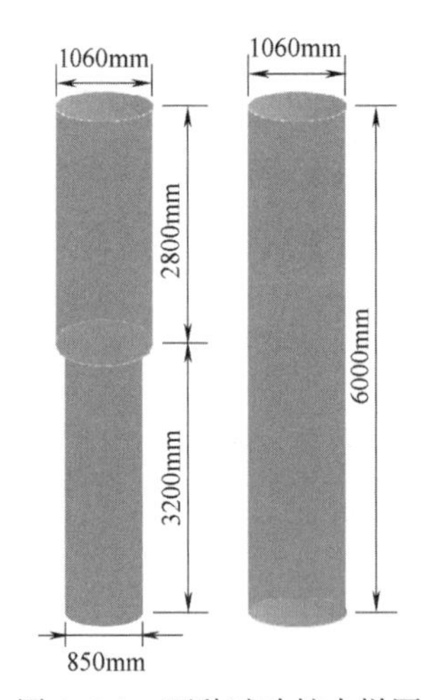

图 3.2-1　两种试验桩大样图

2. 现场桩位的确定及施工工艺

(1) 桩位布置

由于试验场地有限，且考虑到试验桩之间互为反力桩的因素，桩间距不宜过大。根据试验需要及场地条件，现场 4 根试验桩的桩位设计如图 3.2-2 所示。其中 1 号、3 号试验桩为阶梯形变截面桩，2 号、4 号试验桩为等截面桩。根据现场方位，各试验桩南北方向桩间距约 4m，东西方向桩间距约 3m。

(2) 桩基人工成孔

对于设计的 1∶1 试验桩，桩孔的成孔是试验进行的前提，关系到试验的成败。如此一来，实际的桩孔能否达到设计要求尤为关键。对于机械钻孔，一方面由于场地空间有限，钻孔机难以进场展开作业且费用高昂，另一方面采用机械钻孔时，桩径及桩长难以保证，对阶梯形变截面桩钻孔难以实现。设计桩长为6m，桩长较短，桩直径超过1m，以便于采用人工挖孔桩作业。挖孔过程中为了保证桩径与设计一致及防止塌孔，保证人员的安全，桩孔采用混凝土护壁，现场成孔如图3.2-3和图3.2-4所示。

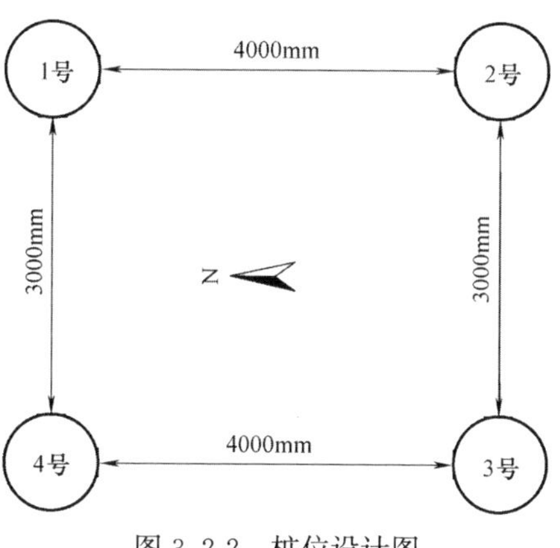

图3.2-2 桩位设计图

3. 桩身结构设计

试验现场处于南昌铁建青秀城项目施工工地，参考其住宅楼工程资料，桩身主筋为12根直径为14mm的HRB400钢筋；桩身箍筋直径为8mm的HRB400钢筋，箍筋自桩顶以下4m段间距为100mm，4m以下桩身箍筋间距为250mm；钢筋保护层厚度为60mm。不同桩型的详细配筋图如图3.2-5和图3.2-6所示。

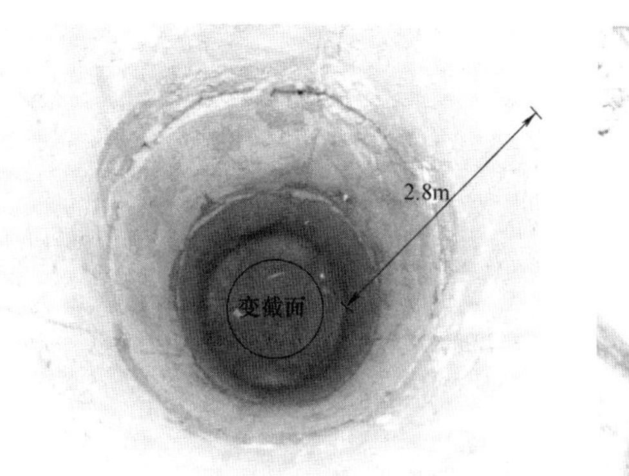

图3.2-3 变截面桩成孔

图3.2-4 等截面桩成孔

4. 钢筋笼吊装及混凝土浇筑

为方便运输，钢筋笼按上述桩身设计在施工现场钢筋棚进行制作，箍筋进行绑扎固定。钢筋笼制作完成后由起重机运送至桩孔附近。钢筋笼吊放时，先悬吊于桩孔上方并保持垂直，当接近桩孔时对其校正使桩孔中心与钢筋笼中心保持一致；入孔之前缓慢下放，入孔后由人工协助保持钢筋笼准确下放避免旋转。现场吊放如图 3.2-7 所示。

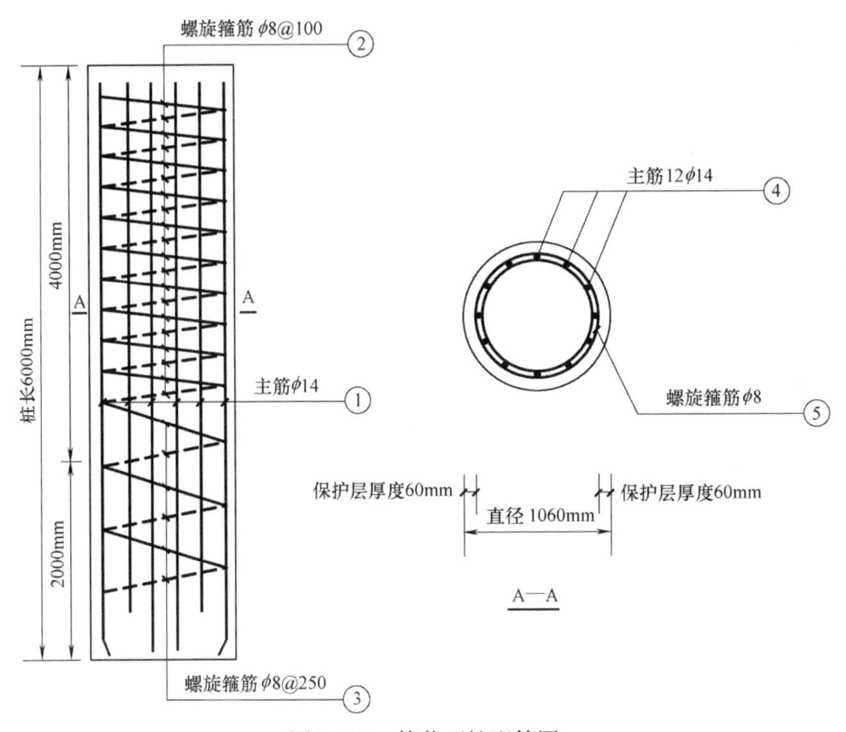

图 3.2-5 等截面桩配筋图

三组钢筋笼吊放结束，对钢筋笼定位后进行混凝土灌注。采用强度等级为 C35 的商品混凝土，由混凝土运输车将混凝土运送至现场并由混凝土泵送车将混凝土灌注到孔内。桩身灌注前预留两组混凝土试块进行抗压试验。为保证混凝土顺利灌注，混凝土泵送车在输送混凝土前安装导管，导管安装完毕后开始输送混凝土，灌注过程中需要边灌注边提升导管，直至灌注完成。现场灌注见图 3.2-8。

灌注完成后将钢筋计电缆整理好并套上保护装置避免损坏，然后设置醒目标志保护试验现场，待桩身顺利达到终凝。

5. 桩身材料强度

本次试验桩桩身采用 C35 混凝土灌注，在灌注前应提前对混凝土进行混凝土强度抗压试验，测出其抗压强度并计算出实际的混凝土弹性模量。其抗压强度

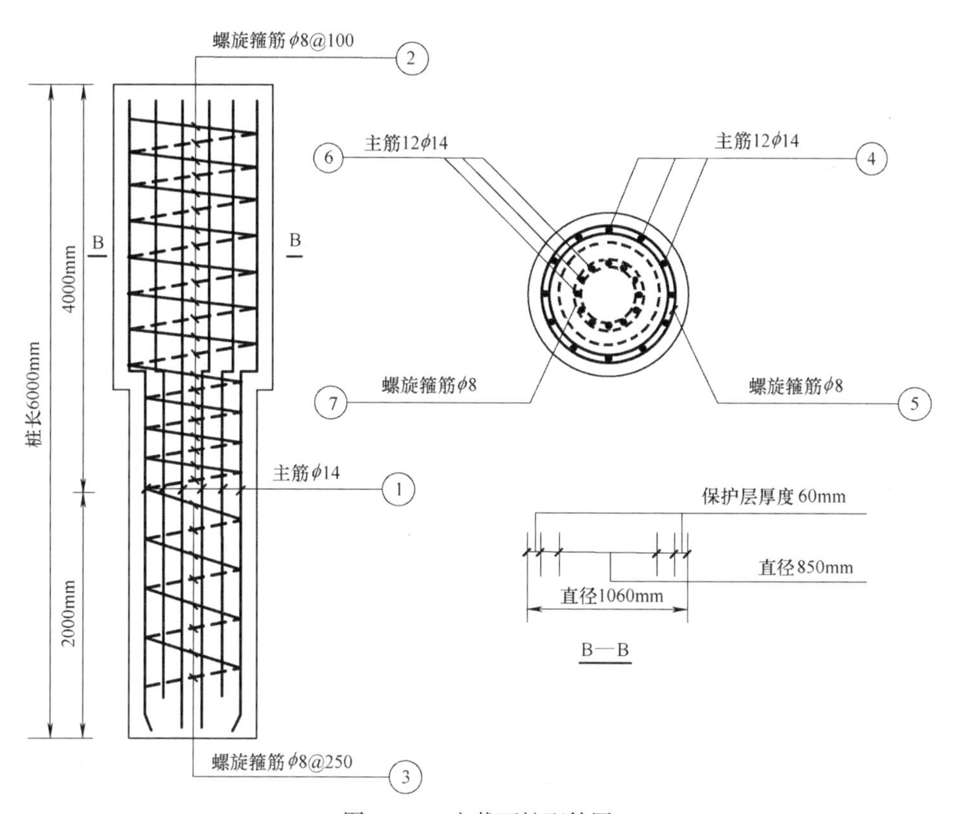

图 3.2-6 变截面桩配筋图

图 3.2-7 钢筋笼的吊装

图 3.2-8 混凝土灌注

试验结果见表 3.2-1 和图 3.2-9。

混凝土抗压强度试验结果　　表 3.2-1

编号	荷载(kN)	强度(MPa)
1	865.65	38.47
2	912.39	40.55
3	855.43	38.02

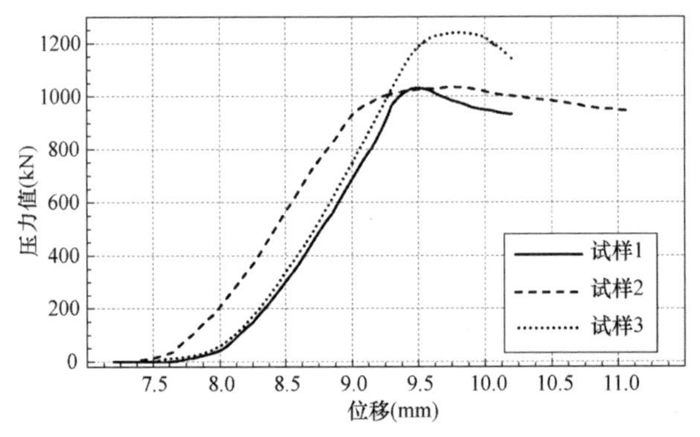

图 3.2-9　混凝土抗压强度试验曲线

弹性模量 E_c 的计算公式为：

$$E_c=\frac{10^5}{2.2+\frac{34.7}{f_{cu}}} \tag{3.2-1}$$

式中　f_{cu}——抗压强度（MPa）。

从式（3.2-1）可以计算出现场浇筑的混凝土弹性模量 $E_c=3.24\times10^4$ MPa。

3.2.2 传感器的布置

1. 振弦式钢筋计

（1）钢筋计参数

本次试验是通过在桩身内部布设振弦式钢筋计，测量钢筋受力频率的变化计算出桩身内力。试验用钢筋计直径与主筋直径一致为 14mm，型号为 GXR-1010。试验所用钢筋计共有 34 个，各桩钢筋计出厂参数如表 3.2-2～表 3.2-5 所示。

1号桩钢筋计出厂参数 **表3.2-2**

桩号	仪器编号	标定系数		出厂频率
		$K_{拉}$(kN/Hz^2)	$K_{压}$(kN/Hz^2)	F_0(Hz)
1号桩	162037	1.88×10^{-5}	-1.84×10^{-5}	1400
	161849	1.88×10^{-5}	-1.90×10^{-5}	1408
	161896	1.89×10^{-5}	-1.89×10^{-5}	1400
	161985	1.91×10^{-5}	-1.87×10^{-5}	1409
	161915	1.9×10^{-5}	-1.87×10^{-5}	1406
	162199	1.89×10^{-5}	-1.89×10^{-5}	1404
	161957	1.88×10^{-5}	-1.86×10^{-5}	1418
	162163	1.92×10^{-5}	-1.92×10^{-5}	1412
	161928	1.94×10^{-5}	-1.91×10^{-5}	1409

2号桩钢筋计出厂参数 **表3.2-3**

桩号	仪器编号	标定系数		出厂频率
		$K_{拉}$(kN/Hz^2)	$K_{压}$(kN/Hz^2)	F_0(Hz)
2号桩	161868	1.89×10^{-5}	-1.90×10^{-5}	1410
	162080	1.88×10^{-5}	-1.85×10^{-5}	1411
	161925	1.94×10^{-5}	-1.91×10^{-5}	1403
	161950	1.86×10^{-5}	-1.85×10^{-5}	1407
	162104	1.88×10^{-5}	-1.87×10^{-5}	1409
	161914	1.87×10^{-5}	-1.88×10^{-5}	1409
	162005	1.95×10^{-5}	-1.93×10^{-5}	1410
	161821	1.90×10^{-5}	-1.87×10^{-5}	1409

3号桩钢筋计出厂参数 **表3.2-4**

桩号	仪器编号	标定系数		出厂频率
		$K_{拉}$(kN/Hz^2)	$K_{压}$(kN/Hz^2)	F_0(Hz)
3号桩	162103	1.90×10^{-5}	-1.91×10^{-5}	1402
	161883	1.90×10^{-5}	-1.86×10^{-5}	1401
	162039	1.93×10^{-5}	-1.92×10^{-5}	1407

续表

桩号	仪器编号	标定系数		出厂频率
		$K_{拉}$(kN/Hz^2)	$K_{压}$(kN/Hz^2)	F_0(Hz)
3号桩	162157	1.86×10^{-5}	-1.82×10^{-5}	1408
	162109	1.88×10^{-5}	-1.91×10^{-5}	1393
	162179	1.89×10^{-5}	-1.87×10^{-5}	1407
	162022	1.89×10^{-5}	-1.85×10^{-5}	1398
	162019	1.89×10^{-5}	1.90×10^{-5}	1402
	162093	1.89×10^{-5}	-1.87×10^{-5}	1405

4号桩钢筋计出厂参数 **表3.2-5**

桩号	仪器编号	标定系数		出厂频率
		$K_{拉}$(kN/Hz^2)	$K_{压}$(kN/Hz^2)	F_0(Hz)
4号桩	162006	1.90×10^{-5}	-1.87×10^{-5}	1402
	162091	1.88×10^{-5}	-1.91×10^{-5}	1399
	161997	1.88×10^{-5}	-1.83×10^{-5}	1408
	162114	1.89×10^{-5}	-1.87×10^{-5}	1412
	162128	1.93×10^{-5}	-1.89×10^{-5}	1407
	162133	1.98×10^{-5}	-2.00×10^{-5}	1410
	162175	1.88×10^{-5}	-1.89×10^{-5}	1403
	161973	1.93×10^{-5}	-1.92×10^{-5}	1399

（2）钢筋计的安装

为准确得到桩身钢筋的应力应变，钢筋计与主筋采取焊接的连接方式。在连接前须对其频率进行测量并与出厂初始频率对比，确认钢筋计可以正常使用，现场检测如图3.2-10所示。焊接时须将测点位置主筋切断，通过钢筋计两端钢筋短头与主筋焊接一起。由于焊接过程中产生的高温容易导致钢筋计损坏，现场焊接时采取流水冷却保证钢筋计的不被损坏。振弦式钢筋计现场安装如图3.2-11所示。

图 3.2-10 钢筋计的检测

图 3.2-11 钢筋计现场安装

钢筋计与主筋焊接完成后进行钢筋笼的制作，钢筋笼制作完毕后将钢筋计电缆整理并捆扎固定好，避免吊装时损坏电缆，钢筋笼成品如图 3.2-12 所示。

图 3.2-12 钢筋笼

对于变截面桩，沿桩身在 0.15～5.95m 的不同深度安装了 9 个钢筋计，等截面桩在 0.15～5.4m 的不同深度共安装 8 个钢筋计，钢筋计的平面布置图如图 3.2-13 所示。

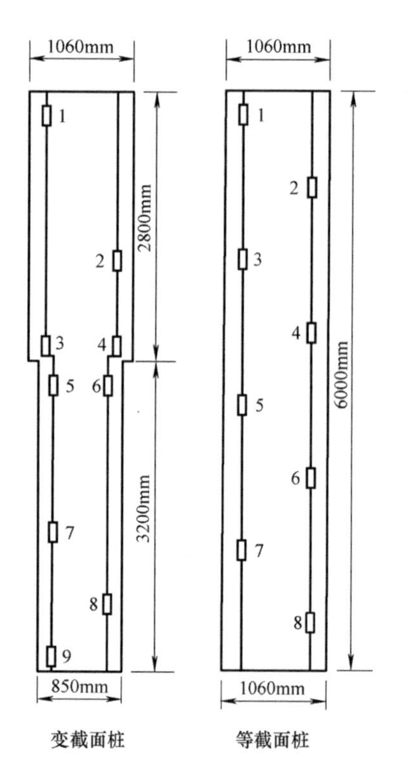

图 3.2-13 钢筋计布置图

钢筋计所在横截面距桩顶距离如表 3.2-6 所示。

试桩钢筋计安装深度 表 3.2-6

变截面桩	序号	1	2	3	4	5	6	7	8	9
	深度(m)	0.15	1.65	2.65	2.65	2.95	2.95	4.45	5.2	5.95
等截面桩	序号	1	2	3	4	5	6	7	8	
	等截面(m)	0.15	0.9	1.65	2.4	3.15	3.9	4.65	5.4	

2. 土压力计的埋设

桩端阻力是桩身在受到外荷载时，其底部土层对桩底端的反力。本文采用TXR-2020 振弦式土压力计量测桩端及变截面桩的变截面处的桩土相互作用力，其布置见图 3.2-14，现场埋设见图 3.2-15、图 3.2-16。

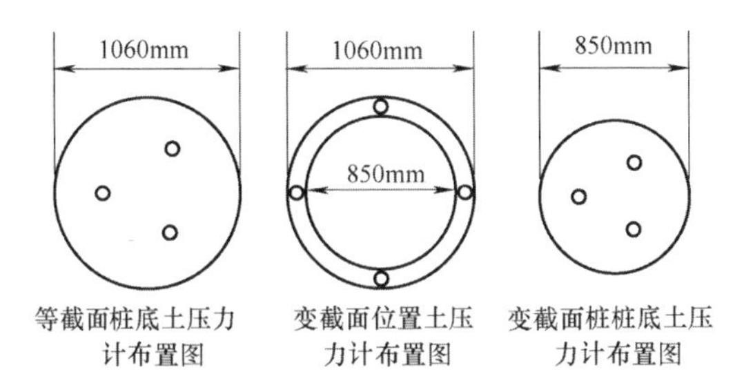

图 3.2-14　土压力计布置图

图 3.2-15　土压力计埋设

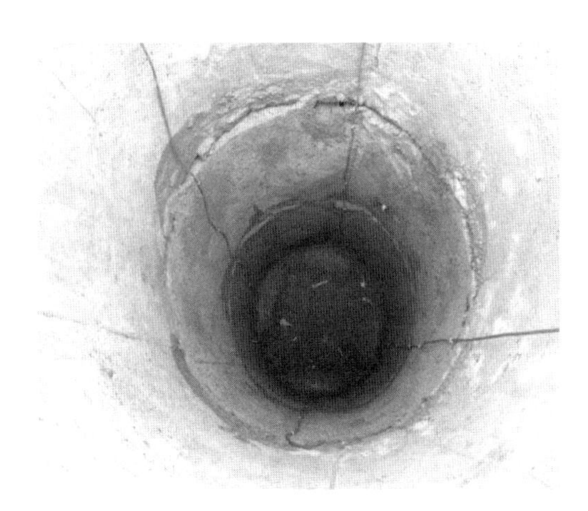

图 3.2-16　土压力计埋设完成

3. 测斜管的安装

为得到桩身在每级荷载下的水平位移变化，在灌注混凝土前将测斜管绑扎在钢筋笼内侧，且与试验施加外力方向在同一条直线，以保证所测得的变形值与桩身变形一致。测斜管安装时，底部用袋包裹，防止灌注混凝土时，混凝土浆液进入管内造成堵塞；测斜管管口盖紧并包裹防止异物落入管内；测斜管上部应伸出桩顶 20～30cm，现场灌注混凝土时，应随时注意钢筋笼的位置，保证测斜管安装位置与外力方向在同一条直线，测斜管现场埋设图见图 3.2-17。

图 3.2-17 测斜管现场埋设图

3.2.3 试验加载及测量系统

1. 竖向试验加载及测量系统

1）堆载

在试验中反力系统是单桩竖向静载荷试验的重要组成部分，根据现有的试验资料，我们把反力装置大致可分为以下几类：

（1）堆重平台反力装置：它是通过平台上的压重为单桩静载荷提供反力。在试验前应将堆载物全部放置好，并且堆载物要均匀稳定地放置在平台上。在以往的试验中，堆载物大致为混凝土试块、铁锭等。在一些软土地基上堆载，若是计算得出的反力较大从而所需的堆载物较多，将会引起地面出现较大的沉降。在这种情况下，我们可以把基准梁支撑在其他工程桩上（此桩应在桩周土沉降范围外）或者加大码脚面积。基准梁一般使用工字梁，在试验中采用一定刚度的长工字梁。试桩的正中心到堆重平台外侧也有一定的要求。根据 Poulos 的理论研究可知，为了减少堆重对试验数据的影响，当试桩的直径不大于 0.8m 时，试桩正中心至堆重平台外侧的距离可为试桩直径的 5 倍；当试桩的直径大于 0.8m 时，试桩正中心至堆重平台外侧的距离不得小于 4m。在实际工程试验中，这种装置使用得非常多，主要是因为其容易搭建，适用于各种荷载的堆载试验，并且对于配钢筋较少或者不配钢筋的桩基同样适用。

（2）锚桩承台梁反力装置：当现场条件许可时，最节约的就是将工程试桩作为锚桩。当使用工程桩作锚桩时，锚桩根数不应低于 4 根，并且应在加载过程中监测锚桩上拔量。设计的试桩加荷载很大、埋深较浅或土壤较松散时可适当的加大锚桩量。

（3）锚桩堆重联合反力装置：试验要求的最大荷载量大于锚桩的抗拔能力时，我们可以在其钢梁上放置一定重量的悬挂物，由锚桩和悬挂物一起承担千斤顶的向上顶力。使用锚桩堆重联合反力装置试验时，我们首先要确定堆重先受力，然后锚桩受力。另外，锚桩的根数不能少于 2 根，并且以试桩为原点一一对应分布。

单桩静载荷试验根据承载力设计不同，比如几十吨、几百吨，试验的加载方式则大相径庭，一般分级荷载为总荷载的 1/10～1/12。不管使用的是这三种反力装置的哪一种，其试验的整个过程都要要求非常严格。在试验开始前，操作者必须对本次试验过程中的元件进行检验。例如，元件的强度是否合格，精度是否达标等。配重块须在试验前全部堆放好，堆放时配重块要保持均匀、平稳的放置。

依据试验设计和现场基础设施条件，本文采用堆重平台反力装置。如图 3.2-18 和图 3.2-19 所示。

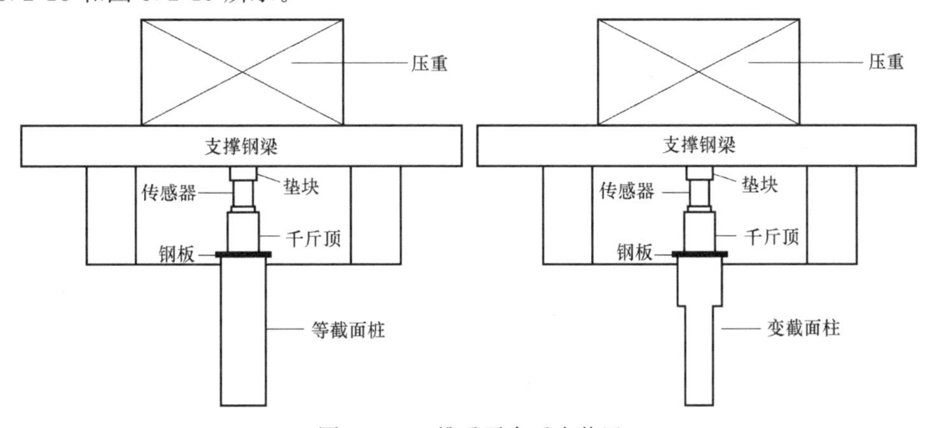

图 3.2-18 堆重平台反力装置

图 3.2-19 堆载现场

2）测试元件

（1）千斤顶

本次试验预估最大加载为 1600kN，因此使用 200t 的千斤顶。如图 3.2-20 所示。

（2）油泵

本次试验采用上海力民仪表厂制作的油泵，其最大输出油压为 100MPa，如图 3.2-21 所示。

图 3.2-20 千斤顶

图 3.2-21 油泵

（3）振弦式钢筋计

本次试验所用钢筋计型号为 GXR-1010，仪器规格 $\phi14$。目的在于测量各个钢筋计位置的轴力，然后通过公式将其转化为对应截面桩身的轴力，见图 3.2-22。

图 3.2-22 振弦式钢筋计

(4) 土压力计

本次试验所用的振弦式土压力计（型号为 TXR-2020），测量范围 5MPa、10MPa。它是用来测量桩土之间的相互作用力，见图 3.2-23。

图 3.2-23 土压力计

(5) 频率采集仪

本次试验采用的频率采集仪型号为 JM-406，JM-406 型频率采集仪功能强大，并且能够支持在一定范围内各种温度传感器的测量，同时能直观地显示所测数据，见表 3.2-7 和图 3.2-24。

频率采集仪主要技术指标　　表 3.2-7

产品规格	406A/406B/406C	测频范围	400～6000Hz
测频精度	±0.1Hz	测温范围	－50～＋110℃
测温精度	±0.3℃	通信接口	RS485 或 232
可调数据储存	5000/10000 条	工作温度	－5～＋45℃

图 3.2-24　频率采集仪

（6）静载仪

本次试验采用武汉沿海 JYC 静载仪来测量桩身沉降，见图 3.2-25，它主要由位移传感器和测试分析仪组成。相对于传统百分表它更精准，单次量程为 50mm，与人工读数相比误差更小，主要体现以下优点：

① 将现场监测和远程监控合为一体，极大地提高了观测效率；

② 菜单图表化显示，一看即会；

③ 仪表读数由主板控制，不会出现仪器不灵、死机等现象；

④ 数据准确度高、可靠性强，在各种严苛的工作条件下都能保持正常工作；

⑤ 能够适用于各种标准；

⑥ 适用于任意荷载、任何液压系统及反力方式；

⑦ 自动化程度高，能够脱离人力实现自动读取、判别等功能；

⑧ 当沉降量超过设计值时能够自动报警；

⑨ 监测数据会自动存储双份，以防止出现意外现象导致数据丢失。

图 3.2-25　静载仪

（7）标准测力计

本次试验使用标准测力计来观测千斤顶加载值。它包括以下两个组成部分：

① 显示仪：采用DS60精密数字测量仪，它具有准确度高、可靠性强的特点。其超高的分辨率和超强的灵敏度为它的精准度提供了有力的保证，见图3.2-26。

② 力传感器：传感器内部元件都是采用高性能材料并经过特殊工艺处理，因此该力传感器具有高精度、高稳定性等特点，见图3.2-27。

图3.2-26 DS60精密数字测量仪

图3.2-27 力传感器

为了使试验桩在加载过程中读取的压力数值更精确，试验之前DS60精密数字测量仪和力传感器要进行标定。图3.2-28为标定现场。

图3.2-28 标定现场

2. 横向试验加载及测量系统

试验设备包括加载系统、反力系统和基准系统三个部分，见图3.2-29。

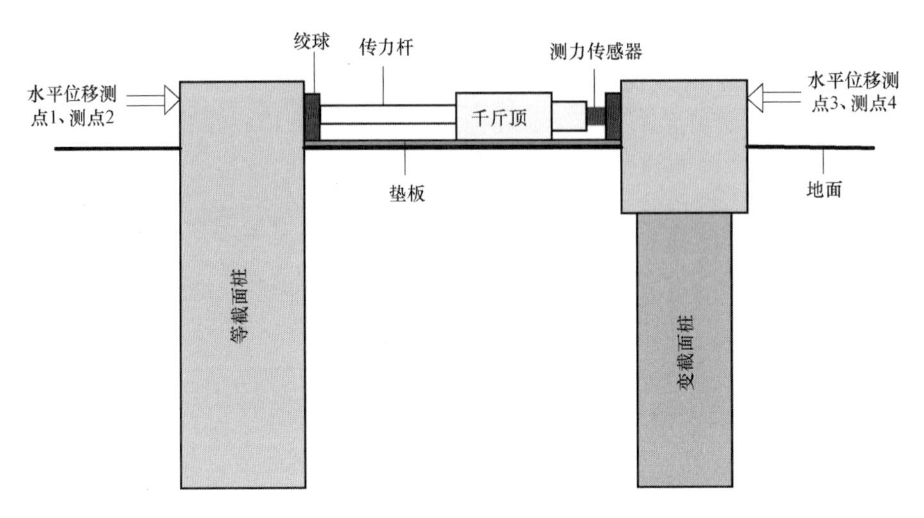

图 3.2-29 横向试验加载及测量系统装置简图

1）加载系统

加载系统由油泵、50t级卧式千斤顶、测力传感器和传力杆组成。加载系统油泵采用德州市恒宇液压机具有限公司生产的DBS超高液压电动泵，该泵为单级泵、双油路且配有手动换向阀。其工作压力为0～80MPa，额定流量为0.8～20 L/min，电机功率为0.75～30kW。油泵通过液压油管与千斤顶相连，现场连接布置见图3.2-30。

图 3.2-30 加载系统油泵连接布置图

试验传感器为溧阳市超源仪器厂生产的YBY-2000kN型荷重传感器，传感器与DS60精密数字测量仪相连接。传感器的高精度和稳定性及测量仪的高灵敏度和高分辨率可以对施加荷载进行准确的控制，精密数字测量仪和传感器与竖向试验相同。

2）反力系统

反力系统为两根试验桩，它们试验时互为反力。

3）基准系统

通过查阅文献资料、相关规范并参考相关试验资料，本次试验测试基准系统由基准桩和基准梁组成。基准桩使用四根入土1.5m的直径50mm的钢管打入试桩影响范围之外的两侧，基准梁采用具有一定刚度的钢管利用锁扣连接，检查连接牢固后将基准梁与基准桩刚性连接，基准梁悬空于试验桩上方利于安放位移计的位置。基准系统与反力系统均设置在试验桩的影响范围之外，基准系统的现场设置见图 3.2-31。

4）测项与测量方法

（1）桩顶水平位移 Y_0 的量测

桩顶水平位移 Y_0 由两个固定在试验桩对称位置的位移计通过人工读数得出。

① 位移计的安放

此次试验最大位移不超过 40mm，位移计量程为 50mm。位移计是通过测杆与试验桩接触的，故试验桩与位移计测杆接触部位需要打磨处理，保证测量数据的准确性。试验开始前将位移计指针调到 0 刻度位置后，将量程为 50mm 的位移计与磁力支架连接牢固后，固定在基准梁上，固定后调整两位移计与试桩的接触点使之对称，并检查是否接触良好，位移计现场安放见图 3.2-32。

图 3.2-31 基准系统现场设置图

图 3.2-32 位移计现场安放

② 读数

试验开始前应先读取位移计的初始值，每级加载 4min 后对位移计读数一次。卸载 2min 稳定后再读数一次并做好记录，这样荷载循环 5 次完成一级加卸载，之后每级如此直到试验结束。

（2）钢筋计频率

钢筋计事先已预埋在桩身内，只需使用测读仪测读各钢筋计读数即可。需要注意的是，试验开始前应对各钢筋计的初始频率进行采集。试验过程中使用609A 频率测读仪来测量各钢筋计受力时频率变化，现场频率采集见图 3.2-33。

(3) 桩身变形量测

3 号和 4 号试验桩桩身内已预埋测斜管，使用江苏海岩工程材料仪器有限公司生产的 CX3 智能测斜仪量测不同深度处桩体的位移。该测斜仪是专门用于岩土地基位移量测的仪器，适用于如岩土边坡、城市建设地基基坑开挖、打桩等各种岩土地基横向位移的量测。如图 3.2-34 所示，测斜仪主要由测头、测读仪和传输电缆组成。

图 3.2-33 现场频率采集

图 3.2-34 测斜仪组成

测头是量测的敏感部和数据的来源，也是测斜仪的核心，测头内的石英挠性伺服加速度计具有灵敏度极高、精度极高、稳定性好等优点；测读仪是 CX3 智能测斜仪用于数据二次输出的仪表，可以实现测头数据的接收、显示和输出；传输电缆则是连接测头和测读仪的传输线。根据仪器使用说明，其性能指标如表 3.2-8 所示。

测斜仪性能指标 **表 3.2-8**

产品型号	CX3	测读仪尺寸	680mm×109mm×250mm
传感器灵敏度	0.02mm/8″	量测范围	±30°
导轮间距	500mm	工作温度	−10～50℃
测头尺寸	ϕ32mm×660mm	综合误差	±4mm/25m

现场测试时，将探头滑轮沿测斜管导槽滑入测斜管底，一般习惯将测头高轮对准南方向作为正方向测读一次，然后再反方向测读一次以消除零误差。由于试验桩较短，现场测试每 0.5m 进行一次数据采集，为减少误差，数据采集须等数据稳定后方可进行，现场数据采集，如图 3.2-35 所示。

图 3.2-35　现场数据采集

3.2.4　试验的方法

1. 竖向试验法

从前人的研究当中我们可以知道，单桩静荷载试验根据试验的目的、当时的技术条件以及设备能力有以下几种加载方式：

（1）慢速维持荷载法：此方法是将堆载平台上的荷载通过千斤顶缓慢的作用在试验桩上。按照设计将荷载分级均布地加到试验桩桩顶，在每一级荷载作用下，其沉降稳定时（沉降量小于或等于 0.1mm/h，并且连续出现 2 次），可继续进行下一级荷载加载。

（2）快速维持荷载法：其做法是在试验时以相同时间间隔不间断加载。当试验桩下沉趋势不再减小，以至无法加载时可终止试验；相对于慢速维持荷载，它具有时间短并且易于预估的特点。

（3）等贯入速率法：此方法是在加载的情况下，不考虑试验桩下沉是否达到稳定，只要保证在连续施加荷载作用下，试验桩以同等的速率贯入土中，按照一定的时间间隔记录试验桩的下沉量和对应的加载量，绘制荷载—贯入量曲线。其优点是试验周期短，数据量较多，荷载—贯入量变化曲线直观地展现极限承载力；缺点是对操作者要求更加严格。

（4）循环加卸载试验法：①在慢速维持荷载中以部分荷载进行加载、卸载循环；②对每一级荷载达到稳定后重复加载、卸载循环；③以快速维持荷载法为基础为每一级荷载进行重复加载、卸载循环。

本书采用第一种加载方式，并确定如下试验的加载、卸载方案。

本次试验拟定对 2 根桩均以每隔 50kN 进行分级加载，但由于试验设备精度及操作难度实际加载荷载分别为：

① 变截面桩：97kN、149kN、200kN、251kN、301kN、348kN、400kN、448kN、500kN、552kN、604kN、653kN、704kN、753kN、805kN、853kN、902kN、952kN、1005kN、1066kN、1110kN、1188kN、1263kN、1311kN、1357kN、1399kN、1449kN、1491kN、1555kN、1597kN；

② 等截面桩：103kN、149kN、202kN、250kN、317kN、366kN、422kN、471kN、501kN、570kN、630kN、662kN、712kN、770kN、820kN、900kN、960kN、1008kN、1060kN、1109kN、1168kN、1240kN、1314kN、1363kN、1399kN、1454kN、1514kN。

每级荷载施加后，第 1h 内分别按第 5min、15min、30min、45min、60min 测读桩顶的沉降量，以后每隔 30min 测读一次桩顶沉降量。卸载时，每级荷载应维持 1h，分别按照第 15min、30min、45min、60min 测读桩顶沉降量后，即可进行下一级卸载。卸载至 0 后，应测读桩顶残余沉降量，维持时间不少于 3h，测读时间分别为第 15min 和第 30min，以后每隔 30min 测读一次桩顶残余沉降量。

试桩沉降相对稳定标准：每 1h 内的桩顶沉降量不得超过 0.1mm，并连续出现两次（从分级荷载施加后的第 30min 开始，按 1.5h 连续三次每 30min 的沉降观测值计算）。

2. 横向试验法

试验方法的确定

本次对于试验桩采用桩顶自由的形式，力的施加位置距离桩顶为 50cm，为保证施加力不会偏心及试验结果的准确性，传力杆及绞球应和桩接触良好且使力的方向通过桩身轴线，必要时对接触面进行处理。

（1）加载方法

本次试验分为两组，其中1号变截面桩和2号等截面桩为第一组，3号变截面桩和4号等截面桩为第二组，采用单向多循环法加载。

试验的加载方式为单向多循环加载法，我国行业标准《建筑基桩检测技术规范》JGJ 106—2014规定每级荷载加载量为预估最大荷载的1/10～1/15，先加载到规定荷载，稳定4min后测读，再卸载到零，停2min后测读，此为一循环，每级荷载循环5次，便进入下一级荷载。当试验满足以下任一条件试验结束，试验结束条件如下：

① 桩身折断；

② 水平位移超过40mm。

（2）每级预加载值的确定

由《建筑桩基技术规范》JGJ 94中第5.7.2关于单桩水平承载力特征值的确定，这里参考规范对桩基水平承载力特征值进行计算以估算出每级加载值的大小：对于桩身配筋率小于0.65%的灌注桩的单桩水平承载力特征值公式如下：

$$R_{ha}=\frac{0.75\alpha\gamma_m f_t W_0}{V_M}(1.25+22\rho_g)\left(1\pm\frac{\zeta_N \cdot N}{\gamma_m f_t A_n}\right) \tag{3.2-2}$$

式中：α——桩的水平变形系数，按《建筑桩基技术规范》JGJ 94 5.7.5条确定；

R_{ha}——单桩水平承载力特征值，$\pm$根据桩顶竖向力性质确定，压力取“+”，拉力取“－”；

γ_m——桩截面模量塑性系数，圆形截面$\gamma_m=2$，矩形截面$\gamma_m=1.75$；

f_t——桩身混凝土抗拉强度设计值；

W_0——桩身换算截面受拉边缘的截面模量，圆形截面为：$W_0=\frac{\pi d}{32}[d^2+2(\alpha_E-1)\rho_g d_0{}^2]$其中，$d$为桩直径，$d_0$为扣除保护层厚度的桩直径；

α_E——钢筋弹性模量与混凝土弹性模量的比值；

V_M——桩身最大弯矩系数；

ρ_g——桩身配筋率；

A_n——桩身换算截面积，圆形截面为：$A_n=\frac{\pi d^2}{4}[1+(\alpha_E-1)\rho_g]$；

ζ_N——桩顶竖向力影响系数，竖向压力取0.5，竖向拉力取1.0；

N——在荷载效应标准组合下桩顶的竖向力（kN）。

由式（3.2-2）估算出桩的水平承载力特征值并由此得出取承载力极限值1/10作为每级加载值，试验过程中也可根据现场加载情况进行适当调整。

3.3 阶梯形变截面桩竖向承载性状及内力分析

基本假定：

（1）假定桩身材料均一，即试验桩整个桩身的各个截面所受应力、应变关系一致。

（2）假定钢筋计与钢筋和混凝土融为一体，即它们的变形一致。这是整个试验结果成立的重要前提之一。

（3）就桩周土而言，在一个土层中，桩侧摩阻力应是均匀分布。

3.3.1 单桩竖向极限承载力分析

从资料可知单桩竖向极限承载力大致用以下三种方法确定：

（1）根据沉降随荷载变化的特征确定：对于陡降型 P-S 曲线，取其发生明显陡降的起始点对应的荷载值；

（2）根据沉降随时间变化的特征确定：取 s-lg$t$ 曲线尾部出现明显向下弯曲的前一级荷载值；

（3）根据沉降量确定：对于缓变型 P-S 曲线，可取 $s=40$mm 对应的荷载值；对于大直径桩可取 $s=0.03\sim0.06D$（D 为桩端直径）对应的荷载值。

本节的主要内容是通过分级加载方式来探讨试验桩的荷载-沉降关系，试验数据见表 3.3-1，并且对两根桩试验数据进行对比分析。

阶梯形变截面桩静载试验数据汇总表　　表 3.3-1

级数	荷载(kN)	本级历时(min)	累计历时(min)	本级位移(mm)	累计位移(mm)
1	97	120	120	0.89	0.89
2	149	120	240	0.62	1.51
3	200	120	360	0.29	1.8
4	251	120	480	0.34	2.14
5	301	120	500	0.32	2.46
6	348	120	620	0.32	2.78
7	400	120	740	0.41	3.19
8	448	120	860	0.39	3.58
9	500	120	920	0.59	4.17
10	552	120	1040	0.37	4.54

续表

级数	荷载（kN）	本级历时（min）	累计历时（min）	本级位移（mm）	累计位移（mm）
11	604	120	1160	0.61	5.15
12	653	120	1280	0.50	5.65
13	704	120	1400	0.65	6.3
14	753	120	1520	0.96	7.26
15	805	120	1640	1.34	8.6
16	853	120	1760	1.5	10.1
17	902	120	1880	1.97	12.07
18	952	120	2000	2.49	14.56
19	1005	120	2120	1.77	16.33
20	1066	120	2240	5.69	22.02
21	1110	120	2360	0.22	22.24
22	1188	120	2480	7.28	29.52
23	1263	120	2600	4.08	33.6
24	1311	120	2720	3.59	37.19
25	1357	120	2840	6.15	43.34
26	1399	120	2960	3.79	47.13
27	1449	120	3080	4.43	51.56
28	1491	120	3200	6.88	58.44
29	1555	120	3320	6.62	65.06
30	1597	180	3440	4.62	69.68
31	1365	60	3500	−0.03	69.65
32	1202	60	3560	−0.1	69.55
33	1071	60	3620	−0.21	69.34
34	973	60	3680	−0.4	68.94
35	895	60	3740	−0.06	68.88
36	740	60	3800	−0.19	68.69
37	641	60	3860	−0.2	68.49
38	543	60	3920	−0.22	68.27
39	422	60	3980	−0.2	68.07
40	302	60	4040	−0.1	67.97
41	197	60	4100	−0.13	67.84
42	101	60	4160	−0.14	67.7
43	0	60	4220	−0.08	67.62

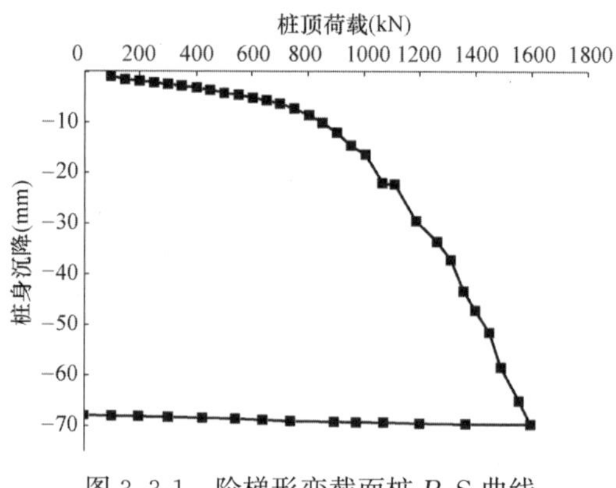

图 3.3-1 阶梯形变截面桩 P-S 曲线

从图 3.3-1 可以看出桩端土已被压破坏。在荷载初期，桩身平稳下沉。在加载前桩端未压实，可能存在一定厚度的虚土层，随着荷载开始加载，虚土层会慢慢被压实，此时会有突然沉降较大的点，但是从图中并未看到桩身突降的曲线。其原因可能是加载荷载的大小和侧摩阻力影响了该现象的发生。在 0～1000kN 时，桩身沉降变化比较平稳，最大沉降量只有 16.29mm。但在此之后，桩身沉降急剧变化，从图形上看阶梯形变截面桩极限承载力对应的桩顶受力在 1000～1300kN。由《建筑桩基技术规范》JGJ 94 可知，当荷载—沉降曲线缓变时，可以认定单桩极限承载力为桩端沉降量的 0.03～0.06D（D 为桩端直径）时，对应的桩顶荷载。因此，变截面桩的极限承载力可认为是 1188kN。

图中显示当桩顶荷载卸到零时，桩身沉降回弹量仅是 2.06mm，这也说明了桩端土体已遭到破坏。

表 3.3-2 为等截面桩静载试验数据汇总表。

等截面桩静载试验数据汇总表 **表 3.3-2**

级数	荷载 (kN)	本级历时 (min)	累计历时 (min)	本级位移 (mm)	累计位移 (mm)
1	103	120	120	0.65	0.65
2	149	120	240	0.37	1.02
3	202	120	360	0.44	1.46
4	250	120	480	0.38	1.84
5	317	120	500	0.5	2.34
6	366	120	620	0.42	2.76
7	422	120	740	0.48	3.24

续表

级数	荷载（kN）	本级历时（min）	累计历时（min）	本级位移（mm）	累计位移（mm）
8	471	120	860	0.32	3.56
9	501	120	920	0.41	3.97
10	570	120	1040	0.54	4.51
11	630	120	1160	0.51	5.02
12	662	120	1280	0.46	5.48
13	712	120	1400	0.87	6.35
14	770	120	1520	1.12	7.47
15	820	120	1640	0.45	7.92
16	900	120	1760	1.9	9.82
17	960	120	1880	2.62	12.44
18	1008	120	2000	1.3	13.74
19	1060	120	2120	2.83	16.57
20	1109	120	2240	2.42	18.99
21	1168	120	2360	2.84	21.83
22	1240	120	2480	3.41	25.24
23	1314	120	2600	4.3	29.54
24	1363	120	2720	3.8	33.34
25	1399	120	2840	2.53	35.87
26	1454	120	2960	3.76	39.63
27	1514	180	3140	6.04	45.67
28	1280	60	3200	−0.07	45.6
29	1121	60	3260	−0.04	45.56
30	970	60	3340	0.02	45.58
31	767	60	3400	−0.17	45.41
32	601	60	3460	−0.19	45.22
33	400	60	3520	−1.42	43.8
34	200	60	3580	−0.5	43.3
35	0	60	3640	−1.2	42.1

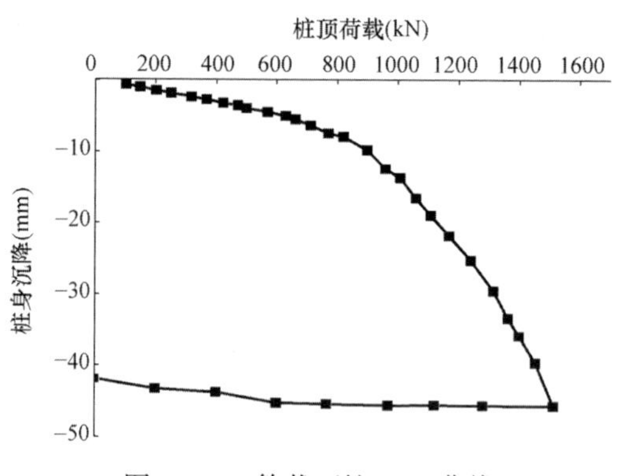

图 3.3-2　等截面桩 P-S 曲线

从图 3.3-2 得出 0～800kN 时桩身沉降不大，最大仅仅只有 7.92mm。桩顶受荷载不断地增大，同时其桩身沉降速率也在逐步提升。据表中数据可知，没有出现下个桩身沉降量是上一个沉降量的 4 倍，当桩顶受荷载 1514kN 时，桩身沉降量达到 45.67mm，大于 40mm，因此判定桩端土体已经发生破坏。由《建筑桩基技术规范》JGJ 94 可知，当荷载—沉降曲线变缓时可以认定单桩极限承载力为桩端沉降量即 0.03～0.06D（D 为桩端直径）时对应的桩顶荷载。因此，等截面桩的极限承载力可认为是 1363kN。

为了能够更好地比较两桩在受竖向荷载时其单位体积材料强度承担的情况，分别将荷载达到极限承载力时和桩顶沉降量为 4mm、20mm、40mm 时所对应的桩顶荷载 Q 与桩身体积 V 之比作为一个比较因子 QV^{-1}，即：

$$QV^{-1}=\frac{Q}{V} \tag{3.3-1}$$

式中：Q——不同条件下对应的桩顶荷载单位；

V——桩身的体积单位；

QV^{-1}——比较因子，表示单位体积承载力。

具体结果如表 3.3-3 所示，在桩顶荷载达到极限承载力时和桩顶沉降量为 4mm、20mm、40mm 时等截面桩的单位体积材料承载力分别为：257.55kN/m^3、107.71kN/m^3、220.70kN/m^3、274.75kN/m^3，而变截面桩分别为 277.27kN/m^3、116.70kN/m^3、248.80kN/m^3、316.72kN/m^3。我们发现在同标准下，阶梯形变截面桩单位体积材料承受荷载始终大于等截面桩，且极限承载力下变截面桩单位体积材料发挥比等截面桩提高约 8%，由此说明阶梯形变截面桩单位体积材料发挥的承载力优于等截面桩。

不同标准下的单位体积承载力　　表 3.3-3

桩型	极限承载力		4mm		20mm		40mm	
	Q(kN)	Q/V (kN/m^3)	Q(kN)	Q/V (kN/m^3)	Q(kN)	Q/V (kN/m^3)	Q(kN)	Q/V (kN/m^3)
变截面桩	1188	277.27	500	116.70	1066	248.80	1357	316.72
等截面桩	1363	257.55	570	107.71	1168	220.70	1454	274.75

3.3.2 桩身轴力对比分析

本次试验用振弦式钢筋计测出频率并通过相应的公式求出，对应点位的桩身轴力。在试验之前应测得一组频率作为初始频率。按照观测要求，记录在每级荷载，作用下频率仪的频率，通过公式计算出振弦式钢筋测力所受的应力，再通过公式可以得出钢筋计的应变。由上述假设可知通过钢筋计的应变就可以认为是该处桩身应变，将此应变乘以钢筋混凝土弹性模量得出该点的应力，再将此应力乘以该处截面面积就得出该处的桩身轴力。钢筋计的计算公式如下：

（1）振弦式钢筋计受力 F_j：

$$F_j = K(f_0^2 - f_i^2) \tag{3.3-2}$$

式中：F_j——钢筋计荷载作用下的受力（kN）；

K——钢筋计的标定系数（kN/h）（每个钢筋计都不一样）；

f_0——钢筋计的初始频率（Hz）；

f_i——试验过程荷载作用下钢筋计的输出频率（Hz）。

为了能够更好地比较两桩在受竖向荷载时其单位体积材料发挥情况，将各种标准下的单桩极限承载力除以其体积所得出的值作为一个比较因子。

（2）振弦式钢筋计的应变：

$$\varepsilon_j = \frac{\delta_j}{E_j} = \frac{F_j}{A_j E_j} \tag{3.3-3}$$

式中：ε_j——钢筋计的应变；

δ_j——钢筋计的应力（kPa）；

E_j——钢筋计的弹性模量，2.0×10^5MPa；

A_j——钢筋计的截面面积，0.00015m^2。

（3）阶梯形变截面桩桩身应变：由上文的基本假设可以得出钢筋计与桩身钢筋混凝土是一体的，共同受力，所以桩身某截面处的应变和对应截面处钢筋计的应变应该是一样的。由此可得出式（3.3-4）：

$$\varepsilon_j = \varepsilon_z \tag{3.3-4}$$

（4）桩身轴力 Q

先设定一个等效弹性模量 E：

$$E \times A = A_j \times E_j + A_z \times E_z \tag{3.3-5}$$

式中 A——桩身截面面积（m^2）；

E_z——桩身混凝土弹性模量，3.24×10^4MPa；

A_z——桩身截面面积（除去该截面钢筋截面总面积）（m^2）；

A_j——钢筋截面总面积（m^2）；

E_j——钢筋弹性模量，2.0×10^5MPa，等效弹性模量 E 为 3.28×10^4MPa。

等截面桩和变截面桩的轴力随深度变化曲线如图 3.3-3 和图 3.3-4 所示。对比两试桩轴力沿桩身分布曲线，阶梯形变截面桩在 0～2.8m 深度范围内呈线性大幅度减小，而变截面以下桩身轴力随深度变化较缓。等截面桩在 4.5m 截面位置之上变化趋势较缓，且在 0～2.8m 深度范围相同荷载级别下轴力值小于变截面桩，2.8m 以下同级荷载下轴力大小相当。随着荷载的增加，桩土产生相对位移，桩侧摩阻力发挥作用致使桩身轴力递减。在桩身大于 2.8m 时由于桩截面变小，变截面处部分土层压缩产生阻力导致轴力增大，而随着荷载的继续加大变截面土体压缩达到极限被破坏，下部桩侧表面侧摩阻力轴力进一步减小。可见当变

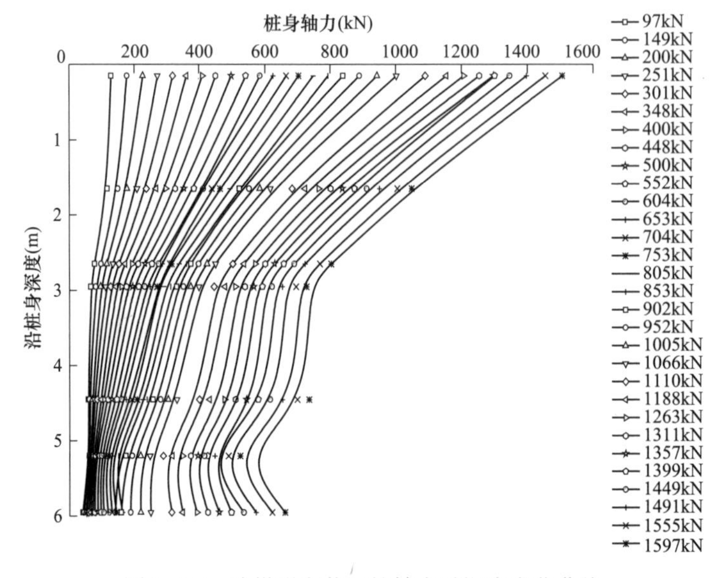

图 3.3-3 阶梯形变截面桩轴力随深度变化曲线

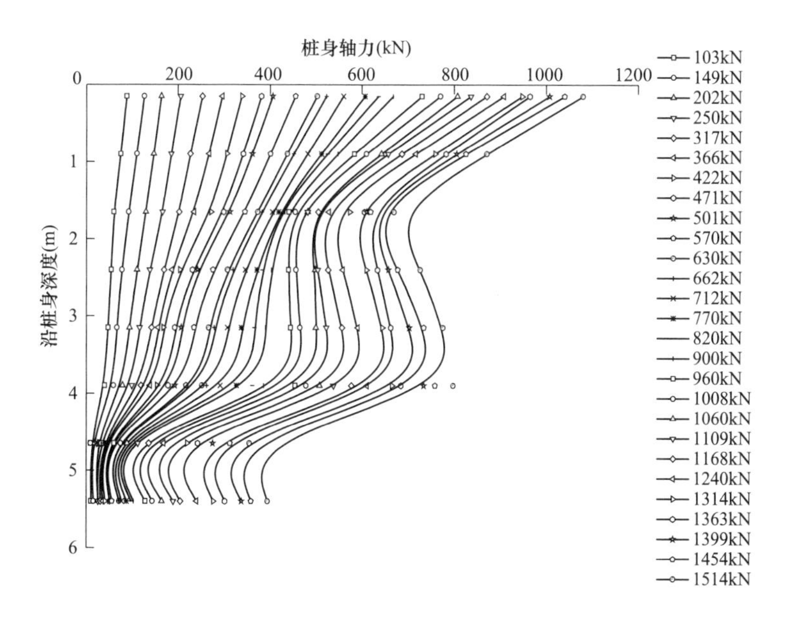

图 3.3-4　等截面桩轴力随深度变化曲线

截面桩变截面处土层工程性质一般时，阶梯形变截面桩变截面处阻力发挥效果有限。

从图中可以观察到，变截面桩和等截面桩分别在 5.2m 与 4.6m 附近出现急剧减小。两试桩均为人工挖孔桩，现场施工时由于地层原因桩下部分产生局部坍孔且采用毛竹护壁，造成成桩后下部桩体局部扩大，且表面凹凸不平。故在这两处截面位置，曲线出现骤减，这与变截面桩的既有相关研究成果相符。

3.3.3　桩端阻力对比分析

桩端阻力的变化规律是研究桩受力特性的一个重要指标，试验设计是在桩端处平均埋设 3 个土压力计监测桩端阻力。

（1）阶梯形变截面桩变截面处和桩端处桩顶荷载与、桩端压力关系曲线见图 3.3-5。

从图 3.3-5 得出阶梯形变截面桩桩端阻力随桩顶受力增加而增大，最大桩端阻力压强为 578kPa，最大桩端阻力为 510.15kN。在 1597kN 荷载作用下端阻力所占比为 0.32%。具体数据如表 3.3-4 所示。

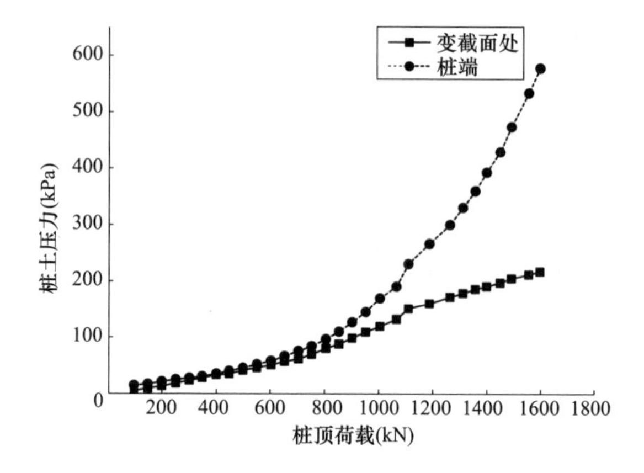

图 3.3-5 阶梯形变截面桩变截面处和桩端处桩顶荷载与底端桩土压力关系曲线

桩变截面处阻力与桩端阻力各占桩顶荷载比值 **表 3.3-4**

桩顶荷载（kN）	变截面处阻力（kN）	占桩顶荷载比值（%）	桩端阻力（kN）	占桩顶荷载比值（%）
97	1.63	0.016	13.22	0.136
149	2.96	0.02	15.01	0.101
200	4.32	0.022	19.18	0.096
251	5.81	0.023	22.22	0.087
301	7.44	0.025	24.60	0.082
348	8.89	0.026	27.06	0.078
400	10.51	0.024	31.34	0.078
448	10.97	0.026	35.49	0.079
500	13.09	0.026	40.44	0.081
552	14.49	0.027	45.95	0.083
604	16.07	0.027	51.43	0.085
653	17.92	0.028	58.76	0.090
704	19.45	0.029	66.74	0.095
753	21.95	0.031	74.14	0.098
805	25.24	0.032	85.26	0.106
853	27.65	0.034	96.88	0.114
902	30.98	0.036	111.66	0.124
952	34.36	0.037	127.86	0.134

续表

桩顶荷载(kN)	变截面处阻力(kN)	占桩顶荷载比值(%)	桩端阻力(kN)	占桩顶荷载比值(%)
1005	37.57	0.039	149.59	0.149
1066	41.63	0.043	168.11	0.158
1110	47.58	0.043	203.38	0.183
1188	50.45	0.043	235.00	0.198
1263	54.10	0.043	264.94	0.210
1311	56.35	0.043	291.66	0.222
1357	58.61	0.043	317.62	0.234
1399	60.20	0.043	346.72	0.248
1449	62.23	0.043	378.97	0.262
1491	64.60	0.043	418.63	0.281
1555	66.74	0.043	471.17	0.303
1597	68.37	0.043	510.15	0.319

从表中可以看出无论是变截面处，还是桩端处所占比值都很小，绝大部分阻力由侧摩阻力提供，从这里也可以得到试桩属于摩擦型桩。在 0～448kN 时，桩端阻力所占比值在减小，同时变截面处所占比值逐渐增大。在试桩桩顶受荷载 1066kN 开始，变截面处提供的阻力比值基本上不会变化，此时桩端阻力比值仍在增加。

（2）等截面桩桩顶荷载与桩底端桩土压力关系曲线见图 3.3-6。

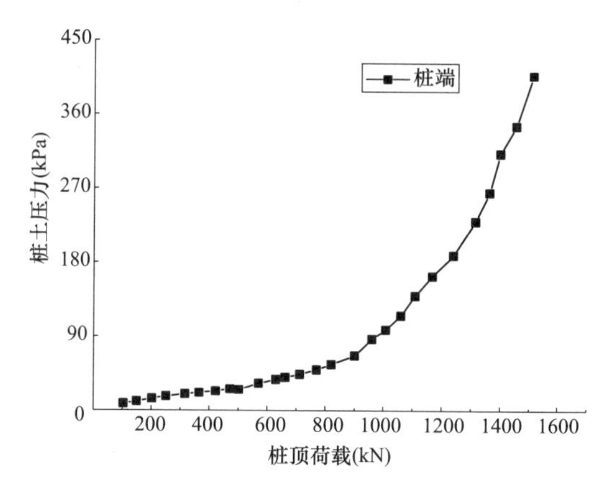

图 3.3-6　等截面桩桩顶荷载与桩底端桩土压力关系曲线

从图 3. 3-6 中可以看出等截面桩桩端阻力随桩顶受力增加而增大，最大桩端阻力压强为 407kPa。在荷载作用 1514kN 时桩端阻力所占比值为 0. 24%。具体数据如表 3. 3-5 所示。

桩端阻力占桩顶荷载比值　　表 3. 3-5

桩顶荷载(kN)	桩端阻力(kN)	占桩顶荷载比值(%)
103	7. 12	0. 07
149	9. 49	0. 06
202	12. 62	0. 06
250	15. 11	0. 06
317	17. 37	0. 05
366	18. 99	0. 05
422	20. 62	0. 05
471	22. 99	0. 05
501	22. 24	0. 04
570	29. 37	0. 05
630	33. 37	0. 05
662	35. 75	0. 05
712	38. 99	0. 05
770	43. 87	0. 06
820	49. 61	0. 06
900	59. 14	0. 07
960	76. 70	0. 08
1008	86. 58	0. 09
1060	101. 89	0. 10
1109	122. 98	0. 11
1168	143. 88	0. 12
1240	166. 11	0. 13
1314	202. 59	0. 15

续表

桩顶荷载(kN)	桩端阻力(kN)	占桩顶荷载比值(%)
1363	233.58	0.17
1399	275.07	0.20
1454	304.71	0.21
1514	358.91	0.24

从表 3.3-5 可以看出在桩顶受荷载较小时（0～500kN），桩端阻力所占比值随着桩顶受荷载增加反而减小；当桩顶受荷载大于 500kN 时，桩端阻力所占比值开始增大。

（3）两桩桩顶荷载和桩端阻力（含变截面位置）关系曲线，见图 3.3-7。

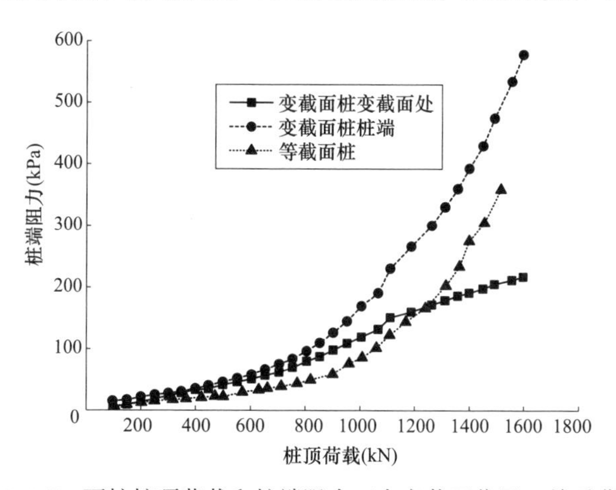

图 3.3-7　两桩桩顶荷载和桩端阻力（含变截面位置）关系曲线

从图 3.3-7 中可以看出两桩的桩端阻力都随着桩顶荷载增加而逐渐增大。自始至终阶梯形变截面桩的桩端阻力都大于等截面桩，说明了由于等截面桩桩身下部分的截面面积大于阶梯形变截面桩的下部分截面面积，所以其侧摩阻力比阶梯形变截面桩大，导致阶梯形变截面桩桩端要多承受压力。同时，在桩顶荷载约 1200kN 之前，等截面桩的桩端阻力小于阶梯形变截面桩变截面处的桩端阻力，超过 1200kN 后等截面桩的桩端阻力才超过阶梯形变截面桩变截面处的桩端阻力。其原因可能是在约 1200kN 时，阶梯形变截面桩变截面处桩土作用力太大，导致此处土层接近破坏，阻力下降。而此时，等截面桩的桩端还可以提供阻力，所以会出现这种现象。

图 3.3-8 是采用四种破坏准则时，两桩的桩端阻力变化曲线。从图中可以看出对桩端阻力而言，两桩的桩端阻力变化趋势基本相同，阶梯形变截面桩的桩端阻力始终大于等截面桩。

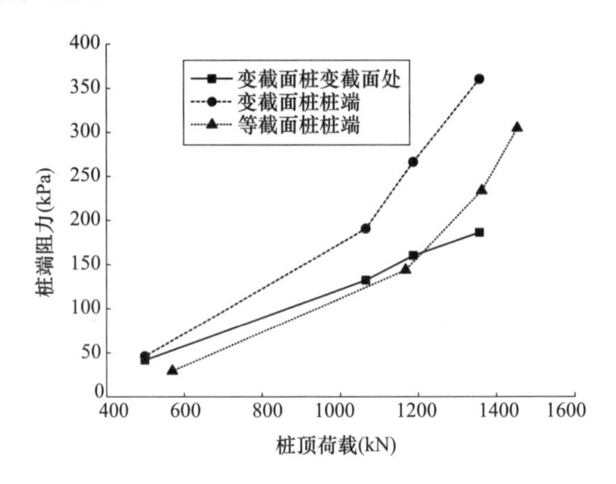

图 3.3-8 四种破坏准则时桩端阻力

3.3.4 桩侧摩阻力对比分析

通过桩身埋设的钢筋计计算出桩侧摩阻力（图 3.3-9 和图 3.3-10）。当荷载较小时两试桩侧摩阻力变化趋势基本一致，随着荷载的进一步加大在 0.15m 截面处等截面桩侧摩阻力曲线变化激烈。对于阶梯形变截面桩，一方面上段桩直径为 1060mm，桩截面较大，受载后桩身压缩量较小致使桩土相对位移较小，另一方面变截面处随荷载的增大也将发挥端承作用，因此侧摩阻力较小。而等截面桩桩身压缩量随荷载增加，桩土相对位移增加，侧摩阻力增大。对于变截面桩上部扩截面段桩身，侧摩阻力随桩身向下几乎呈线性增大，且深度为 2～2.8m 段在同级荷载下增幅为直径为 850mm 段的 2 倍以上，在变截面处最大侧摩阻力约为等截面桩相同截面位置最大摩阻力的 1.5 倍。由于地层变化不大，侧摩阻力受地层影响不明显。桩侧摩阻力在桩土产生相对位移趋势时开始发挥，随着荷载增大侧摩阻力增大，总的来看，侧摩阻力发挥作用高于桩端阻力及变截面处端阻力。

在桩身轴力分布部分提到因施工原因造成下部桩体局部扩大，变截面桩和等截面桩桩身侧摩阻力分布图分别在 5.2m 与 4.6m 左右出现增大，也说明了桩截面扩大及侧壁凹凸将导致侧摩阻力增大。

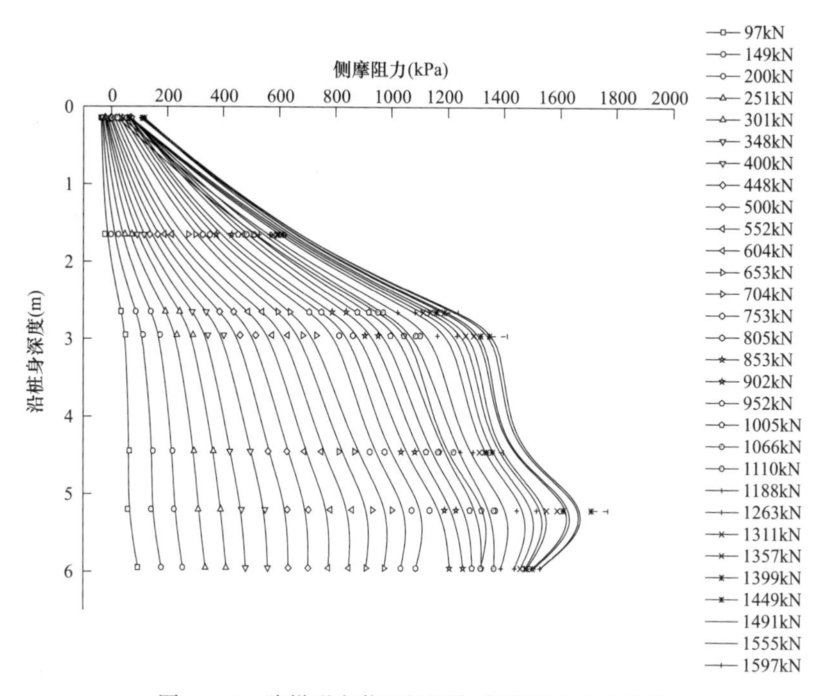

图 3.3-9　阶梯形变截面桩深度-侧摩阻力分布曲线

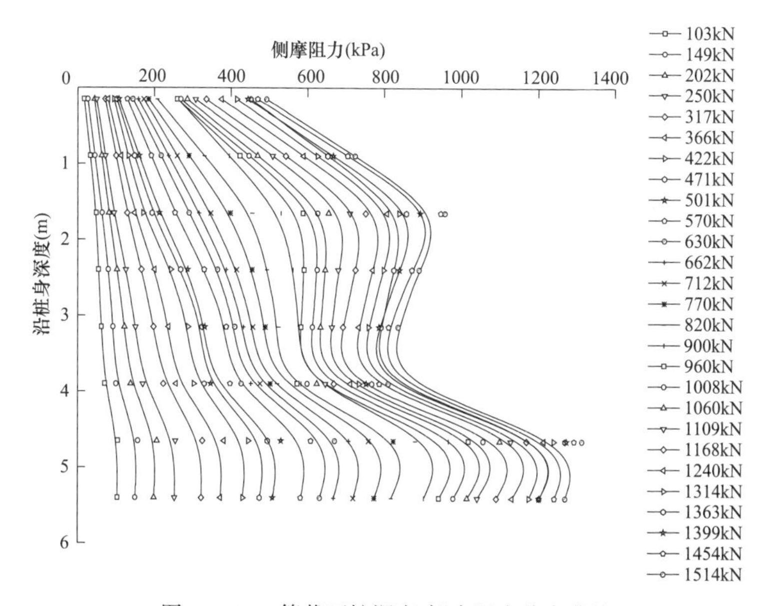

图 3.3-10　等截面桩深度-侧摩阻力分布曲线

由表 3.3-5 可知不同的准则对应不同的 Q、Q/V。本节通过不同的破坏准则研究阶梯形变截面桩和等截面桩的侧摩阻力分布规律及其对比分析。

① 采用《建筑桩基技术规范》JGJ 94—2008 要求时，阶梯形变截面桩和等截面桩的单桩极限承载力对应的桩顶荷载分别为 1188kN、1363kN。此时两桩的侧摩阻力曲线如图 3.3-11 所示。

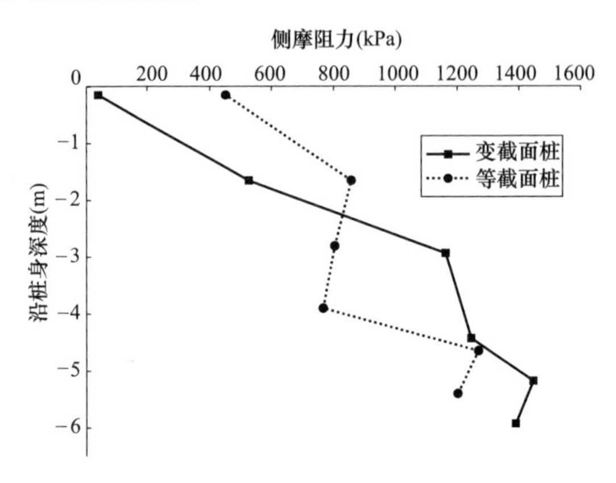

图 3.3-11　1188kN、1363kN 时两桩侧摩阻力曲线

② 桩顶竖向位移 4mm 时，阶梯形变截面桩和等截面桩桩顶荷载分别为 500kN、570kN。此时两桩的侧摩阻力曲线如图 3.3-12 所示。

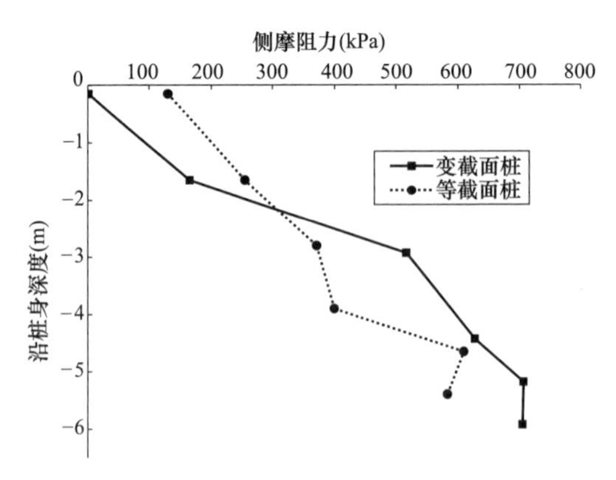

图 3.3-12　500kN、570kN 时两桩侧摩阻力曲线

③ 桩顶竖向位移 20mm 时，阶梯形变截面桩和等截面桩桩顶荷载分别为 1066kN、1168kN。此时两桩的侧摩阻力曲线如图 3.3-13 所示。

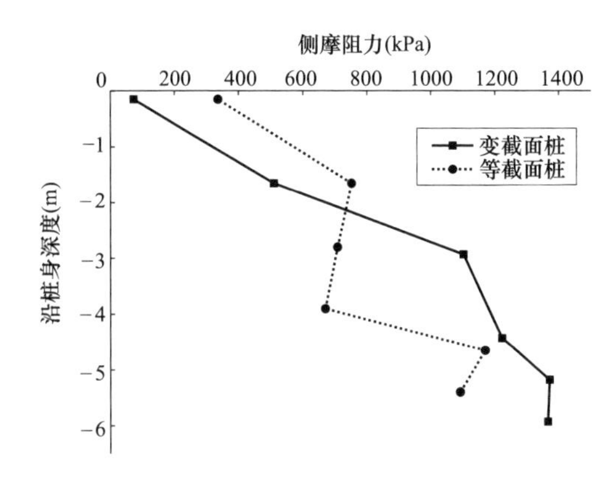

图 3.3-13　1066kN、1168kN 时两桩侧摩阻力曲线

④ 桩顶竖向位移 40mm 时，阶梯形变截面桩和等截面桩桩顶荷载分别为 1357kN、1454kN。此时两桩的侧摩阻力曲线如图 3.3-14 所示。

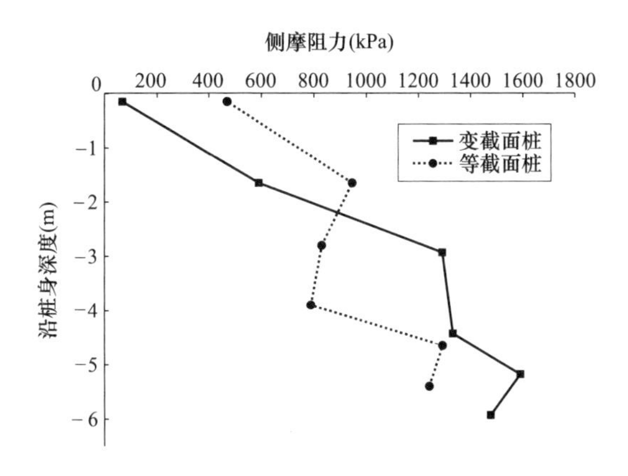

图 3.3-14　1357kN、1454kN 时两桩侧摩阻力曲线

从图 3.3-11～图 3.3-14 中可以看出无论是哪种破坏准则，两桩侧摩阻力的变化规律基本没有发生改变。在 0～2.2m 阶梯形变截面桩的侧摩阻力小于等截面桩，在这之后阶梯形变截面桩的侧摩阻力开始超过等截面桩。同时也可以看出阶梯形变截面桩在变截面位置其侧摩阻力变化速率明显增大，分析其原因可能是，在变截面处桩身对桩周围土体有挤压作用，导致其侧摩阻力增长速率增大。对最大侧摩阻力而言，阶梯形变截面桩的最大侧摩阻力大于等截面桩。

3.4 阶梯形变截面桩横向承载性状及变形特性分析

3.4.1 阶梯形变截面桩横向承载性状分析

根据我国行业规范《建筑基桩检测技术规范》JGJ 106 的规定，单桩的水平临界荷载由下列方法综合确定：

(1) 取单向多循环加载法时的 H-t-Y_0 曲线出现拐点的前一级水平荷载。

(2) 取 H-$\Delta Y_0/\Delta H$ 曲线或者 $\lg H$-$\lg Y_0$ 曲线的第一拐点所对应的水平荷载。

(3) 取 H-σ_s 曲线的第一个拐点对应的水平荷载。

单桩水平极限承载力的确定方法也有多种，单向多循环加载方式下试桩的水平极限承载力确定方法如下：

(1) 取单向多循环加载法时的 H-t-Y_0 曲线出现明显陡降的前一级对应的水平荷载。

(2) 取 H-$\Delta Y_0/\Delta H$ 曲线或者 $\lg H$-$\lg Y_0$ 曲线第二拐点所对应的水平荷载。

(3) 桩身折断或受拉钢筋出现屈服时的前一级水平荷载。

在第一组现场试验过程中，由于预估荷载偏小，荷载共分为 13 级，每级预加荷载为 40kN，最后一级为 20kN。第二组试验将预估最大水平试验荷载调整为 500kN，试验分为 10 级进行加载，每级加载 50kN。1 号和 3 号阶梯形变截面桩的桩顶水平位移试验现场记录见表 3.4-1 和表 3.4-2。

1 号阶梯形变截面桩的桩顶水平位移试验现场记录　　表 3.4-1

1 号阶梯形变截面桩的桩顶水平位移							
荷载(kN)	加载时间(min)	循环数(次)	加载		卸载时间(min)	卸载	
			表 1(mm)	表 2(mm)		表 1(mm)	表 2(mm)
初始			0.36	3.02	2	0.36	3.03
38	4	1	0.53	3.22		0.41	3.07
38		2	0.54	3.21		0.42	3.05
38		3	0.53	3.22		0.42	3.06
38		4	0.55	3.22		0.42	3.06
40		5	0.56	3.23		0.43	3.07

续表

1号阶梯形变截面桩的桩顶水平位移							
荷载(kN)	加载时间(min)	循环数(次)	加载		卸载时间(min)	卸载	
			表1(mm)	表2(mm)		表1(mm)	表2(mm)
81	4	1	1	3.62	2	0.44	3.13
83		2	1.07	3.67		0.43	3.12
80		3	1.05	3.65		0.43	3.12
82		4	1.07	3.65		0.44	3.13
81		5	1.06	3.63		0.45	3.12
120	4	1	1.51	4.21	2	0.49	3.18
121		2	1.54	4.26		0.56	3.26
121		3	1.56	4.27		0.57	3.29
122		4	1.61	4.31		0.57	3.29
122		5	1.64	4.36		0.58	3.31
160	4	1	2.46	5.19	2	0.82	3.49
163		2	2.61	5.36		0.88	3.57
161		3	2.52	5.26		0.83	3.51
161		4	2.57	5.29		0.85	3.54
162		5	2.61	5.34		0.87	3.57
205	4	1	3.78	6.46	2	1.32	4.02
200		2	3.67	6.34		1.41	4.12
202		3	3.73	6.41		1.47	4.16
201		4	3.75	6.42		1.48	4.18
206		5	3.81	6.53		1.53	4.23
239	4	1	5.28	7.91	2	2.01	4.73
240		2	5.37	8.04		2.12	4.85
240		3	5.4	8.09		2.35	5.07
241		4	5.42	8.11		2.41	5.11
241		5	5.45	8.12		2.39	5.12
280	4	1	7.25	9.88	2	3.91	6.59
281		2	7.32	9.95		4.03	6.72
280		3	7.34	10.01		4.13	6.81
281		4	7.38	10.05		4.19	6.86
282		5	7.41	10.09		4.16	6.82

续表

荷载(kN)	加载时间(min)	循环数(次)	加载		卸载时间(min)	卸载	
			表1(mm)	表2(mm)		表1(mm)	表2(mm)
320	4	1	12.02	14.61	2	5.52	8.12
321		2	12.09	14.71		5.58	8.17
319		3	12.12	14.75		5.65	8.25
322		4	12.47	15.11		5.72	8.33
321		5	12.63	15.31		5.68	8.31
360	4	1	15.27	17.88	2	7.32	9.94
359		2	15.3	17.92		7.36	9.98
361		3	15.39	17.98		7.47	10.11
360		4	15.46	18.09		7.61	10.26
360		5	15.51	18.13		7.69	10.35
400	4	1	17.66	20.28	2	9.785	12.42
401		2	17.95	20.64		10.07	12.71
400		3	18.23	20.91		10.26	12.91
402		4	18.58	21.29		10.48	13.24
401		5	18.71	21.43		10.57	13.31
440	4	1	24.12	26.76	2	14.26	16.94
441		2	24.45	27.08		14.51	17.21
442		3	24.69	27.33		14.83	17.52
441		4	24.87	27.54		15.11	17.81
441		5	25.04	27.72		15.52	18.18
480	4	1	31.62	34.27	2	19.89	22.56
481		2	31.99	34.66		20.25	22.89
482		3	32.44	35.06		20.62	23.31
481		4	32.67	35.32		21.18	23.9
483		5	33.23	35.86		21.34	24.03
498	4	1	37.02	39.67	2	22.83	26.56
497		2	37.13	39.74		24.12	26.75
500		3	37.48	40.13		24.43	27.06
500		4	37.77	40.39		24.77	27.46
499		5	37.88	40.57		24.94	27.79

3号阶梯形变截面桩的桩顶水平位移试验现场记录　　表3.4-2

3号阶梯形变截面桩的桩顶水平位移							
荷载(kN)	加载时间(min)	循环数(次)	加载		卸载时间(min)	卸载	
			表1(mm)	表2(mm)		表1(mm)	表2(mm)
初始			6.2	1.77		6.2	1.77
50	4	1	6.41	2.01	2	6.23	1.82
49		2	6.42	1.98		6.24	1.83
49		3	6.42	1.97		6.26	1.82
50		4	6.43	2.01		6.24	1.82
50		5	6.44	2.02		6.25	1.83
98	4	1	7.17	2.71	2	6.31	1.86
100		2	7.18	2.72		6.31	1.85
100		3	7.19	2.72		6.32	1.87
102		4	7.2	2.74		6.36	1.91
103		5	7.21	2.74		6.34	1.89
151	4	1	8.37	3.91	2	6.65	2.21
152		2	8.39	3.94		6.68	2.23
151		3	8.4	3.96		6.66	2.21
152		4	8.42	3.97		6.69	2.25
152		5	8.43	3.98		6.71	2.28
201	4	1	9.63	5.19	2	7.34	2.92
200		2	9.72	5.27		7.33	2.93
200		3	9.78	5.34		7.36	2.97
201		4	9.88	5.47		7.41	3.03
202		5	9.99	5.57		7.46	3.09
249	4	1	11.75	7.34	2	8.32	3.94
250		2	11.81	7.41		8.37	4.01
250		3	11.86	7.47		8.39	4.06
251		4	11.91	7.52		8.45	4.12
250		5	11.92	7.53		8.42	4.11

续表

3号阶梯形变截面桩的桩顶水平位移							
荷载(kN)	加载时间(min)	循环数(次)	加载		卸载时间(min)	卸载	
			表1(mm)	表2(mm)		表1(mm)	表2(mm)
300	4	1	14.83	10.41	2	10.37	6.07
300		2	14.89	10.49		10.42	6.12
301		3	14.97	10.58		10.49	6.2
301		4	15.15	10.73		10.52	6.25
302		5	15.22	10.81		10.61	6.35
350	4	1	19.13	14.68	2	11.32	6.91
350		2	19.28	14.87		11.54	7.12
351		3	19.37	14.95		11.75	7.35
351		4	19.48	15.06		11.97	7.52
352		5	19.59	15.2		12.32	7.91
400	4	1	24.07	19.68	2	15.03	10.62
401		2	24.24	19.85		15.38	10.97
401		3	24.37	19.96		15.81	11.36
402		4	24.58	20.14		16.27	11.82
402		5	24.69	20.32		17.08	12.64
449	4	1	32.02	27.57	2	21.25	16.78
450		2	32.31	27.89		21.57	17.11
450		3	32.42	28.01		21.95	17.53
451		4	32.77	28.32		22.44	18.02
452		5	32.87	28.48		23.02	18.61
500	4	1	42.73	38.32	2	27.12	22.72
501		2	42.96	38.51		27.55	23.16
501		3	43.22	38.78		27.95	23.54
502		4	43.53	39.09		28.48	24.06
502		5	43.61	39.21		29.13	24.73

对以上现场试验数据进行处理分析，得到1号和3号试桩的水平力-时间-位移（H_0-t-Y_0）、水平力与位移梯度关系（H_0-$\Delta Y_0/\Delta H$）曲线如图3.4-1～图3.4-4所示。

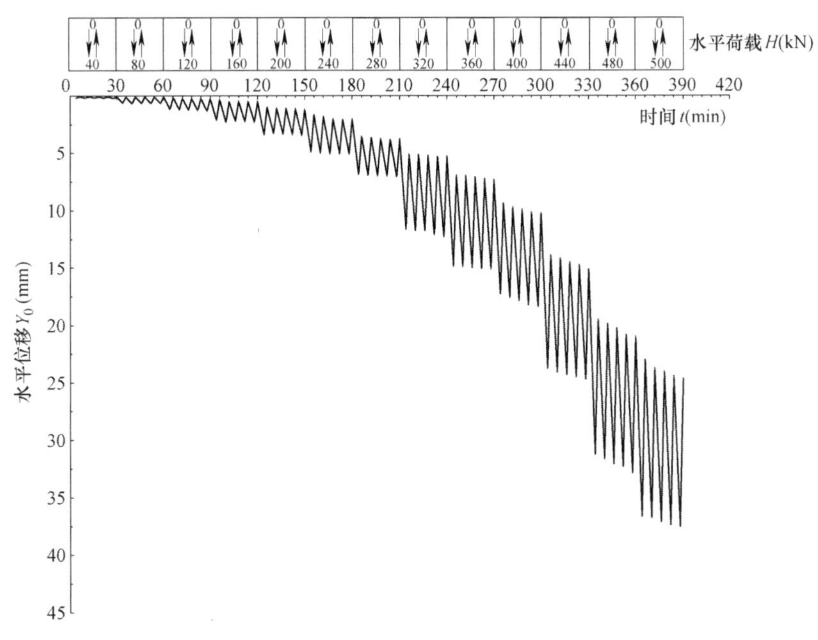

图 3.4-1 1号阶梯形变截面桩 H_0-t-Y_0 曲线

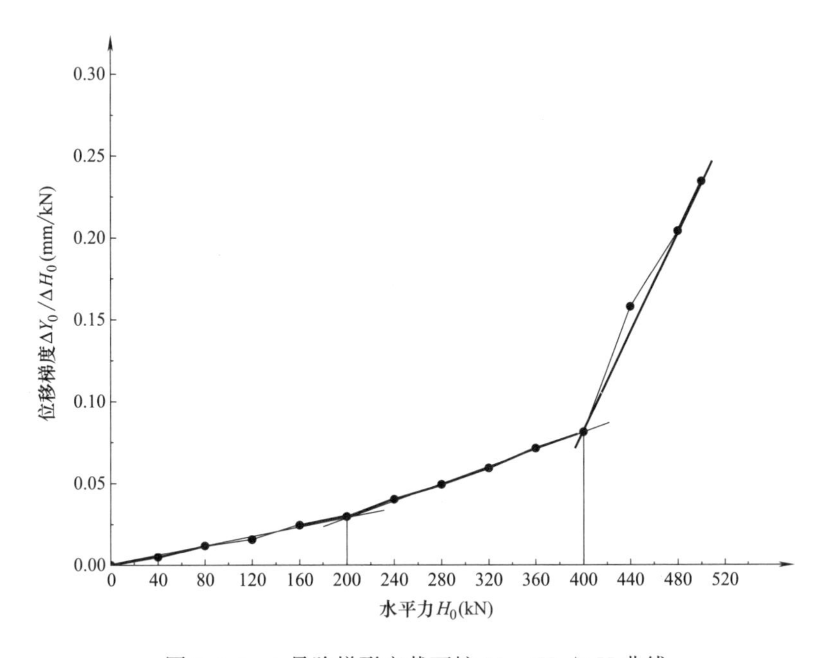

图 3.4-2 1号阶梯形变截面桩 H_0-$\Delta Y_0/\Delta H$ 曲线

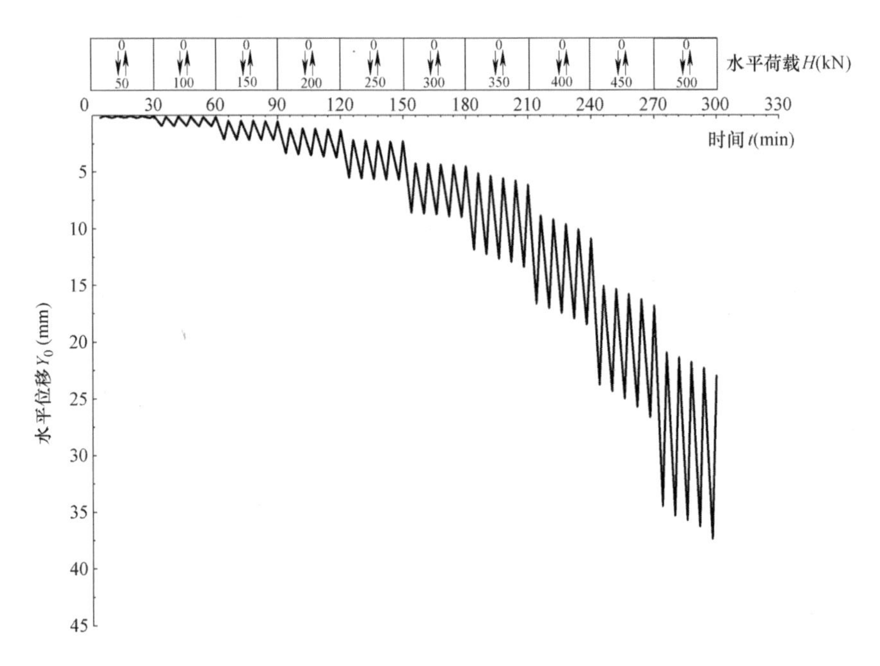

图 3.4-3　3 号阶梯形变截面桩 H_0-t-Y_0 曲线

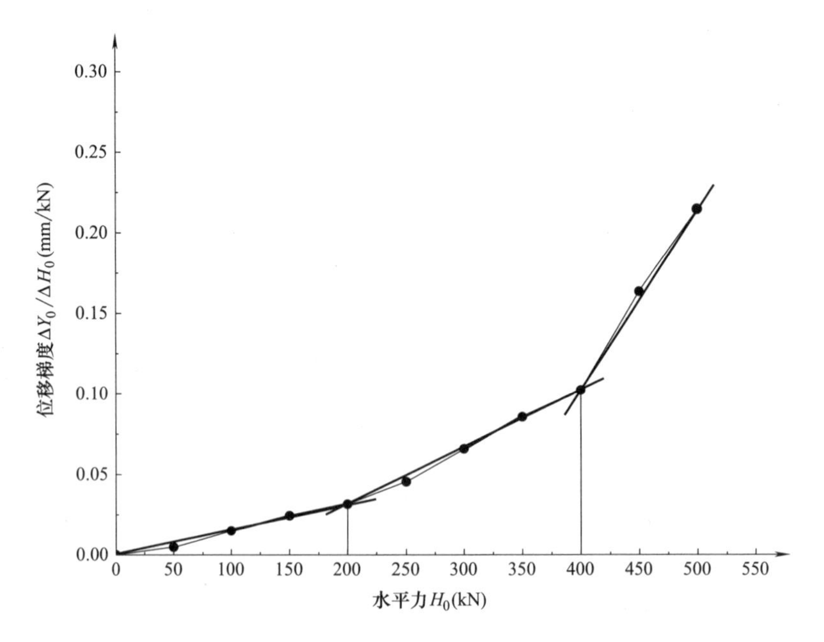

图 3.4-4　3 号阶梯形变截面桩 H_0-$\Delta Y_0/\Delta H$ 曲线

从图 3.4-2～图 3.4-4 可以看到当荷载较小时桩顶水平位移随着荷载的增加缓慢增大，对于 1 号变截面桩在荷载大小为 40～120kN 阶段，桩顶位移最大仅为 1.31mm，并且每级循环卸载后水平残余位移趋近于 0。当施加水平荷载较小时，桩顶水平位移近似呈线性增加，随着荷载进一步增加曲线斜率增大，桩顶水平位移也随之增大。当达到最大荷载 500kN 时，1 号和 3 号试验桩顶位移出现最大值，分别为 37.54mm、37.42mm。对于试验桩的单桩水平临界荷载和极限荷载，根据《建筑基桩检测技术规范》JGJ 106 的规定，1 号及 3 号阶梯形变截面试桩的单桩 H_0-t-Y_0 曲线拐点并不明显。

分析造成这一现象的原因可能与桩身性质有关。桩身相对刚度反映了桩土刚性特征间的相对关系，这里引入桩的相对刚度对试验桩的性质进行分析。以工程中常用的 m 法为例，水平地基系数随深度线性增加，则桩的相对刚度系数 T 可以表示为：

$$T=\sqrt[5]{\frac{EI}{mb_0}} \tag{3.4-1}$$

式中：EI——桩身抗弯刚度（kN · m^2）；

m——水平地基系数随深度变化的比例系数（kN/m^4）；

b_0——桩身计算宽度（m）。

根据我国《港口工程桩基规范》JTS 167-4 的规定，对于刚性桩和弹性桩的判断为：当桩入土深度 L_t 与桩的相对刚度系数 T 满足 $L_t<2.5T$ 时为刚性桩，当 $L_t\geqslant 2.5T$ 时为弹性桩。由设计方案试验桩桩顶截面直径为 1.06m，变截面段桩径为 850mm，桩身长度为 6m，桩身采用的是强度等级为 C35 的混凝土。因桩身截面变化导致 b_0、EI 亦随之变化，故这里先假定大直径段桩为 850mm 时，根据设计方案将桩身参数代入式（3.4-1）。其中 b_0 为 1.60m，m 根据相关规范查表取 6MN/m^4，经计算 $L_t=6\text{m}<2.5T$ 为刚性桩。由此对于变截面桩，桩长一致，刚度增加其为刚性短桩。

由上，当试验桩为刚性短桩时，其水平承载力由桩侧土强度控制，在横向荷载作用下桩周土一般受桩体挤压逐渐进入塑性状态，试验桩周土体在出现被动破裂面以前塑性区逐步发展，因此 1 号和 3 号试桩的 H_0-t-Y_0 曲线拐点不明显。

从 1 号及 3 号阶梯形变截面桩的单桩荷载-位移梯度曲线可以发现，试验的位移梯度基本呈现出三个阶段：水平推力为 0～200kN 时，虽然阶梯形变截面桩受水平推力的循环作用，但桩顶水平位移变化较稳定，卸载时桩顶位移较小，可以认为在这个阶段桩土处于弹性状态，桩周土变形基本为弹性变形，由规范此段直线终点对应荷载 200kN 为单桩水平临界承载力。水平推力为 200～400kN 时，随着荷载的逐级增加桩顶水平位移变化量明显变大，位移梯度进入第二阶段，此时桩土处于弹塑性状态，由《建筑桩基检测技术规范》JGJ 106 中的相关公式的结果可知：该阶段直线终点对应荷载 400kN 为 1 号和 3 号阶梯形变截面桩的单桩水平极限承载力。当荷载位移梯度曲线进入第三阶段，荷载每增大一级水平位移梯度急剧增大，且对应的 H_0-t-Y_0 曲线每次循环位移增量增大，现场试验过程中桩周土也出现明显裂缝，发生破坏。

3.4.2 等截面桩横向承载性状分析

等截面桩的水平临界荷载和水平极限承载力确定方法和阶梯形变截面桩一致，由现场试验，2 号及 4 号等截面桩的每级荷载下桩顶水平位移记录如表 3.4-3 和表 3.4-4 所示。

2 号等截面桩的每级荷载下桩顶水平位移记录　　表 3.4-3

2 号等截面桩的每级荷载下桩顶水平位移							
荷载(kN)	加载时间(min)	循环数(次)	加载		卸载时间(min)	卸载	
			表 1(mm)	表 2(mm)		表 1(mm)	表 2(mm)
初始			5.13	0.61	2	5.13	0.62
38	4	1	5.26	0.74		5.14	0.63
38		2	5.27	0.74		5.15	0.64
38		3	5.27	0.75		5.15	0.66
38		4	5.29	0.75		5.16	0.65
40		5	5.29	0.76		5.17	0.66
81	4	1	5.55	1.02	2	5.21	0.71
83		2	5.57	1.04		5.23	0.72
80		3	5.56	1.03		5.2	0.7
82		4	5.58	1.04		5.22	0.71
81		5	5.57	1.02		5.21	0.71
120	4	1	6.06	1.57	2	5.31	0.8
121		2	6.08	1.58		5.32	0.81
121		3	6.11	1.61		5.33	0.82
122		4	6.14	1.63		5.34	0.82
122		5	6.17	1.67		5.37	0.85

续表

2号等截面桩的每级荷载下桩顶水平位移							
荷载(kN)	加载时间(min)	循环数(次)	加载		卸载时间(min)	卸载	
			表1(mm)	表2(mm)		表1(mm)	表2(mm)
160	4	1	6.45	1.95	2	5.55	1.07
163		2	6.52	2.04		5.61	1.11
161		3	6.47	1.97		5.57	1.08
161		4	6.48	1.98		5.59	1.1
162		5	6.5	2.01		5.6	1.11
205	4	1	7.39	2.91	2	6.15	1.62
200		2	7.45	2.95		6.16	1.61
202		3	7.47	2.93		6.15	1.65
201		4	7.48	2.94		6.19	1.69
206		5	7.65	3.09		6.24	1.75
239	4	1	8.61	4.06	2	6.46	1.97
240		2	8.66	4.12		6.58	2.08
240		3	8.76	4.23		6.61	2.12
241		4	8.82	4.28		6.64	2.15
241		5	8.9	4.35		6.66	2.14
280	4	1	10.38	5.83	2	7.26	2.69
281		2	10.41	5.9		7.31	2.73
280		3	10.52	5.99		7.33	2.76
281		4	10.61	6.11		7.39	2.83
282		5	10.68	6.2		7.43	2.87
320	4	1	12.73	8.16	2	8.67	4.2
321		2	12.93	8.35		8.76	4.27
319		3	12.95	8.44		8.81	4.28
322		4	13.13	8.62		8.93	4.41
321		5	13.14	8.64		8.97	4.43
360	4	1	15.15	10.59	2	9.76	5.23
359		2	15.36	10.72		9.74	5.25
361		3	15.58	10.94		9.84	5.34
360		4	15.78	11.22		9.81	5.29
360		5	15.95	11.42		9.86	5.36

续表

2号等截面桩的每级荷载下桩顶水平位移							
荷载(kN)	加载时间(min)	循环数(次)	加载		卸载时间(min)	卸载	
			表1(mm)	表2(mm)		表1(mm)	表2(mm)
400	4	1	18.76	14.27	2	11.26	6.76
401		2	18.91	14.42		11.29	6.81
400		3	18.98	14.49		11.37	6.91
402		4	19.06	14.57		11.59	7.11
401		5	19.15	14.65		11.75	7.23
440	4	1	22.26	17.71	2	13.71	9.21
441		2	22.42	17.93		13.78	9.26
442		3	22.75	18.25		13.91	10.37
441		4	22.94	18.44		13.94	10.41
441		5	23.03	18.55		14.02	11.49
480	4	1	28.16	23.65	2	19.28	14.76
481		2	28.58	24.05		19.37	14.87
482		3	29.07	24.54		19.65	15.16
481		4	29.35	24.86		19.96	15.51
483		5	29.87	25.4		20.47	15.98
498	4	1	33.55	29.02	2	22.42	17.89
497		2	33.78	29.23		22.54	17.66
500		3	33.92	29.42		22.86	18.33
500		4	34.23	29.67		23.12	18.63
499		5	34.45	29.88		23.22	18.69

4号等截面桩的每级荷载下桩顶水平位移记录　　表3.4-4

4号等截面桩的每级荷载下桩顶水平位移							
荷载(kN)	加载时间(min)	循环数(次)	加载		卸载时间(min)	卸载	
			表1(mm)	表2(mm)		表1(mm)	表2(mm)
初始			4.51	1.12	2	4.51	1.12
50	4	1	4.68	1.28		4.54	1.16
49		2	4.66	1.26		4.52	1.14
49		3	4.66	1.27		4.53	1.15
50		4	4.67	1.28		4.54	1.16
50		5	4.68	1.28		4.56	1.16

续表

4号等截面桩的每级荷载下桩顶水平位移							
荷载(kN)	加载时间(min)	循环数(次)	加载		卸载时间(min)	卸载	
			表1(mm)	表2(mm)		表1(mm)	表2(mm)
98	4	1	5.21	1.82	2	4.58	1.2
100		2	5.25	1.84		4.61	1.23
100		3	5.26	1.82		4.62	1.24
102		4	5.28	1.87		4.63	1.25
103		5	5.3	1.9		4.63	1.26
151	4	1	6.02	2.65	2	4.88	1.47
152		2	6.05	2.67		4.91	1.51
151		3	6.04	2.66		4.9	1.49
152		4	6.07	2.69		4.93	1.52
152		5	6.09	2.72		4.95	1.53
201	4	1	6.97	3.56	2	5.47	2.09
200		2	7.01	3.61		5.46	2.1
200		3	7.08	3.68		5.51	2.14
201		4	7.14	3.76		5.53	2.16
202		5	7.19	3.83		5.57	2.21
249	4	1	8.36	5.01	2	6.19	2.78
250		2	8.42	5.03		6.23	2.81
250		3	8.49	5.11		6.25	2.84
251		4	8.52	5.13		6.28	2.86
250		5	8.56	5.15		6.3	2.89
300	4	1	10.89	7.52	2	7.92	4.55
300		2	10.97	7.58		7.97	4.59
301		3	11.03	7.65		8.07	4.66
301		4	11.11	7.73		8.13	4.72
302		5	11.23	7.82		8.27	4.86
350	4	1	14.47	11.04	2	9.96	6.56
350		2	14.72	11.31		10.09	6.72
351		3	14.94	11.54		10.31	6.94
351		4	15.13	11.76		10.53	7.15
352		5	15.46	12.11		11.01	7.64
400	4	1	19.58	16.17	2	13.84	10.43
401		2	19.73	16.33		14.05	10.64
401		3	20.12	16.75		14.17	10.76
402		4	20.54	17.17		14.52	11.09
402		5	21.08	17.72		14.98	11.58

续表

4号等截面桩的每级荷载下桩顶水平位移							
荷载(kN)	加载时间(min)	循环数(次)	加载		卸载时间(min)	卸载	
			表1(mm)	表2(mm)		表1(mm)	表2(mm)
449	4	1	26.17	22.76	2	18.88	15.51
450		2	26.53	23.13		19.17	15.75
450		3	26.94	23.57		19.52	16.12
451		4	27.53	24.16		19.95	16.54
452		5	28.3	24.92		20.58	17.21
500	4	1	35.64	32.24	2	25.78	22.41
501		2	36.14	32.73		26.09	22.72
501		3	36.52	33.15		26.47	23.11
502		4	37.35	33.92		26.83	23.46
502		5	38.14	34.79		27.22	23.82

对以上数据处理可得2号等截面桩的水平力-时间-位移（H_0-t-Y_0）、水平力与位移梯度关系（H_0-$\Delta Y_0/\Delta H$）曲线，见图3.4-5～图3.4-8。

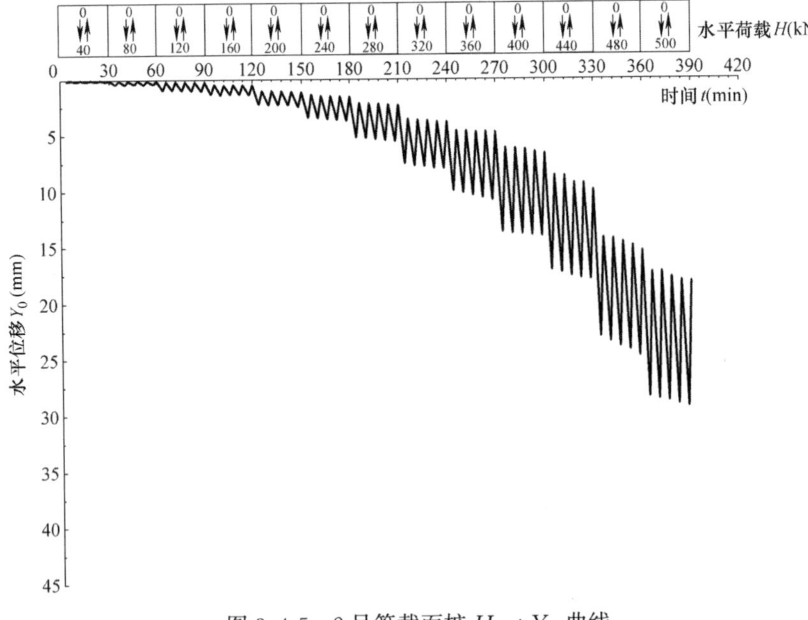

图3.4-5　2号等截面桩 H_0-t-Y_0 曲线

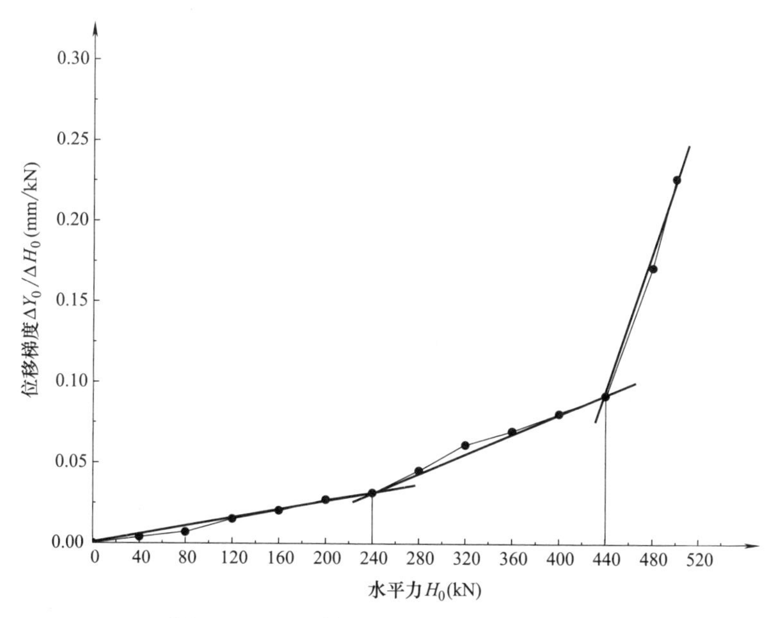

图 3.4-6　2 号等截面桩 H_0-$\Delta Y_0/\Delta H$ 曲线

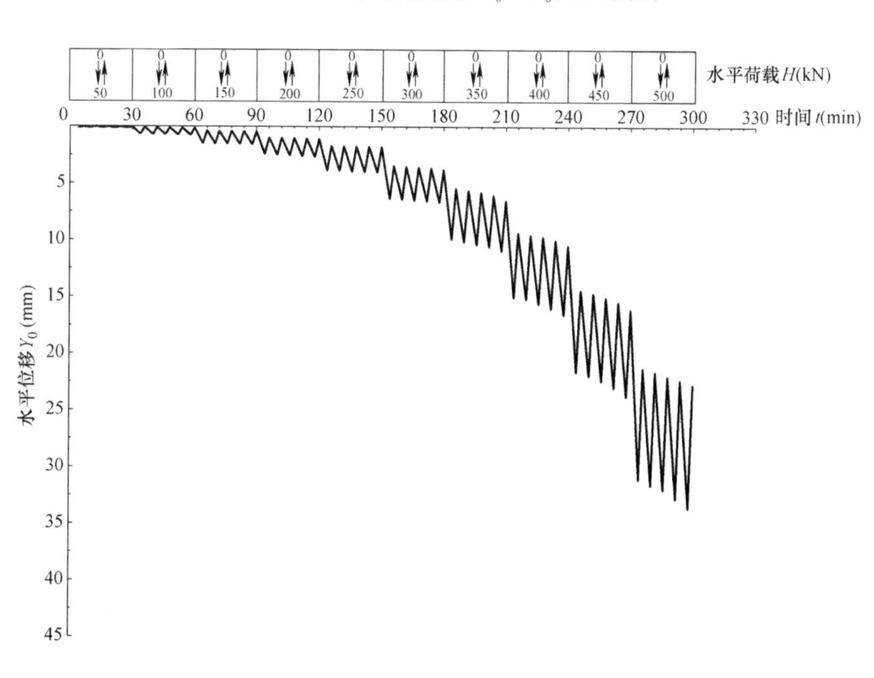

图 3.4-7　4 号等截面桩 H_0-t-Y_0 曲线

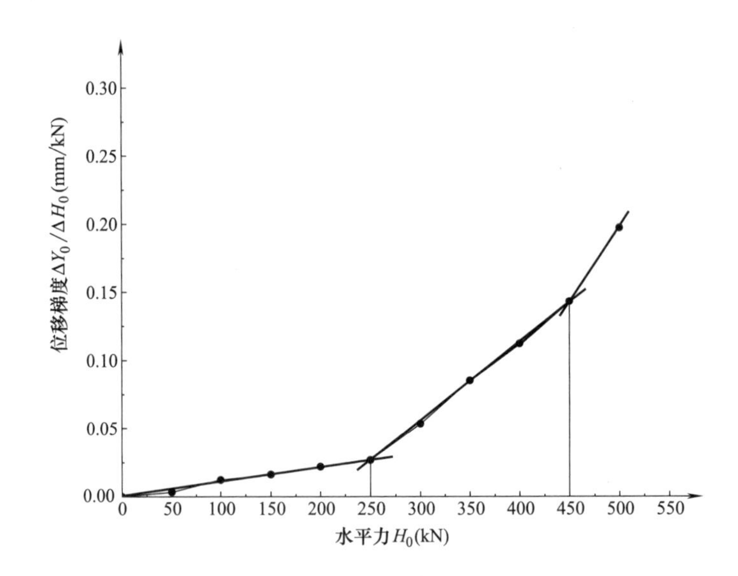

图 3.4-8　4 号等截面桩 H_0-$\Delta Y_0/\Delta H$ 曲线

由图 3.4-6 和图 3.4-8 两等截面桩的 H_0-t-Y_0 曲线可以观察到，等截面桩的桩顶位移随荷载变化规律基本一致。当施加荷载较小时位移变化缓慢，且卸载后土体变形基本可以恢复，残余变形很小，随着荷载的逐渐增加，位移及曲线斜率也随之增大。同阶梯形变截面试桩的 H_0-t-Y_0 曲线类似，2 号及 4 号的 H_0-t-Y_0 曲线图中拐点亦不明显。原因同上节，对于桩身材料和长度一致，而直径增大的两根等截面试桩，其桩身入土深度 L_t 和桩身相对刚度系数 T 亦满足 $L_t<2.5T$，同为刚性短桩。其单桩水平承载力由试桩桩侧土强度控制，故荷载-位移曲线的拐点不明显。

对于 2 号和 4 号等截面桩的单桩水平承载力，从图 3.4-6 及图 3.4-8 水平力-位移梯度曲线可以较为直观地判断，2 号、4 号等截面桩的单桩水平临界荷载分别为 240kN、250kN，单桩水平极限荷载分别为 440kN、450kN。而等截面桩的荷载位移曲线也明显分为三个阶段：第一阶段内荷载为 0～250kN，桩身受循环荷载桩身变位较稳定，卸载后残余位移较小，桩土处于弹性阶段。荷载继续增大，曲线斜率明显增大，相同的荷载作用下水平位移增加明显，桩土处于弹塑性状态。当施加横向荷载大于 450kN 时，曲线斜率急剧增大，位移也随着循环加载增加剧烈，桩侧土出现裂缝，发生破坏。

3.4.3 等截面桩和变截面桩横向承载性状对比分析

为比较两种类型试桩在受横向荷载下承载性状的异同，这里将单向多循环荷载下每级荷载下的最大桩顶位移绘出桩顶的 P-S 曲线，见图 3.4-9。

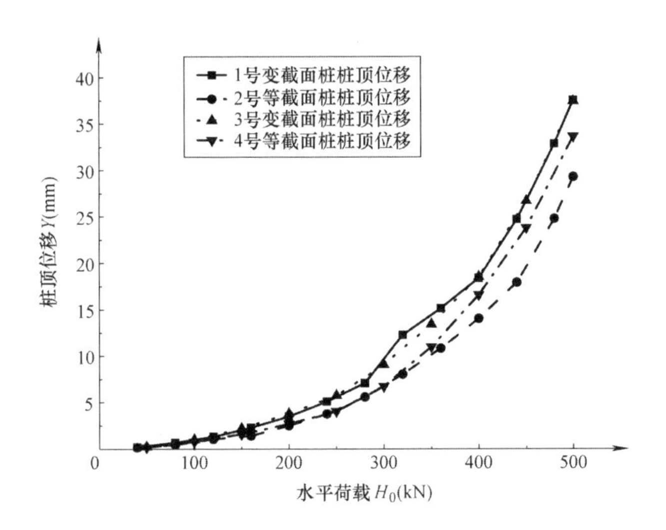

图 3.4-9　1～4 号桩顶 P-S 曲线

从图 3.4-9 可以看到，桩顶位移随荷载变化呈现出典型的非线性变化。虽然施加水平荷载较小时 4 根试桩的桩顶水平位移较小，但 1 号及 3 号阶梯形变截面桩的桩顶水平位移始终大于 2 号和 4 号等截面桩的桩顶水平位移，且随着荷载的增加每级荷载两种桩型的桩顶位移差值逐渐增大。第一组试验，1 号变截面桩和 2 号等截面桩在最后一级荷载为 500kN 时位移达到最大，分别为 37.54mm、29.3mm，最大位移差达到 8.24mm，约为 2 号等截面桩桩顶最大位移的 28％；第二组试验，4 号等截面桩在施加水平荷载大于 300kN 时桩顶水平位移较 2 号试桩增加剧烈，即便如此当施加水平荷载为 500kN 时，3 号阶梯形变截面桩和 4 号等截面桩位移差也达到了 3.77mm。

由 3.4.1 及 3.4.2 中对于 4 根试验桩的水平力-位移梯度曲线分析结果可知，1 号、2 号、3 号、4 号桩的水平临界荷载分别为 200kN、240kN、200kN、250kN；而单桩水平极限荷载分别为 400kN、440kN、400kN、450kN。相比之下 1 号和 3 号阶梯形变截面桩虽然施加的荷载有所变化，但是其单桩水平临界荷载和极限荷载试验结果是一致的，而 2 号和 4 号等截面桩的单桩水平临界荷载及极限荷载有些许差异，考虑到同类型试桩桩身参数及桩身材料等皆一致且在同一场地上，故取其相同桩型的两结果平均值作为等截面桩的单桩水平临界荷载及极限荷载，阶梯形变截面桩的单桩水平临界荷载和极限荷载分别取 200kN 和 400kN，而等截面桩的单桩水平临界荷载和极限荷载分别取 245kN、445kN。

为进一步分析试验中的阶梯形变截面桩及等截面桩在受横向荷载时的桩身单位体积材料发挥情况，将不同桩型临界荷载及极限荷载与桩身体积之比作为比较因素进行比较，根据桩身参数及试验结果整理见表 3.4-5。

不同桩型试验结果整理　　表 3.4-5

桩型	阶梯形变截面桩	等截面桩
桩身体积(m^3)	4.287	5.295
单桩临界荷载(kN)	200	245
单桩极限荷载(kN)	400	445
临界荷载时单位体积承载力(kN/m^3)	46.653	46.270
极限荷载时单位体积承载力(kN/m^3)	93.305	84.042

综合以上分析及表 3.4-5 数据可以发现，在黏土地层中，当桩顶截面和桩身长度相同时虽然阶梯形变截面刚性短桩（变截面位置在大截面段占桩长的 46.7%处，变截面比为 0.8）的承载力要小于等截面刚性短桩，但阶梯形变截面刚性短桩的单位体积材料的承载力要优于等截面桩，达到极限荷载时单位体积材料承载力提高约 11%。

3.4.4 弯矩沿桩身分布规律

桩身的弯矩不能直接通过量测得到，它要借助于量测得到的桩身应变来推算求得，本次试验预先在桩身布置了振弦式钢筋计，根据施加荷载时量测到的振弦式钢筋计的频率变化借助公式间接计算得出。

(1) 钢筋计的受力（P_g）

一根具有一定张紧程度的钢弦的自振频率与钢弦所受到的张力呈正比关系[7]。预先埋设在桩体内部钢筋上的钢筋计受力变化时内钢弦的张紧程度会随之改变，从而使钢筋计的自振频率发生变化。在使用前要对钢筋计受力与输出频率之间的关系进行标定，所使用的标定公式见式（3.4-2）：

$$P_g=(f_i^2-f_0^2)k \tag{3.4-2}$$

式中：P_g——钢筋计受力值（kN）；

f_i——钢筋计在不同荷载下的输出频率（Hz）；

f_0——钢筋计未受荷载时的输出频率（Hz）；

k——钢筋计的出厂标定系数，受拉时取正，受压时取负。

（2）钢筋计轴向应变

$$\varepsilon=\frac{P_g}{E_g A_{gs}} \tag{3.4-3}$$

式中：P_g——钢筋计受力值（kN）；

E_g——钢筋的弹性模量（MPa）；

A_{gs}——钢筋的横截面积（mm^2）。

（3）桩身截面弯矩 M

通过计算出的应变为钢筋计的轴向应变，一般钢筋计与桩身混凝土是协调变形的，因此这里钢筋计轴向应变即为桩身混凝土轴向应变。由材料力学假设桩的中性轴为对称面，钢筋计处截面所受弯矩 M 为：

$$M=\frac{\varepsilon EI}{y} \tag{3.4-4}$$

式中：E——桩身的复合弹性模量（MPa）；

I——为横截面对应中性轴的惯性矩（m^4）；

ε——为桩身应变；

y——为横截面实测点处距离桩身轴线距离（m）。

试验开始前先对各钢筋计的初始频率进行采集，试验开始后频率的采集和桩水平位移的采集同时进行，每级荷载加载 4min 及卸载 2min 后进行频率的采集。桩身截面弯矩由现场试验收集数据带入式（3.4-2）、（3.4-3）、（3.4-4）计算得出。

（4）阶梯形变截面桩弯矩沿桩身分布

通过计算获得 1 号、3 号阶梯形变截面桩桩身弯矩，见图 3.4-10～图 3.4-12。

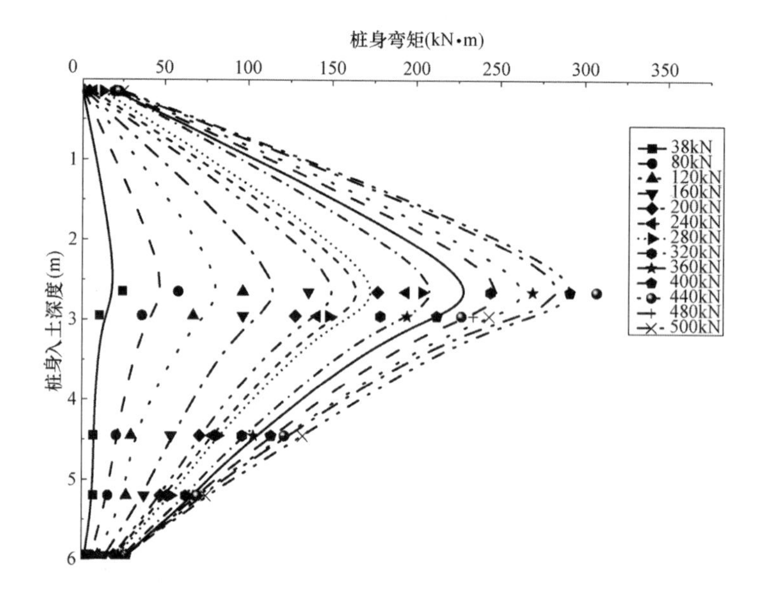

图 3.4-10　1 号阶梯形变截面桩桩身弯矩

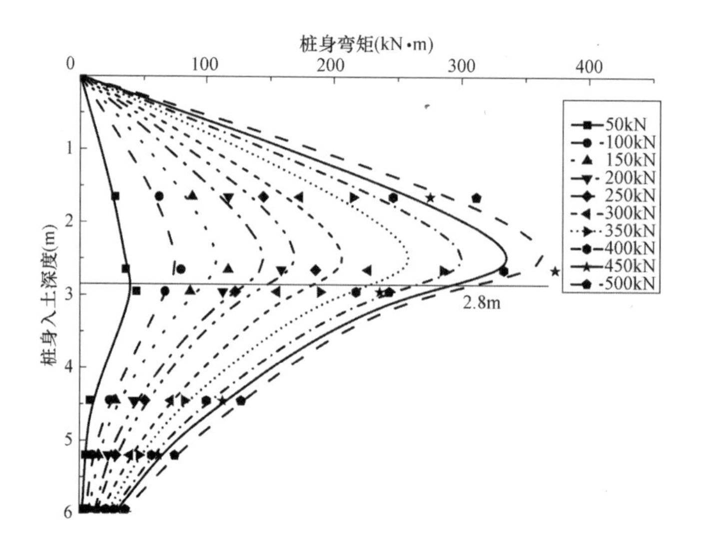

图 3.4-11　3 号阶梯形变截面桩桩身弯矩

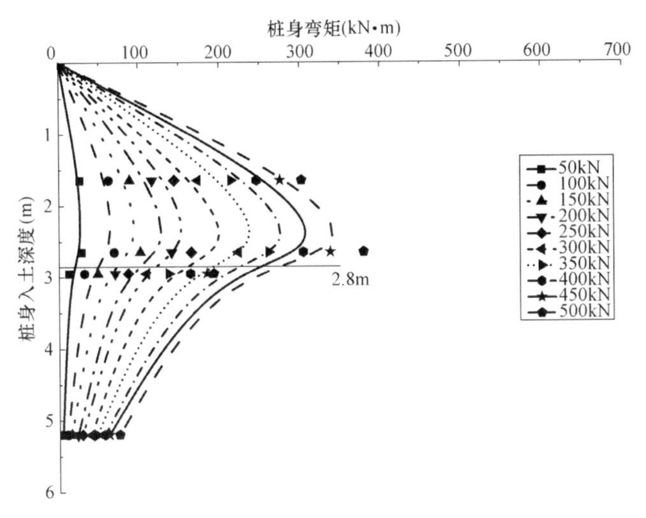

图 3.4-12 3 号阶梯形变截面桩受拉侧弯矩

为获取阶梯形变截面桩桩身弯矩沿桩身分布曲线，试验预先在变截面桩身0.15m、1.65m、2.65m、2.65m、2.95m、4.45m、5.2m 及 5.95m 共 9 个安装深度布设 9 支钢筋计，在钢筋笼主筋与钢筋计焊接过程中及混凝土的浇筑过程中等导致 1 号桩 1.65m 处和 3 号桩 0.15m 处钢筋计失效。虽然曲线图个别深度点位弯矩数据缺失，但是并不影响阶梯形变截面桩在施加不同荷载时的桩身弯矩曲线分布规律。通过图 3.4-10 和图 3.4-12 两弯矩图可以看到，桩身弯矩在 0～2.95m 内随着桩身入土深度的增加逐渐增大，且在变截面位置附近出现曲线峰值，随着施加水平荷载的增大，弯矩也逐渐增大。当荷载达到 500kN 时，1 号及 3 号变截面桩的最大弯矩峰值分别为 346.35kN · m、402kN · m。当弯矩达到最大值，随着深度的增加弯矩逐渐减小，在接近桩底位置时弯矩趋于 0。再将 3 号变截面桩受拉侧安装应力计测点处的力对桩截面形心取矩，得到 3 号阶梯形变截面桩受拉侧弯矩。对比发现，3 幅弯矩图的最大弯矩皆位于深度为 2.8m 的桩身变截面附近，在弯矩达到峰值以后随着深度的增加，弯矩急剧变小。

对于黏土地层中的刚性短桩，根据 Brooms（1964）提出的黏土地层中刚性短桩的地基反力分布形式。忽略地表以下 1.5 倍桩宽的地基土作用，当桩入土深度大于 1.5 倍桩宽时，其水平地基反力等于 $9c_uB$ 的常数。其中 c_u 为不排水抗剪强度，B 为桩身宽度。其特点为桩身将绕一点进行刚性转动，在这一转动点上下的水平地基反力大小相等、方向相反。因此，桩身受水平荷载下的弯矩分布也与桩身宽度、桩周土不排水抗剪强度有关。根据表 3.1-1 变截面以下土层为粉质黏土且抗剪强度低，变截面之上为黏土抗剪强度高；又因变截面之上桩径较大，故而变截面之上桩宽大于变截面之下桩宽，所以，当变截面弯矩达到峰值后在变截面以下急剧减小。

黏土地层中阶梯形变截面桩在变截面处弯矩变化与桩周土层性质和桩身截面性质息息相关，当变截面位置以上土层较好且变截面以下桩径减小时，桩身变截面以下弯矩将会产生急剧减小的趋势。

(5) 等截面桩弯矩沿桩身分布

由于试验开始前工地环境较为复杂，2 号等截面桩的部分钢筋计的引出线遭到破坏，因此弯矩图在深度为 0.15m、2.4m、3.9m、5.4m 处数据缺失。从图 3.4-13 和图 3.4-14 可以看到，等截面桩桩身弯矩在桩顶附近较小，随着桩入土深度的增加弯矩逐渐增大，在深度为 2.4m 处截面弯矩出现峰值，2 号、4 号桩最大峰值分别达到了 364.26kN · m、391.35kN · m。当桩身入土深度大于 2.4m 时，桩身弯矩开始减小，在桩底附近趋于稳定。

对比两种桩型的弯矩沿桩身分布曲线，阶梯形变截面桩桩身弯矩和等截面桩桩身弯矩皆呈现随桩入土深度先增大后减小的非线性变化趋势。不同的是阶梯形变截面桩出现弯矩峰值的截面深度较等截面桩更大，且在峰值以下深度变截面桩的弯矩急剧减小，而等截面桩弯矩较为平缓。这与桩身截面性质相关，与变截面

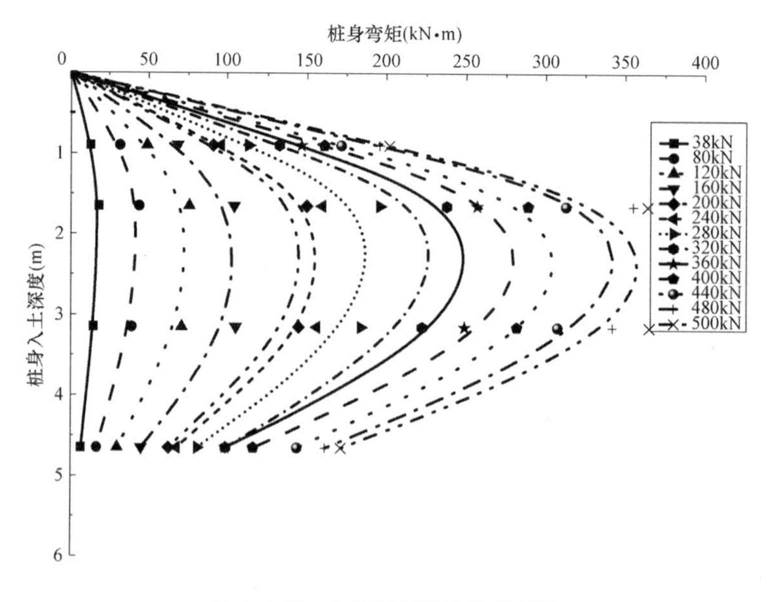

图 3.4-13 2 号等截面桩桩身弯矩

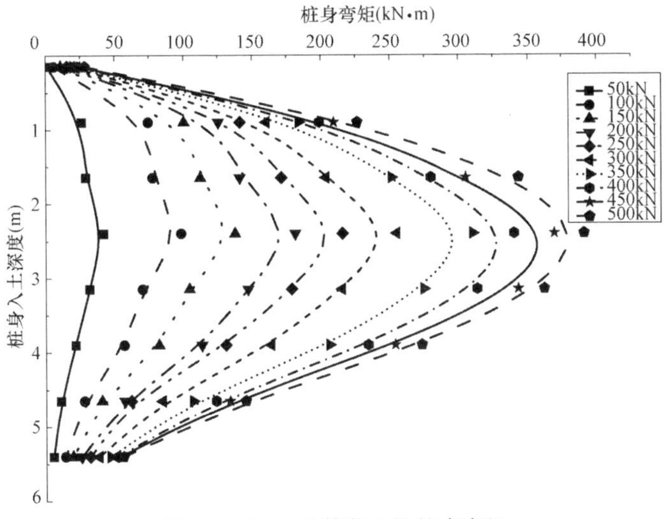

图 3.4-14 4 号等截面桩桩身弯矩

桩相比，等截面桩桩身宽度为一定值，其弯矩达到峰值以后减小趋势较缓。

3.4.5 桩身变形

对于预先埋设测斜管的 3 号和 4 号试桩，在试验时，每级试验加载且桩顶位移读数稳定后采集桩身变化值。对试验现场存储于测斜仪的数据进行处理，绘制两试桩的桩身水平位移曲线如图 3.4-15 和图 3.4-16 所示。

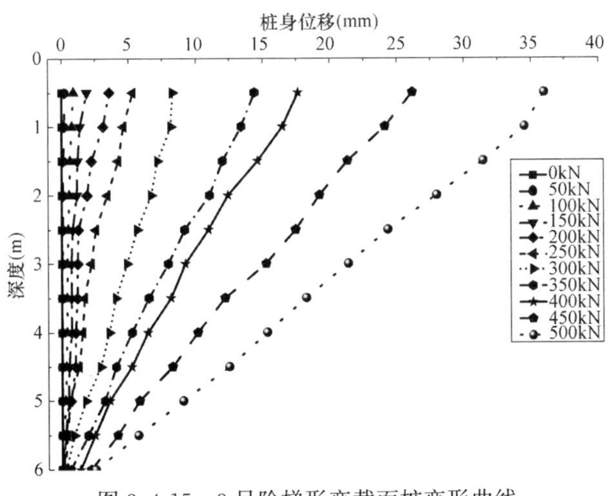

图 3.4-15 3 号阶梯形变截面桩变形曲线

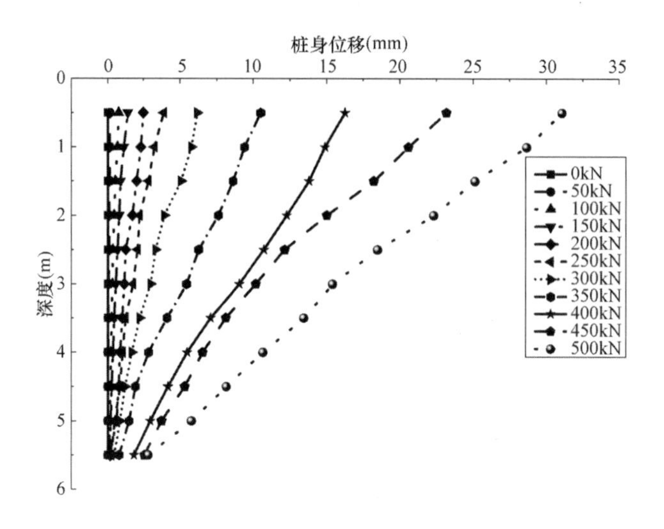

图 3.4-16 4 号等截面桩变形曲线

(1) 对于 3 号阶梯形变截面桩测斜曲线，在不同级别横向荷载作用下桩身位移大致呈线性变化，在离桩顶 0.5m 处桩身位移最大。由图中曲线还可以观察到，当荷载在 0～200kN，桩身位移变化幅度较小，相邻荷载桩身位移最大差值仅为 1.68mm，且变截面桩位移沿桩身由上而下逐渐减小；当桩入土深度大于 5.5m 时位移基本一致；当施加横向荷载大于 200kN 时，桩身位移变化明显增大，不同荷载级别下桩身在 5.5m 处出现明显位移差值。

对于这一现象，一方面根据 3.3.1 内容，试验桩皆为刚性短桩；另一方面本次试桩桩周土基本为黏土，土质较差，桩周土相对刚度较大，曲线变化大致呈线性。由极限反力法不考虑土的变形特性，当桩受水平荷载时因地表土层挤压破坏导致水平地基反力较小，随着桩入土深度增加，地基反力逐渐变大，达到某一深度后为一常数。故上述现象解释为刚性短桩在黏土地层中水平地基反力分布随深度逐渐增大，在一定深度后反力为一常数。

在水平推力为 250kN 时，桩身位移明显增大，较前一级荷载（临界荷载）离桩顶 0.5m 截面处位移差值达到了 1.78mm，当水平荷载为 450kN 时，较上一级荷载（极限荷载）位移又明显增大。可见，施加水平荷载大于单桩水平临界荷载和极限荷载时所产生的桩身位移变化，也可为单桩承载力的判断提供参考。当荷载达到 450kN 时，桩底产生的位移说明了桩侧土发生破坏，桩底产生了平移。

(2) 4 号等截面桩测斜曲线与阶梯形变截面桩类似，在横向荷载下桩身位移自上而下亦基本表现为线性变化。有所区别的是，等截面桩在横向荷载为 0～

250kN 内桩体位移变化较小，在荷载大于 250kN 时，位移出现明显增加，且同级荷载条件下等截面桩的位移始终小于变截面桩，这也进一步说明了等截面试桩的水平承载力小于阶梯形变截面桩。

3.5 本章小结

本章通过对现场 1∶1 试验桩的试验数据进行整理、处理，分别分析了阶梯形变截面桩和等截面桩的单桩横、竖向承载性状、桩身内力的分布规律和桩身变形，并进行了对比分析，得出以下结论：

(1) 当桩顶截面和桩身长度相同时，虽然阶梯形变截面桩（变截面位置在大截面段占桩长的 46.7%处，变截面比为 0.8）的单桩水平承载力要小于等截面桩，但阶梯形变截面桩的单位体积材料的承载力要优于等截面桩的单位体积材料的承载力。

(2) 通过预先埋设在桩身内部的振弦式钢筋计测试了不同荷载级别下的试验桩弯矩沿桩身分布。当桩顶截面和桩身长度相同时，阶梯形变截面桩（变截面位置在大截面段占桩长的 46.7%处，变截面比为 0.8）的弯矩分布沿桩身分布和等截面桩基本一致，皆呈现增大后减小的变化趋势，但阶梯形变截桩变截面以下桩身变化更为剧烈。

(3) 黏土地层中阶梯形变截面桩在变截面处弯矩变化与桩周土层性质和桩身截面性质息息相关。当变截面位置以上土层较好且变截面以下桩截面减小时，桩身变截面以下弯矩将会产生急剧减小的变化趋势。

(4) 黏土地层中阶梯形变截面桩的水平地基反力分布形式也符合 Broms (1964) 提出的黏土地层中短桩的水平地基反力分布形式。在土质较差的黏土地层中，桩在水平荷载作用下，阶梯形变截面桩绕桩身某一点转动。

(5) 桩顶截面相同时，等截面桩承载力更大，而阶梯形变截面桩在单位体积材料承载力发挥方面优于等截面桩。

(6) 阶梯形变截面桩的荷载传递方式与等截面桩有所区别，但仍以侧摩阻力为主，当变截面处土层工程性质一般时，变截面处阻力发挥效果有限。

(7) 阶梯形变截面桩侧摩阻力发挥先于端阻力，随着荷载增大端阻力作用越来越大，变截面处阻力趋于稳定。阶梯形变截面桩桩端桩土作用更加剧烈，随着荷载的增大变截面处土层较桩端提前发生破坏，变截面处桩侧土软化。

4　阶梯形变截面桩的数值研究

通过数值模拟进一步探讨变截面桩在竖向、横向和竖向与横向（弯矩）组合荷载作用下力学行为和变形特性，以及不同变截面参数情况下的应力场和应变场特征。

第2、3章针对模型试验及现场试验做了详细介绍，通过试验对阶梯形变截面桩的承载特性及变截面桩的力学性状进行了研究。众所周知，现场试验前期需要进行大量的准备工作，整个试验过程周期长、费用高。在进行试验准备及试验过程中也会受到天气、现场环境等因素的制约，对试验结果产生一定的影响，且试验不可重复。因此，本章将通过有限元方法，运用大型有限元软件ABAQUS对现场试验过程进行数值模拟分析，对现场试验成果的合理性进行验证。由第3章分析可知，现场试验桩为刚性短桩，当阶梯形变截面桩为弹性长桩时，其承载性状及变形特性如何，与刚性短桩有何异同，仍需进一步探究。故而增加一组弹性长桩与刚性短桩进行对比，进一步研究黏土地层中阶梯形变截面桩的横向承载特性。

4.1　阶梯形变截面桩竖向现场试验数值模拟分析

4.1.1　模型建立及求解

（1）模型桩尺寸设计

本文将采用三维非线性有限元模拟阶梯形变截面桩和等截面桩的单桩静荷载试验。其具体尺寸如表4.1-1所示。

模型桩尺寸　　**表4.1-1**

桩类型	桩长(m)	桩径(m)		变截面比
		变截面上	变截面下	
阶梯形变截面桩	6	1.06	0.85	0.8
等截面桩	6	1.06		

（2）边界约束

确定模型的边界条件是我们模拟结构有限元分析时的首要任务。边界条件的设定是为了限制结构单元移动以及转动，这样才能最大程度的匹配实际工程。结合实际结构的受力情况确定边界条件施加的位置。边界条件设定的好坏将严重影响到后期模型受力的计算。

（3）参数设置

桩身材料参数见表 4.1-2，各土层参数见表 4.1-3。

桩身材料参数　　　　**表 4.1-2**

桩身材料	密度(kN/m^3)	弹性模量(kPa)	泊松比 μ
混凝土	2430	3.15e7	0.3

各土层参数　　　　**表 4.1-3**

土层名称	黏聚力 c (kPa)	内摩擦角 Φ (°)	密度 ρ (g/cm^3)	弹性模量 E (kPa)	泊松比 μ
粉质黏土	18.64	30.3	2.0	3.6e4	0.3
黏土	23.21	32.5	1.89	3.4e4	0.32
黏土	59.1	22.3	1.92	3.4e4	0.32
粉质黏土	43.88	26.4	1.93	3.6e4	0.3
淤泥质粉质黏土	27.6	24.2	1.96	0.38e4	0.27

查阅相关文献[8] 可以了解到在一般的情况下，混凝土桩对于黏性土的摩擦系数取值范围是 0.25～0.4。本文桩土之间的摩擦系数取 0.4。在试验之前，桩周土对桩体有初始应力，它对桩土相互作用有一定的影响。因此，初始应力会对桩的侧摩阻力的发挥起着很大的影响。一般我们将土的自重应力近似的当作初始应力。

（4）模型的建立

本次模拟采用三维实体建模，其土体本构模型为摩尔库伦模型，桩本构模型为弹性模型。有限元软件 ABAQUS 建模过程：

① 建立一个文档，明确所要分析工程的文件名和工作名称；

② 定义单元类型及其常数；

③ 定义材料模型和参数；

④ 创建几何模型、划分网格。

建立的模型如图 4.1-1 和图 4.1-2 所示。

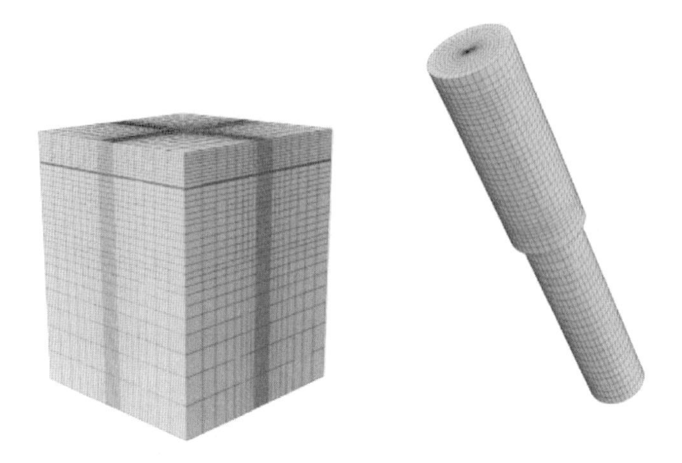

图 4.1-1　变截面桩及桩周土有限元模型

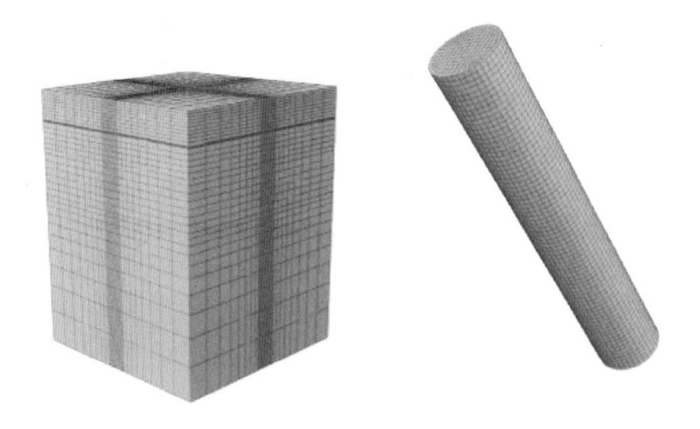

图 4.1-2　等截面桩及桩周土有限元模型

（5）加载、求解

① 点击进入 ABAQUS 界面；

② 定义分析类别及分析选项；

③ 设定边界条件；

④ 对模型桩桩顶施加荷载并施加重力加速度；

⑤ 求解。

4.1.2 模拟结果分析

1. 荷载-沉降曲线分析

将模型桩进行数值模拟分析，通过 ABAQUS 软件采集桩顶竖向受荷载时模型桩的桩顶位移。整理数据然后绘制荷载-沉降曲线，也即 P-S 曲线（本章荷载-沉降曲线统一使用 P-S 曲线代称）。如图 4.1-3 和图 4.1-4 所示。

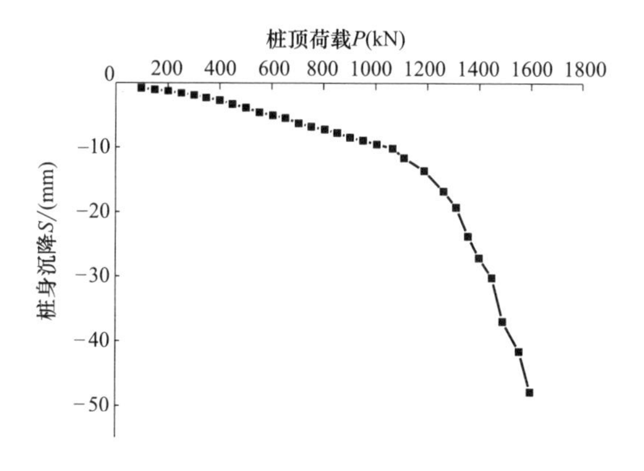

图 4.1-3 阶梯形变截面桩 P-S 曲线

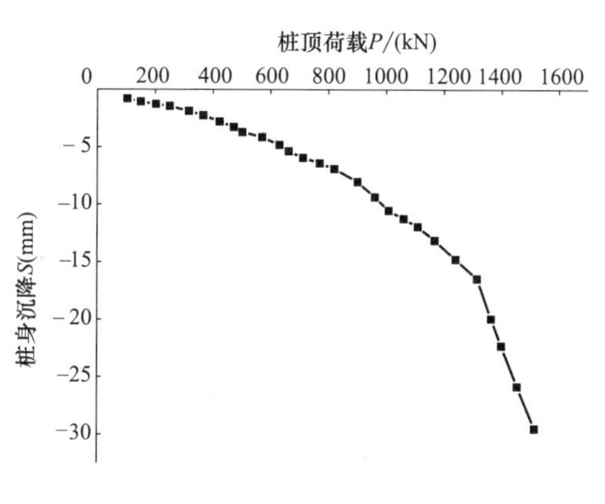

图 4.1-4 等截面桩 P-S 曲线

从两图中可知：本次的两个模型桩通过数值模拟得出的 P-S 曲线都可认定为缓变型曲线。其拐点并不能够被清晰分辨，所以依据《建筑桩基技术规范》

JGJ 94—2018 可知，可取桩顶沉降量为 0.03～0.04D（D 为桩端直径）所对应的桩顶荷载值。因此，通过数值模拟得出阶梯形变截面桩和等截面桩的竖向极限承载力分别为 1188kN、1314kN。

从图 4.1-5 和图 4.1-6 可以看出，在桩顶受荷载较小时现场数据得出的 P-S 曲线和模拟得出的 P-S 曲线非常接近，在两桩桩顶荷载增加到 700kN 左右时曲线开始出现差距。并且，两桩的实测沉降曲线在桩顶受荷载 700kN 之后，其沉降速率大于模拟的沉降曲线，最终两桩实测总沉降都大于模拟总沉降。

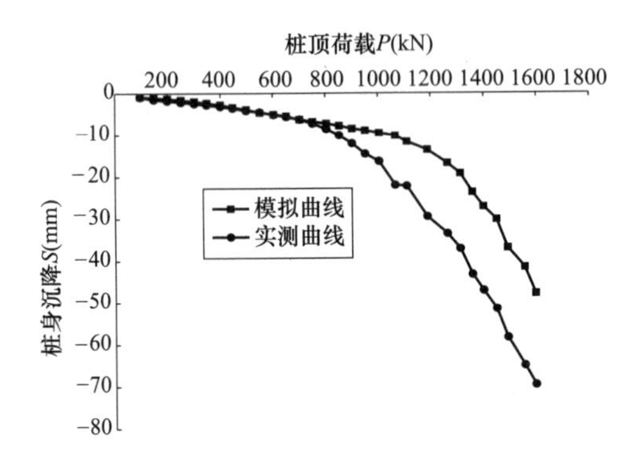

图 4.1-5 变截面桩现场与模拟 P-S 曲线对比

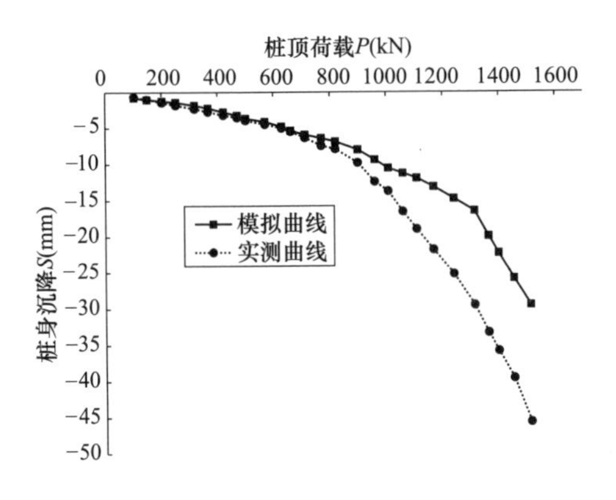

图 4.1-6 等截面桩现场与模拟 P-S 曲线对比

2. 桩身轴力传递特性

将模型桩进行数值模拟分析，通过 ABAQUS 软件采集每组分级荷载竖向作用下模型桩的各个截面的轴力，然后绘制模型桩的桩身轴力分布曲线。

通过各个分级荷载作用下模型桩的轴力云图，可以得出模型桩在各个分级荷载作用下的桩身轴力沿桩从上到下的变化曲线。如图 4.1-7 和图 4.1-8 所示。

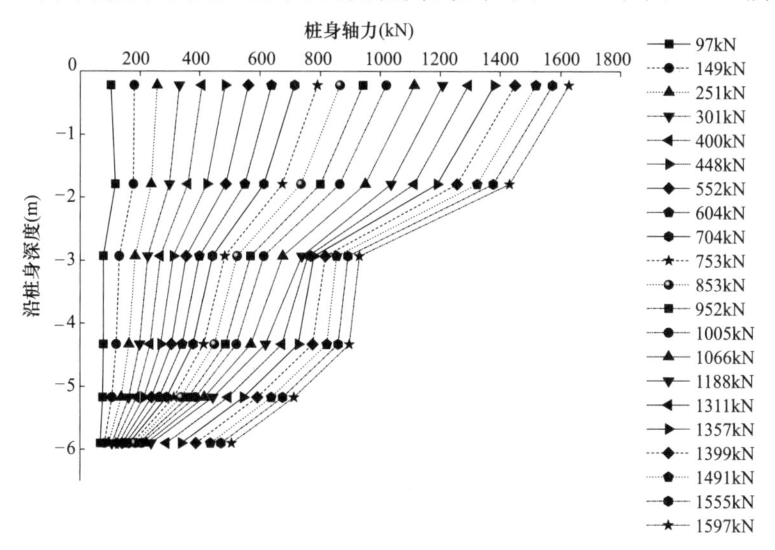

图 4.1-7 阶梯形变截面桩桩身轴力数值模拟分布曲线

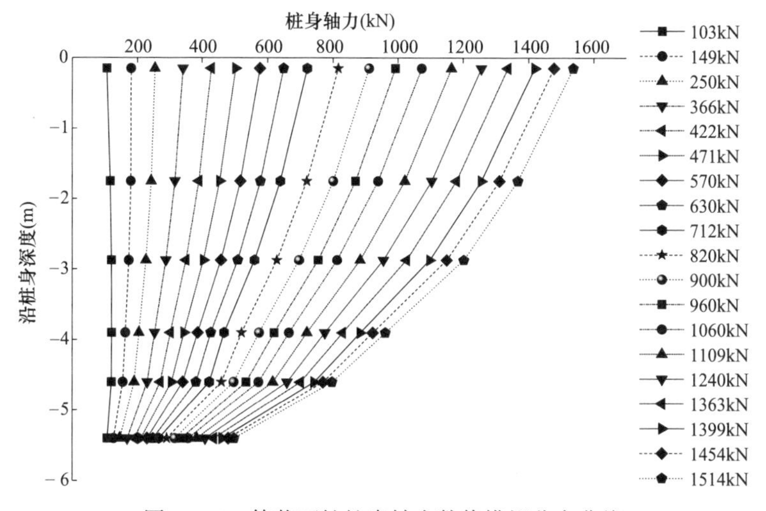

图 4.1-8 等截面桩桩身轴力数值模拟分布曲线

从两个模型桩的桩身轴力分布曲线可以分析出：两桩的桩身轴力都随桩顶受荷载增加而逐渐减小。对于阶梯形变截面桩，在变截面处其减小速率出现突变。这种现象出现的原因是变截面处的下部土体对桩有支撑反力作用。另外，两桩的桩身轴力随着桩顶受荷载越来越大，其桩身上部轴力变化明显大于桩身下部。

为了能够更直接、更具体地对比分析两桩桩身轴力的关系，本节采用三组数据来对比分析。

① 阶梯形变截面桩和等截面桩受荷载都为 149kN 时，两桩的桩身轴力变化曲线如图 4.1-9 所示。

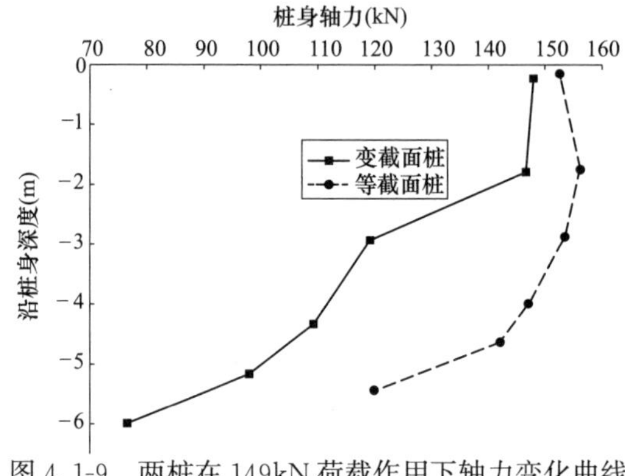

图 4.1-9 两桩在 149kN 荷载作用下轴力变化曲线

② 阶梯形变截面桩和等截面桩受荷载分别为 853kN 和 820kN 时，两桩的桩身轴力变化曲线如图 4.1-10 所示。

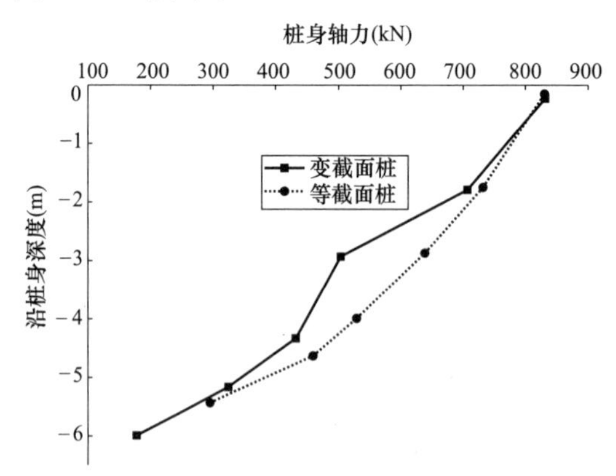

图 4.1-10 两桩分别在 853kN 和 820kN 荷载作用下轴力变化曲线

③ 阶梯形变截面桩和等截面桩受荷载为 1399kN 时，两桩的桩身轴力变化曲线如图 4.1-11 所示。

从这三幅图中可以看出，在桩顶受荷载时等截面桩的桩身轴力大于阶梯形变截面桩；当桩顶荷载较大时，两桩的这几个截面的轴力相差不大。在 1.7～4.5m

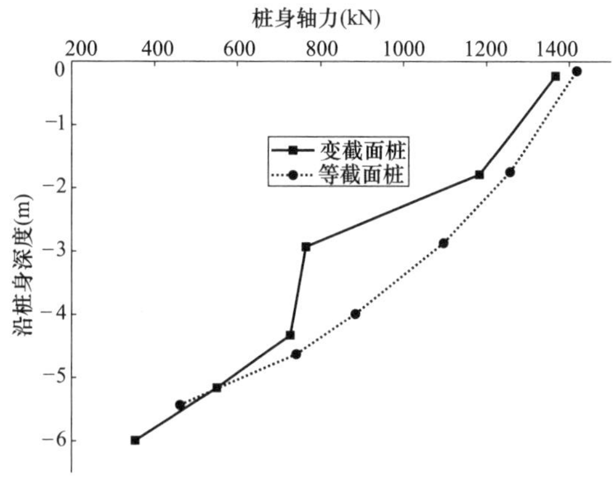

图 4.1-11　两桩在 1399kN 荷载作用下轴力变化曲线

阶梯形变截面桩桩身轴力急速减小，使得其桩身轴力小于等截面桩。其原因可能是由于变截面处的桩土相互作用力使得桩身轴力衰减加快。等截面桩的各个被监测截面的桩身轴力都大于阶梯形变截面桩对应截面的桩身轴力。

3. 侧摩阻力分布特性

将模型桩进行数值模拟分析，通过 ABAQUS 软件采集每组分级荷载竖向作用下模型桩的侧摩阻力分布情况，如图 4.1-12 和图 4.1-13 所示。

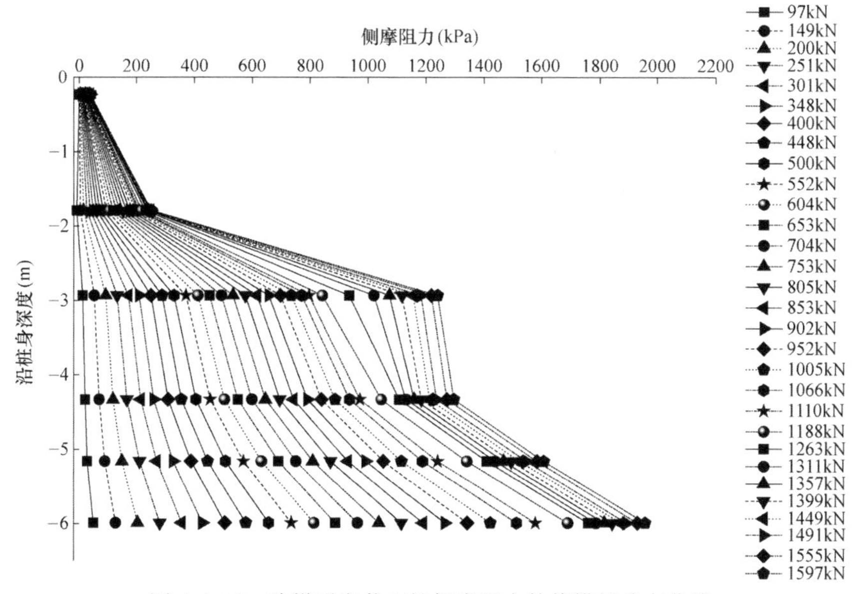

图 4.1-12　阶梯形变截面桩侧摩阻力数值模拟分布曲线

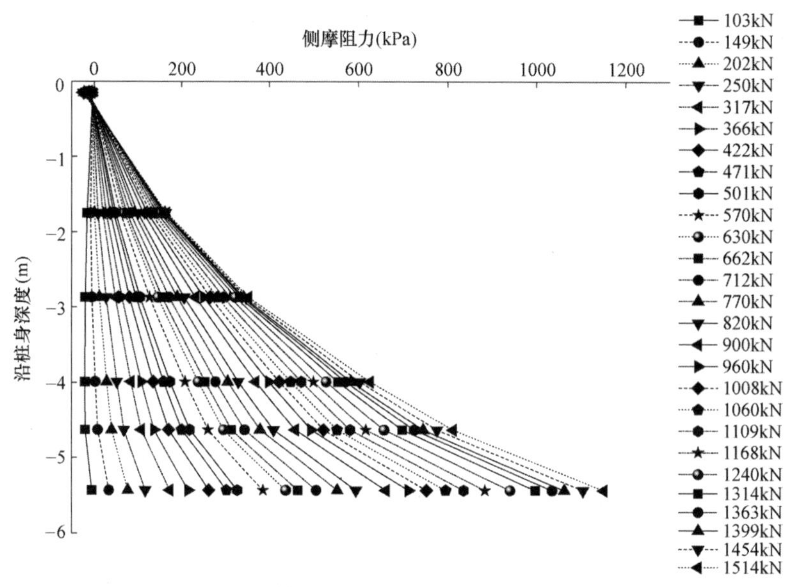

图 4.1-13　等截面桩侧摩阻力数值模拟分布曲线

从图 4.1-12 和图 4.1-13 两桩的侧摩阻力分布曲线可以得知：两桩的侧摩阻力沿桩身自上而下都随桩顶受荷载增大而增大，并且侧摩阻力都能够得到充分的发挥。就阶梯形变截面桩而言，由于变截面的存在导致从变截面处开始，侧摩阻力急速增长。

为了更直观地展现两桩侧摩阻力沿桩身自上而下的变化规律对比情况，本节采用三组曲线来对比分析。

① 阶梯形变截面桩和等截面桩受荷载都为 149kN 时，两桩的侧摩阻力变化曲线如图 4.1-14 所示。

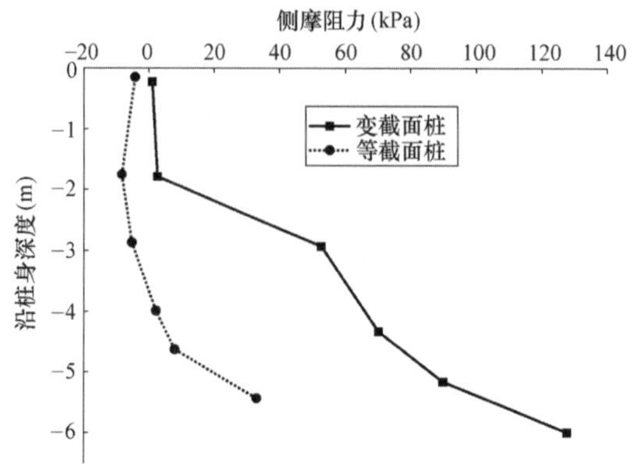

图 4.1-14　两桩在 149kN 荷载作用下侧摩阻力变化曲线

② 阶梯形变截面桩和等截面桩受荷载分别为 853kN 和 820kN 时，两桩的侧摩阻力变化曲线如图 4.1-15 所示。

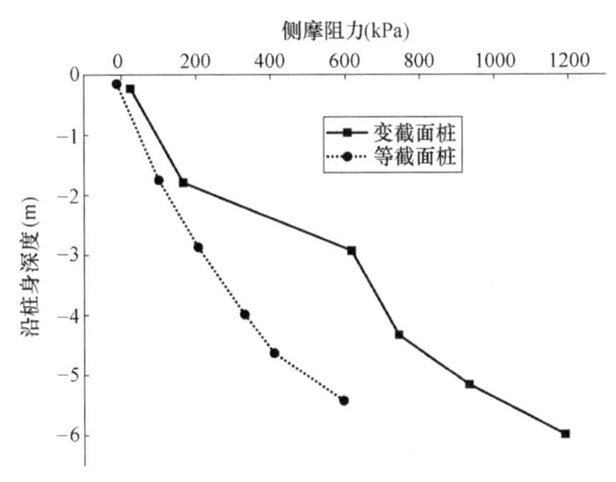

图 4.1-15 两桩分别在 853kN 和 820kN 荷载作用下侧摩阻力变化曲线

③ 阶梯形变截面桩和等截面桩受荷载为 1399kN 时，两桩的侧摩阻力变化曲线如图 4.1-16 所示。

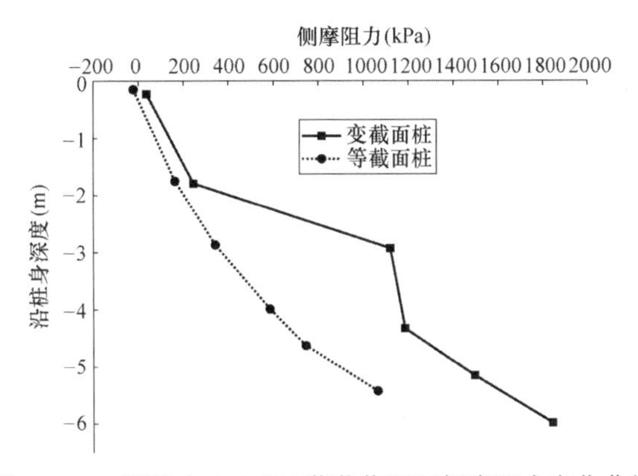

图 4.1-16 两桩在 1399kN 荷载作用下侧摩阻力变化曲线

从这图中可知，在 0～2m 桩顶分别受这三种荷载时，阶梯形变截面桩和等截面桩的侧摩阻力相差不大。超过 2m，变截面桩的侧摩阻力增大的速率明显大于等截面桩。从两桩的桩身轴力传递特性可知，在变截面处阶梯形变截面桩轴力急剧下降，也可以看出其侧摩阻力在变截面处增长很快。

通过第 3 章的桩身材料参数和土层参数对阶梯形变截面桩和等截面桩进行了有限元数值模拟分析研究。本章模拟的结果与试验结果在数值上虽然有一定的偏差，但无论是阶梯形变截面桩，还是等截面桩在桩顶受竖向荷载时的承载性状和桩土之间的相互作用的变化规律是基本一致的，这从侧面也反映了试验结果的可靠性。

4.2 阶梯形变截面桩横向承载特性试验数值模拟分析

4.2.1 模型的建立及求解

1. 几何尺寸

本章模拟首先以现场试验为背景，建立现场的 1∶1 模型桩。阶梯形变截面桩桩长为 6m，变截面段桩身截面直径为 1.06m，长度为 2.8m（图 4.2-1）；变截面段以下桩身截面直径为 850mm，长度为 3.2m。等截面桩桩身长度亦为 6m，桩身直径为 1.06m。因模型桩：身较短，所受外力仅为单方向横向推力，土体计算深度为 20m，计算长度和宽度为 40m。为使模拟过程更加真实可靠，根据试验现场情况，将模型桩间及桩周长、宽度分别为 7m、2m 部分的土体挖除，挖除深度为 0.5m。

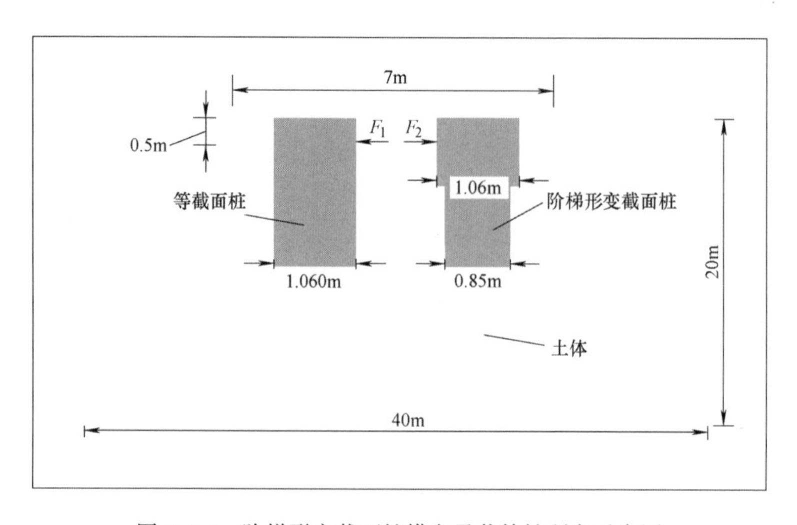

图 4.2-1　阶梯形变截面桩横向承载特性研究示意图

对于现场等截面桩，只改变其桩身长度，经计算当桩入土深度$L_t=20m$时，桩身相对刚度系数 T 与桩入土深度 L_t 满足关系 $L_t>4T$，即桩为弹性长桩。所以，另一组弹性长桩中的阶梯形变截面桩桩长取 20m（图 4.2-2），变截面处在整桩长的46.7%处，变截面比为0.8，与等截面桩保持一致。桩顶直径仍为1.06m，大直径段长度为 9.34m；小直径段桩身截面直径为 850mm，长度为10.66m。等截面桩的桩径与变截面桩的小直径段一致，取850mm，桩长 20m。土体模型计算长度和宽度各为 40m，土体计算深度为 50m。

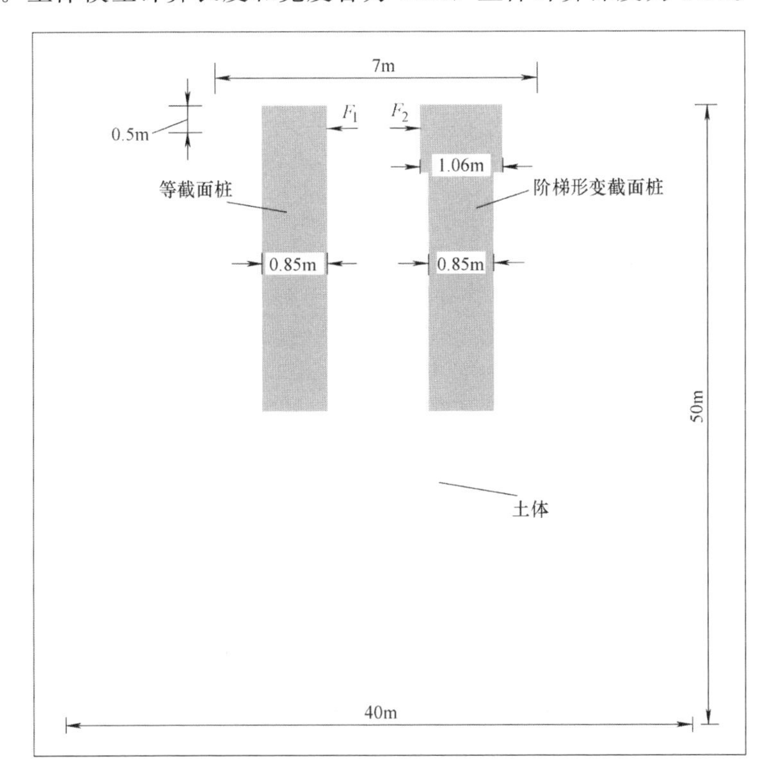

图 4.2-2　阶梯形变截面弹性长桩横向承载特性研究示意图

2. 本构模型的选取

对于不同的材料、加载条件及分析研究的问题选取合适的本构模型是模拟成功的关键，这里的模型主要由桩体和土体构成，因此对于本构模型的选取还是有所区分的。

（1）桩体本构模型的选取

对于等截面和阶梯形变截面桩，桩身主要由强度等级为 C35 的混凝土和直径为 14mm 的 HRB400 钢筋这两种材料构成。模拟过程中假设桩身材料均匀且具有各向同性，当桩身受横向荷载时，桩身应力小于混凝土的屈服应力，采用线弹性模型，其基于广义胡克定律，可以适应任何单元模式，应力-应变曲线如图 4.2-3 所示。

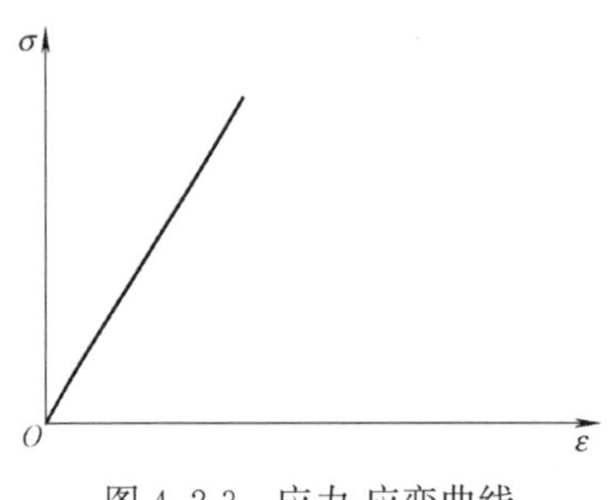

图 4.2-3　应力-应变曲线

（2）土体本构模型的选取

土体的应力应变关系比较复杂，通常有着非线性、减胀性和各向异性等特征。迄今为止，没有一种本构模型可以真实、准确、全面地反映出各种加载条件下的不同土体的性状，对于不同的工程条件，选择合适的本构模型及参数尤为重要。经验表明：虽然有些模型理论上比较严密，但不恰当的参数选取会导致计算结果的不合理；反之，对于物理意义明确，且参数易于确定的、形式简单的模型，其计算结果反而合理。ABAQUS 提供的 Mohr-Coulomb 模型不但可以适用单调荷载下的颗粒状材料，其模型的参数也易于确定。土的固相主要由形状各异、大小也各不相同的各种矿物颗粒构成，且在模拟过程中的荷载施加方式也是与其模型特点相契合的，因此选取 Mohr-Coulomb 作为土体的本构模型。

3. 模型参数的选取

模型的参数主要包括模型桩和各地层土体的物理力学参数。本次模拟过程中，阶梯形变截面桩和等截面桩的桩身材料一致，皆采用线弹性模型，所以其相关参数也一致，具体如表 4.2-1 所示。

桩体模型计算参数表　　　　**表 4.2-1**

桩身材料	密度 ρ(kg/m^3)	弹性模量(Pa)	泊松比 μ
C35 混凝土	2500	3.15×10^{10}	0.21

土体采用摩尔-库伦模型进行模拟，根据现场原实际情况将模型土体土层分为 6 层，第 6 层桩底土的物理力学参数与第 5 层一致。模型各土层的计算参数和试验场地参数保持一致，场地土层的计算参数如表 4.2-2 所示。

土体模型计算参数表 表 4.2-2

土层	土层厚度 (m)	弹性模量 E (MPa)	泊松比 μ	重度 γ (kN/m^3)	黏聚力 c(Pa)	内摩擦角 ϕ(°)	剪胀角 ψ(°)
粉质黏土	1	6.27	0.31	20.0	18640	30.3	0.1
黏土	1	6.45	0.32	18.9	23210	32.5	0.1
黏土	1	6.38	0.32	19.2	59100	22.3	0.1
粉质黏土	2	6.74	0.31	19.3	43880	26.4	0.1
淤泥质粉质黏土	15	6.87	0.27	19.6	27600	24.2	0.1

对于弹性桩的土体模型参数，除淤泥质粉质黏土层厚度为 45m 外，其他参数与表 4.2-2 相同。

4. 分析步、桩土接触的设置

（1）分析步

模型分析过程分两步，第一步设置为“Geostatic”分析步，进行初始地应力平衡。第二步，施加水平荷载。

（2）桩土接触

ABAQUS 完整的接触模拟一定包括接触对的定义和接触面上本构关系的定义两个部分。在模型接触对中，需要定义的接触面主要包括：桩侧面与桩侧土之间的接触和桩底面与桩底土间的接触。

① 面的离散方法

在模型中，我们采用了面对面的离散方法。相对于 ABAQUS 软件提供的另一种点对面的离散方法，面对面的离散得到的应力及桩土接触面的法向压力更为精确。

② 接触跟踪方法

考虑到现场试验中的桩土接触面间的滑动，模型中采用了有限滑动的接触跟踪方法。

③ 主控面与从属面

为获得最佳的接触分析结果，需要根据模型中接触面的特性，定义主控面和从属面。通过材料参数可知：桩土间的相对刚度差异较大，这里选取桩土接触面中桩侧面为主控面。接触面的法向作用和切向作用在 ABAQUS 是分别定义的，当桩顶没有水平力时，桩土存在间隙不传递法向压力。当模型桩作用水平方向推力时，桩土处于压紧状态，接触侧面上存在法向压力 p。

当接触面有法向接触压力时，桩土接触面可以传递摩擦力或称剪应力。当桩土接触面的摩擦力小于一极限值 τ_{crit} 时，软件判定桩土接触面处于粘结状态，而大于极限值时开始出现滑移，处于滑移状态。极限剪应力采用 Coulomb 定律计算，其计算公式如下：

$$\tau_{crit}=\mu p \tag{4.2-1}$$

式中 μ——摩擦系数。

实际上，桩土接触摩擦系数与桩侧表面的粗糙程度相关，其取值往往较为复杂。许宏发等根据库仑摩擦变形原理，对于桩土接触单元的研究认为：黏性土的摩擦系数为 0.25～0.4 较为合适。因此，模型中的桩土接触面的摩擦系数取 0.4。

5. 荷载及边界条件的定义

在模型中对阶梯形变截面桩和等截面桩桩顶以下 0.5m 截面施加水平荷载，采用 Surface traction 荷载形式施加水平力。当水平力大于桩极限承载力时，桩顶位移突然增大，桩周土出现裂缝发生破坏，此时 ABAQUS 很难收敛。根据试验结果，现场试验水平推力达到了极限荷载，且最小极限荷载为 400kN。为保证模拟的可靠性和准确性，对于第一组 1 号和 2 号模型桩，分 10 级进行力的加载，分别为 38kN、80kN、120kN、160kN、200kN、240kN、280kN、320kN、360kN、400kN。第二组 3 号和 4 号模型桩，分为 8 级进行力的加载，分别为 50kN、100kN、150kN、200kN、250kN、300kN、350kN、400kN。而另一组模型桩加载方式与刚性短桩相同，也分为 8 级进行力的加载，分别为 50kN、100kN、150kN、200kN、250kN、300kN、350kN、400kN。

本次模型较为简单，边界条件为：模型底部的固定约束和模型外侧面的径向位移约束。

6. 单元的选择及模型网格划分

对于受水平推力的桩不能采用轴对称模型，采用三维分析，桩体和土体单元类型为实体单元。ABAQUS 单元库提供的应力实体单元有多种，如线性完全单元（C3D8）、二次完全单元（C3D20）、二次减缩单元（C3D20R）、线性减缩单元（C3D8R）等。不同的单元有其自身的优缺点，线性完全单元，虽然在规则时计算精确，但易自锁；二次完全单元虽不易剪切自锁，但用于接触分析时，计算量较大；而二次减缩单元计算位移、扭曲变形精确，不产生剪切自锁且无沙漏，但一般不用于大应变和接触分析；线性减缩单元位移、扭曲变形精确，不产生剪切自锁但网格划分较粗时，会产生沙漏。鉴于以上单元特性，这里桩土单元类型采用线性减缩单元。一方面用来精确计算桩身位移和变形，另一方面可用于模拟桩土接触。对于沙漏问题，在细化网格的同时增强沙漏控制，避免产生沙漏。

对于模型网格，考虑到模型较为规整及计算成本，皆采用结构网格。此外，在桩身受到水平推力作用时，桩周土受挤压变形，随着距离的变大模型外围土体影响较小，故桩周网格划分较为细密。同理，地表网格细密，土体较深处较为稀疏，模型网格划分见图 4.2-4。

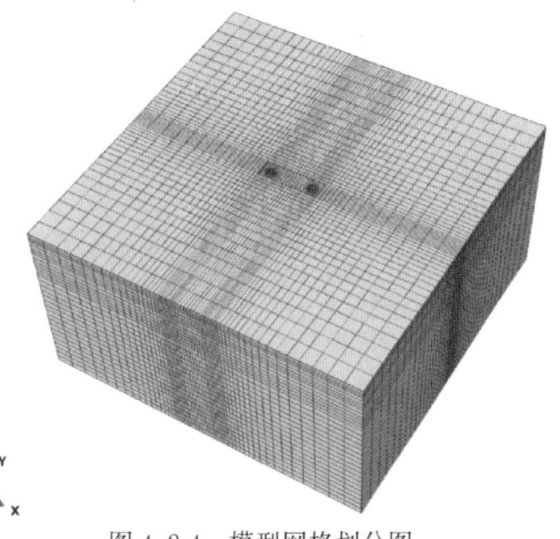

图 4.2-4　模型网格划分图

4.2.2　数值模拟结果分析

1. 桩顶荷载位移曲线

（1）刚性短桩

根据模拟结果将 1 号、2 号、3 号、4 号刚性短桩桩顶位移结果提取，绘制出桩顶荷载位移曲线，如图 4.2-5 所示。

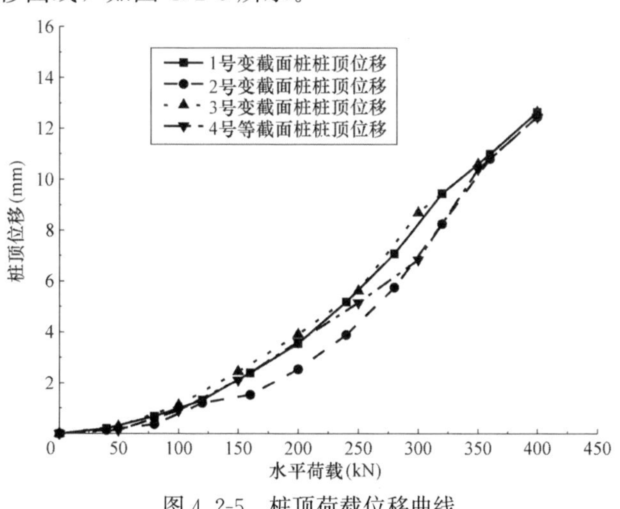

图 4.2-5　桩顶荷载位移曲线

从图 4.2-5 中可以看到，4 根桩的桩顶荷载位移曲线呈现出典型的非线性变化特征。可以看到，阶梯形变截面桩和等截面桩变化规律基本一致，加载初期桩顶位移变化较小，随着荷载增大位移及其变化率增大。不同的是，相同荷载级别下等截面桩的桩顶位移始终小于阶梯形变截面桩的桩顶位移，由此，试验阶梯形变截面桩的承载力较等截面桩要小，这一结果与现场试验的结果相符。为方便模拟结果和现场试验结果进行对比分析，将各桩的实际桩顶位移与数值模拟桩顶位移对比曲线图绘制如图 4.2-6～图 4.2-9 所示。

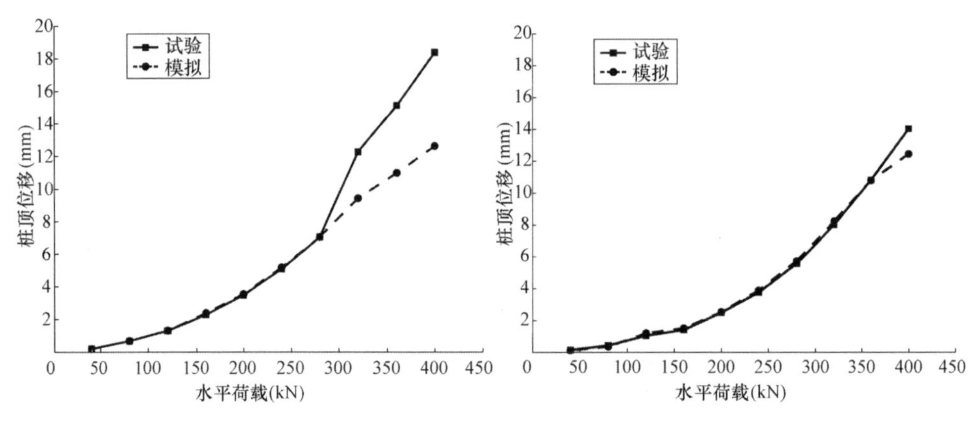

图 4.2-6　1 号变截面桩荷载位移曲线　　图 4.2-7　2 号等截面桩荷载位移曲线

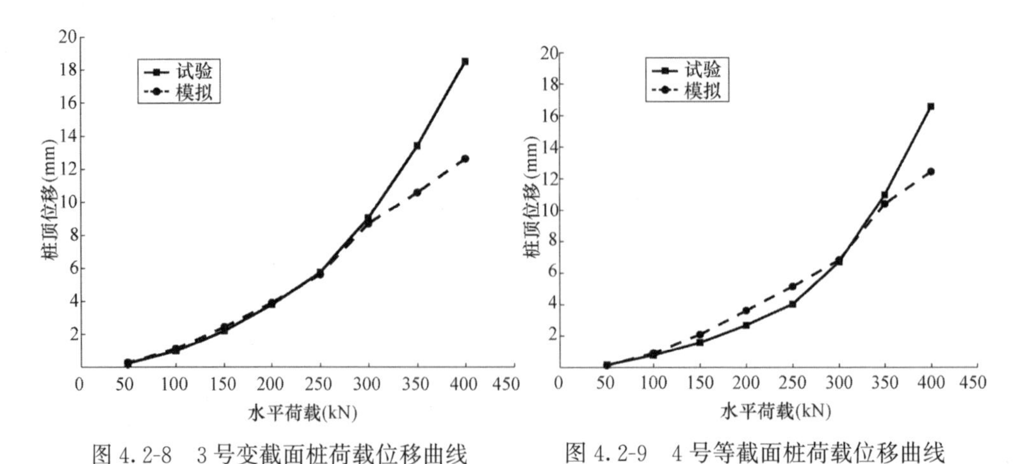

图 4.2-8　3 号变截面桩荷载位移曲线　　图 4.2-9　4 号等截面桩荷载位移曲线

由各试验桩顶荷载位移曲线与模拟桩顶荷载位移曲线对比图，试验桩顶荷载位移曲线与模拟桩顶荷载位移曲线变化规律皆为随荷载增大而增大的非线性变化。不同的是，对于 1 号和 3 号阶梯形变截面桩，当水平荷载小于 300kN 时，模拟桩顶位移与试验桩顶位移吻合。当水平力大于 300kN 时，试验桩顶位移增加明显，而模拟桩顶位移增加较缓，出现明显不同。水平力为 400kN，1 号、3 号试验桩顶位移与模拟桩顶位移差值达到最大，分别为 5.75mm、5.9mm。2 号和 4 号等截面桩，水平力小于 350kN 时，试验桩顶位移与模拟桩顶位移基本一致。当荷载达到 400kN 时出现明显位移差，2 号、4 号位移差分别为 1.6mm、4.14mm。

对于以上差异，根据现场试验结果推测：水平荷载大于桩的水平临界荷载而小于极限荷载时，桩周土已经开始出现塑性变化，随着荷载增大变化也愈来愈明显，而数值模拟过程中土体假设为理想弹塑性材料，对于这种变化较难实现。因此，模拟结果在后期荷载持续增大时出现差异，结果较试验值偏小。

综上，数值模拟结果与试验值虽然存在偏差，但其位移变化规律与试验结果吻合较好。根据模拟结果，桩顶截面一致时，在水平作用力下阶梯形变截面桩位移变化大于等截面桩，其承载力较等截面桩差，当水平力在临界荷载以内结果较为精确。

（2）弹性长桩

根据模拟结果将弹性长桩桩顶位移结果提取，绘制出桩顶荷载位移曲线，如图 4.2-10 所示。由图可知，阶梯形变截面桩和等截面桩的桩顶荷载位移曲线与刚性短桩都表现出非线性变化特征。比较发现，相同荷载级别下阶梯形变截面弹性长桩的桩顶位移始终小于等截面弹性长桩，当荷载达到 400kN 时位移差最大为 4.71mm，达到了变截面桩的 52.4%。可见变截面弹性长桩的水平承载力大于等截面弹性长桩的水平承载力，变截面可以明显提高桩的水平承载力。

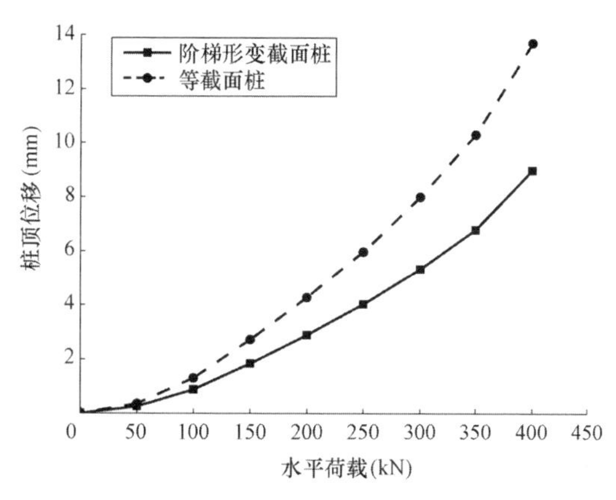

图 4.2-10 桩顶荷载位移曲线

为比较刚性桩和弹性桩横向荷载下的桩土位移变化规律，提取荷载分别为 300kN、400kN 时刚性短桩和弹性长桩的桩土剖面位移云图。由图 4.2-11～图 4.2-14 所示，土体位移基本上只在受挤压侧产生，离桩身越近土体挤压变形越大，其发展区域随深度的增加而逐渐减小，桩身入土深度较大时位移变化很小。

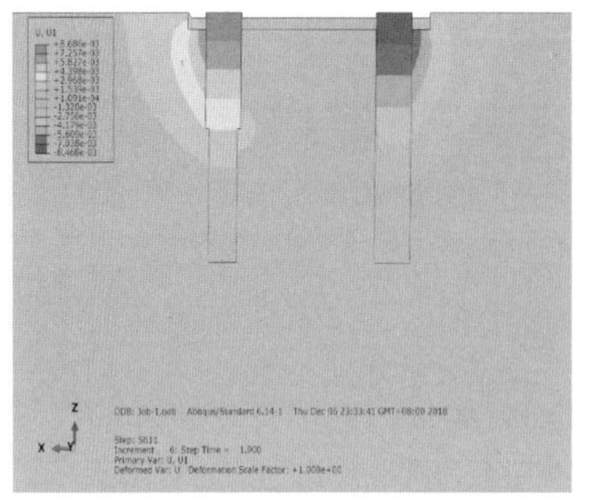

图 4.2-11　300kN 时刚性桩位移云图

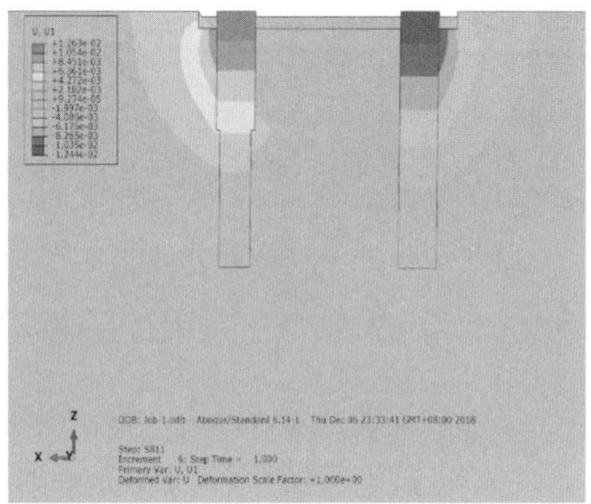

图 4.2-12　400kN 时刚性桩位移云图

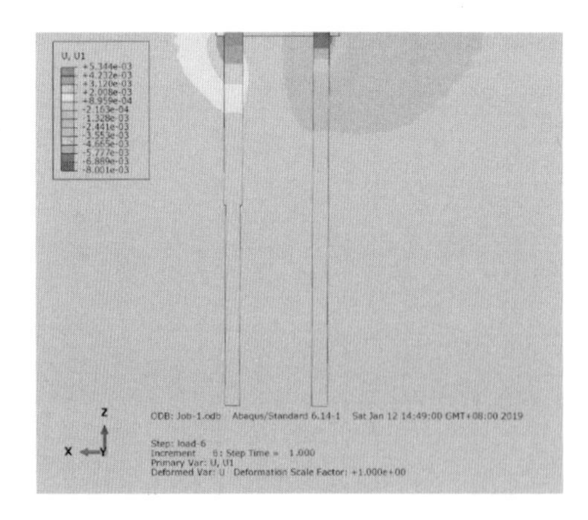

图 4.2-13　300kN 时弹性桩桩土位移云图

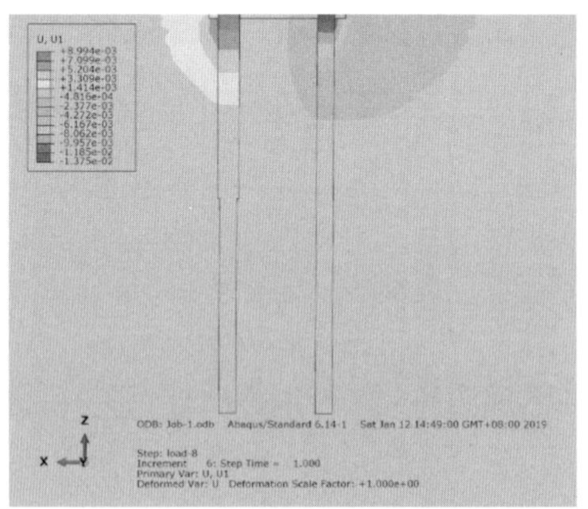

图 4.2-14　400kN 时弹性桩桩土位移云图

2. 桩身位移曲线

（1）刚性短桩

将桩身位移变化模拟结果整理并绘制各级荷载下的桩身位移变化曲线，见图 4.2-15～图 4.2-18。

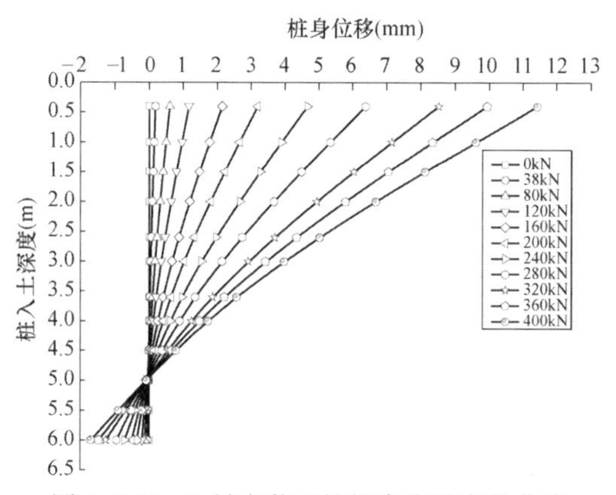

图 4.2-15　1 号变截面桩桩身位移变化曲线

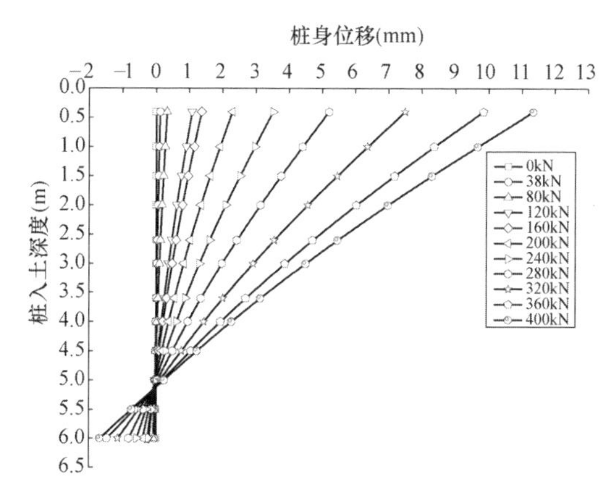

图 4.2-16　2 号等截面桩桩身位移变化曲线

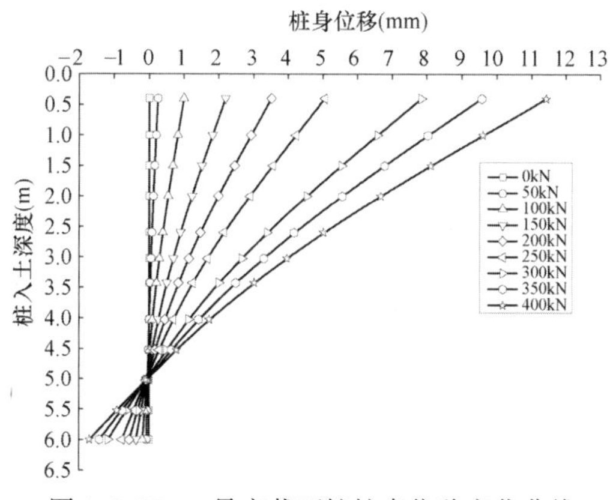

图 4.2-17　3 号变截面桩桩身位移变化曲线

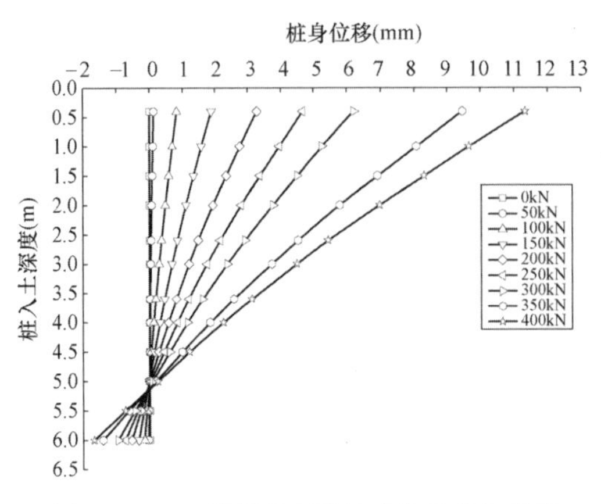

图 4.2-18　4 号等截面桩桩身位移变化曲线

由以上 4 幅桩身随荷载位移变化曲线图，可以明显看到模型桩表现出在土体中绕一点转动的变化规律。每级荷载下桩身位移沿桩身基本呈线性变化，桩身位移随着桩身入土深度增加而减小，并在荷载偏大时以桩身入土深度为 5.0m 处转动。这种刚性变化规律与现场试验结果符合。不同的是，现场试验表明 3 号阶梯形变截面桩转动点接近于桩底。这一现象可能与地层有关，模拟中假设各地层土质均匀，具有各向同性，实际上现场土层并非如此。当桩侧受挤压部分土层较弱，而与之相反一侧桩底土层较好时，会出现绕桩底转动甚至发生部分平动的现象。此外，对比相同荷载条件下的阶梯形变截面桩和等截面桩的桩身位移，可以看到等截面桩的各截面桩身位移值较变截面桩要小，这一结果也验证了现场试验结果的正确性。

由于现场试验只有 3 号、4 号两桩装有测斜管，这里取临界荷载内荷载分别为 100kN、200kN、250kN 时的 3 号与 4 号桩实测值与模拟值进行对比，对比曲线见图 4.2-19 和图 4.2-20。根据以上两桩身实测位移变化与模拟位移变化曲线，实测值与模拟值吻合较好。

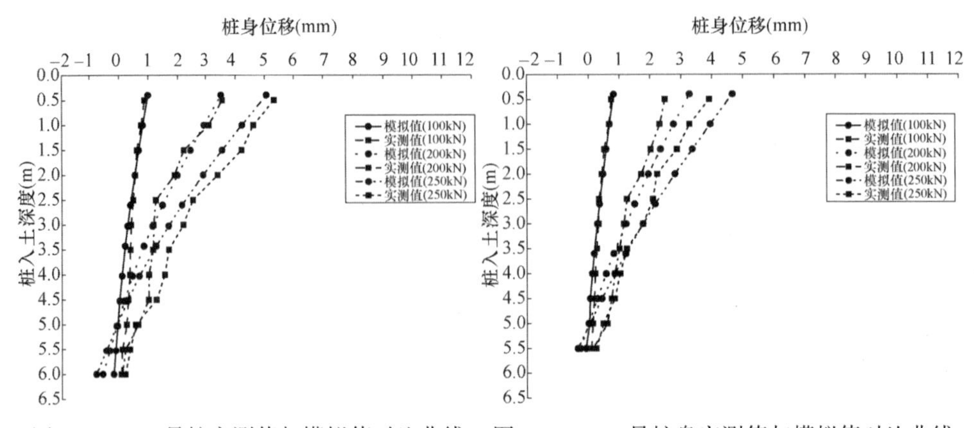

图 4.2-19　3 号桩实测值与模拟值对比曲线　图 4.2-20　4 号桩身实测值与模拟值对比曲线

分别提取荷载为100kN、200kN时，阶梯形变截面刚性短桩和等截面刚性短桩的水平荷载下位移云图（图4.2-21～图4.2-24）。根据云图数据变化可发现：阶梯形变截面刚性桩和等截面刚性短桩自桩顶往下数据变化比较均匀，且在入土深度5.0m处位移方向发生变化，即绕桩身入土深度为5.0m处发生刚性转动。

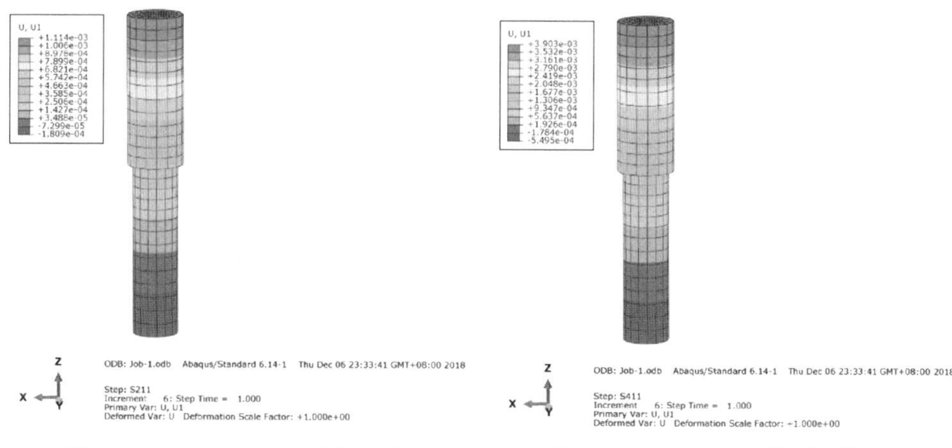

图4.2-21 100kN变截面刚性短桩桩身位移云图

图4.2-22 200kN变截面刚性短桩桩身位移云图

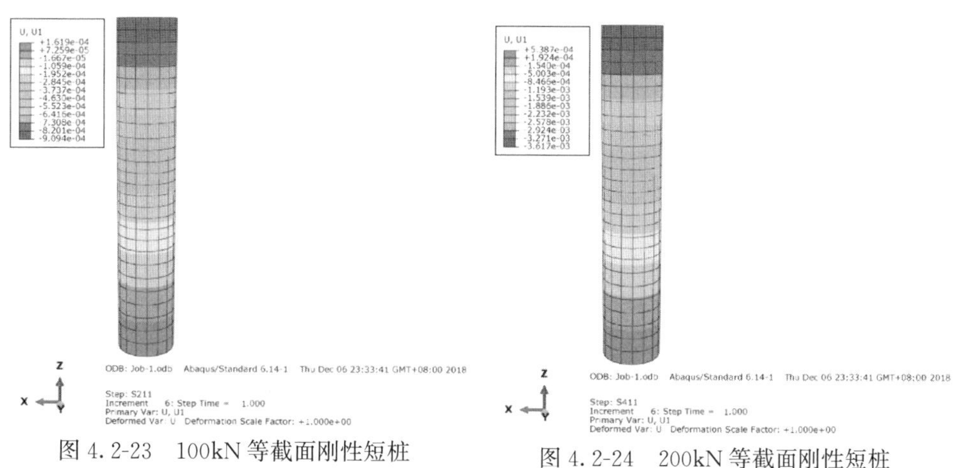

图4.2-23 100kN等截面刚性短桩桩身位移云图

图4.2-24 200kN等截面刚性短桩桩身位移云图

（2）弹性长桩

将弹性长桩桩身位移模拟结果提取并绘制成曲线图（图4.2-25～图4.2-27）。

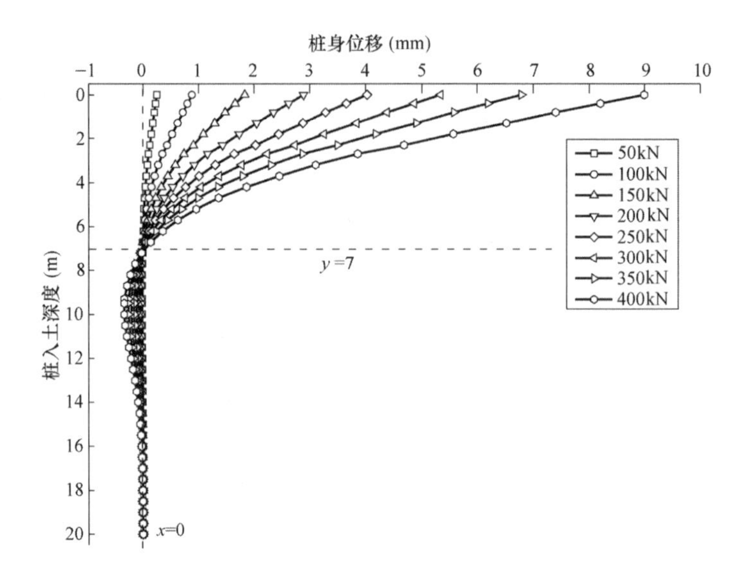

图 4.2-25 变截面弹性长桩桩身位移模拟结果曲线图

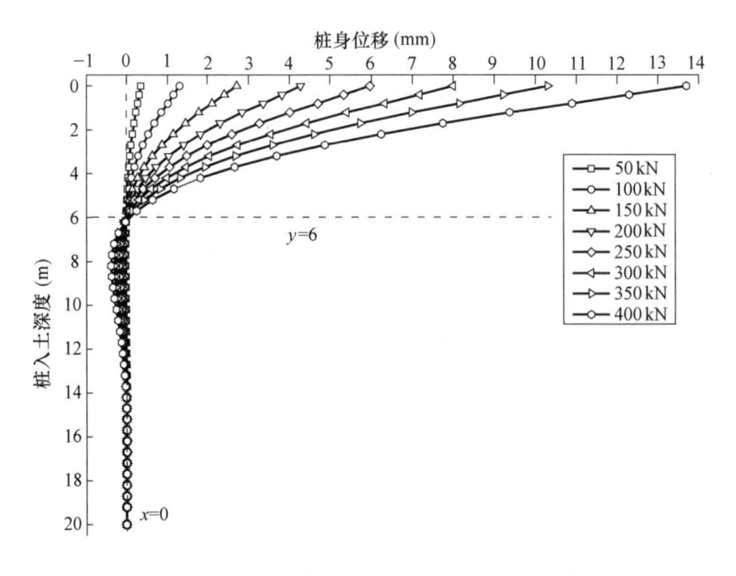

图 4.2-26 等截面弹性长桩桩身位移模拟结果曲线图

由阶梯形变截面弹性长桩和等截面弹性长桩桩身位模拟结果曲线图可以看

到，桩身位移沿桩身入土深度表现出与刚性短桩截然不同的非线性变化。在水平荷载作用下，桩身位移自桩顶沿桩身逐渐减小，并在某一深度减小为 0 并开始反向增大，达到峰值后随深度的增加再较小趋于 0。不同的是对于变截面弹性桩其位移方向变化点约在桩入土深度 7m，而等截面桩约在 6m。在相同荷载级别下，阶梯形变截面弹性长桩的位移较等截面弹性长桩要小，这一变化反映了扩径后的阶梯形变截面弹性长桩的承载力得到了提高。

对于黏土地层中桩顶自由时，刚性短桩桩身位移曲线的线性变化与其桩身性质有关。根据极限地基反力法的 Broom 法，对于黏土地层中刚性短桩桩顶作用水平力时，地表附近土层受挤压破坏地基反力减小。忽略地表以下 1.5 倍桩身宽度内土层作用，其水平地基反力为一常数。受水平荷载时，桩身将绕一点进行刚性转动，在这一转动点上下的水平地基反力大小相等方向相反。而弹性长桩受水平力时的水平地基反力分布与之不同是一随深度变化并与土层性质相关的变量，因此其桩身位移变化规律不一致。

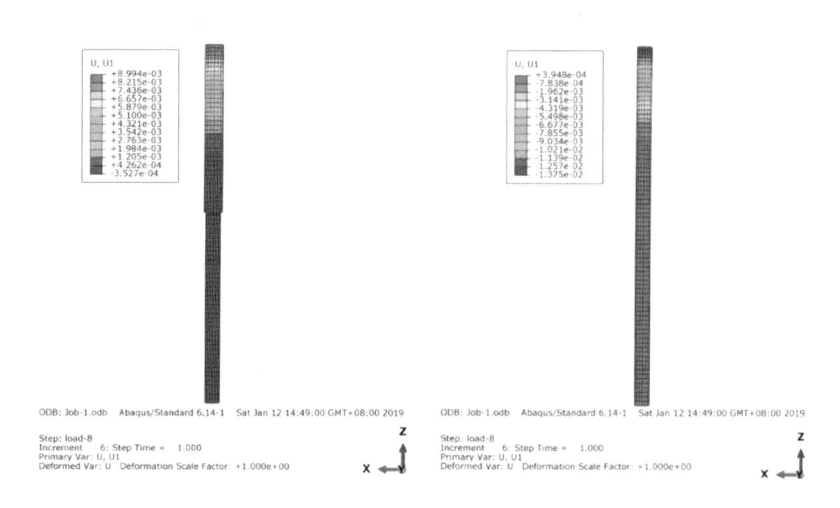

图 4.2-27　400kN 时桩身位移云图

3. 桩身内力分布

（1）刚性短桩

由于桩体采用实体单元模拟，其轴力和弯矩结果无法直观看到，这里通过 ABAQUS 的 * section print 命令实现。将计算输出的 dat 文件中的结果提取，并绘制曲线（图 4.2-28～图 4.2-31）。

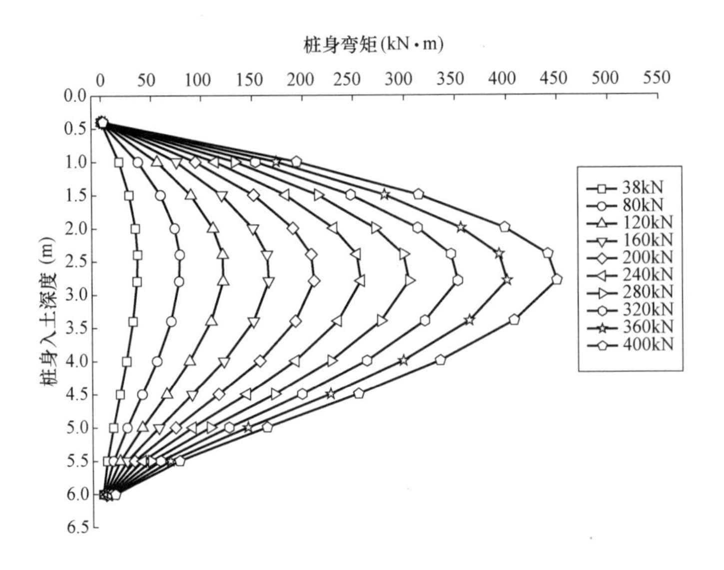

图 4.2-28 1号变截面桩弯矩分布图

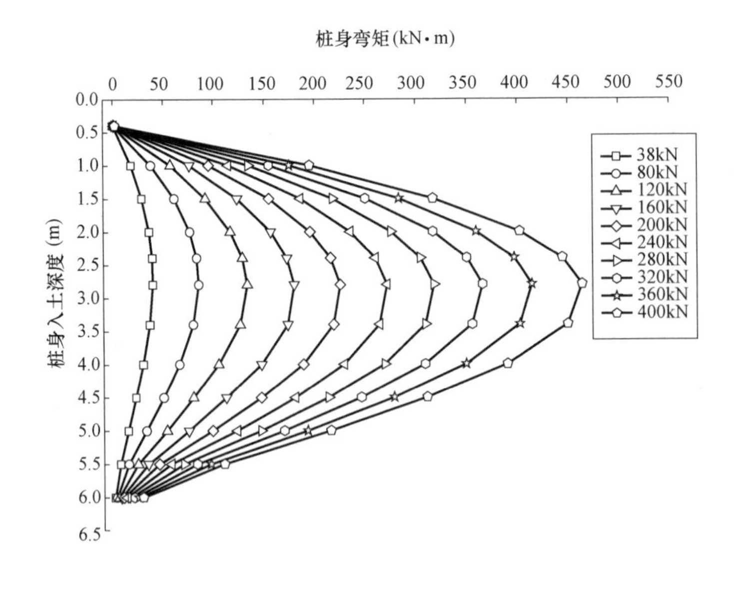

图 4.2-29 2号等截面桩弯矩分布图

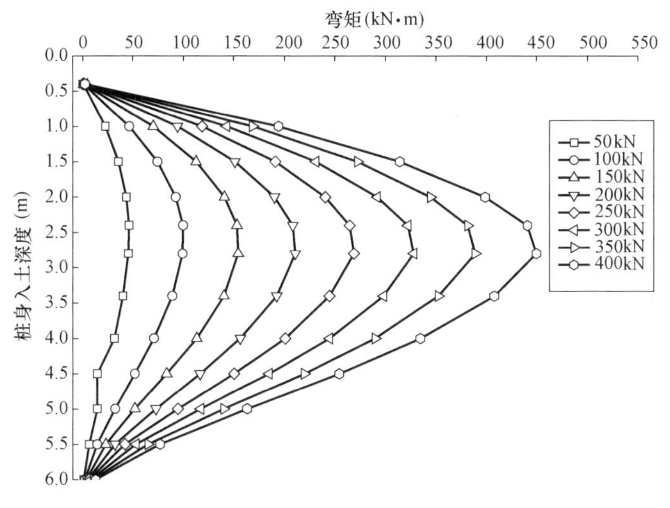

图 4.2-30 3 号变截面桩弯矩分布图

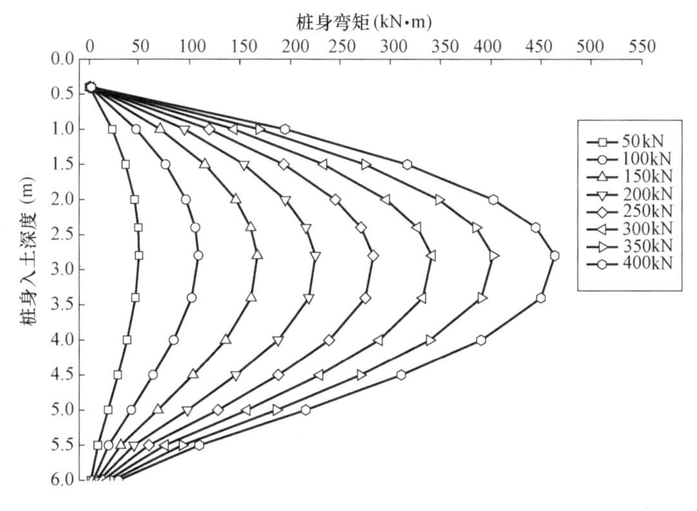

图 4.2-31 4 号等截面桩弯矩分布图

由 4 幅弯矩沿桩身分布曲线图可以看到：阶梯形变截面桩的弯矩表现为沿桩身入土深度先增大后减小的变化趋势，并在接近变截面位置处出现弯矩峰值，随着荷载的增加相同截面位置弯矩也随之增大。对于等截面桩，其弯矩沿桩身变化亦是先增大达到峰值再逐渐减小趋于 0。

为对比阶梯形变截面桩与等截面桩弯矩分布的差异，绘制出他们的弯矩对比曲线如图 4.2-32 和图 4.2-33 所示。

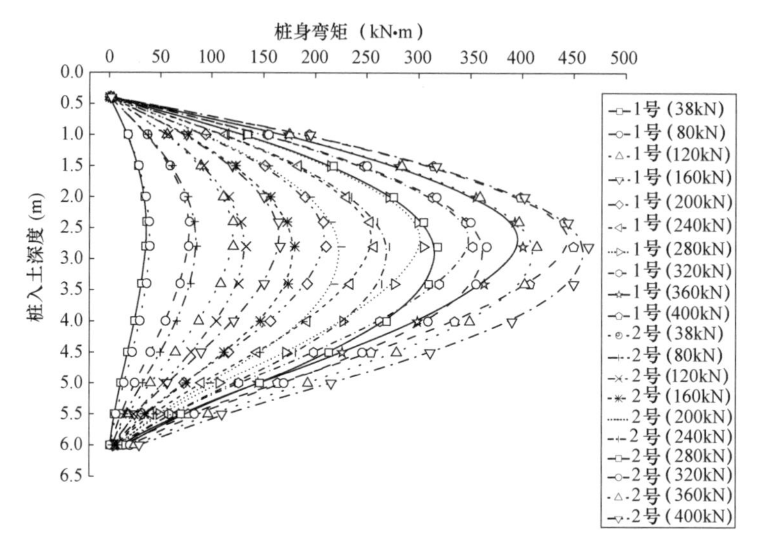

图 4.2-32 1 号、2 号桩弯矩图

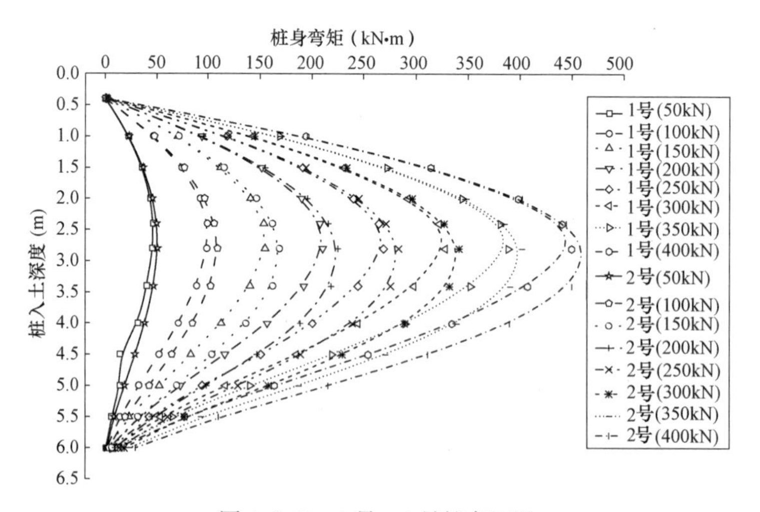

图 4.2-33 3 号、4 号桩弯矩图

根据弯矩对比曲线，水平荷载相同时等截面桩身各截面弯矩皆大于阶梯形变截面桩。阶梯形变截面桩与等截面桩弯矩差值也呈现出先增大后减小的变化趋势，并在桩入土深度约 3.5m 时达到最大。此外，对比发现阶梯形变截面桩在变截面以下，弯矩减小速率明显大于等截面桩。这一结果与现场试验结果规律一

致，有所区别的是现场试验结果变截面以下弯矩较小更为剧烈。

（2）弹性长桩

将阶梯形变截面弹性长桩和等截面弹性长桩的输出弯矩提取并整理，绘制出弯矩分布曲线。由图 4.2-34～图 4.2-36 可以看到，阶梯形变截面弹性长桩和等截面弹性长桩在水平荷载下曲线变化规律皆呈现出自受力处逐渐增大到一峰值再逐渐减小，并在某一深度出现反弯点后继续增大然后减小在桩底趋于 0 的变化特性。不同的是对于阶梯形变截面弹性长桩，它的反弯点约在桩身入土深度为 11.75m 处，而等截面弹性桩的反弯点约在 10.25m 处。此外，根据两根弹性长桩的弯矩分布曲线对比图可以看到：阶梯形变截面桩较等截面长桩弯矩峰值更大，且出现峰值深度亦大于等截面弹性长桩。相同荷载条件下，在反弯点以上阶梯形变截面弹性长桩的弯矩始终大于等截面长桩。分析造成此种现象的原因可能是：与桩截面性质及地基反力分布有关。

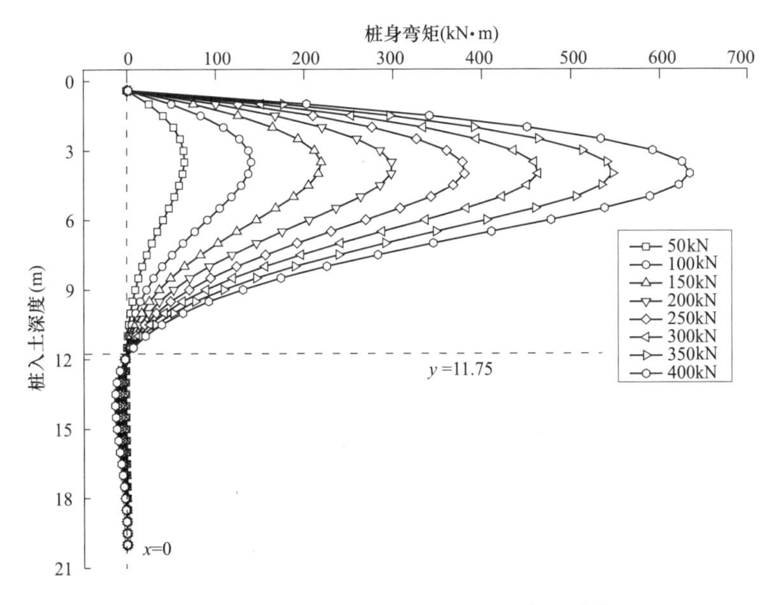

图 4.2-34　阶梯形变截面弹性长桩弯矩分布

对比弹性长桩及刚性短桩的弯矩分布曲线可以看到：对于刚性短桩，其桩身弯矩并未出现反弯点，且阶梯形变截面弹性长桩的弯矩要大于变截面刚性短桩。分析对于刚性短桩和弹性长桩来说，在水平作用力下即使处于相同的地层中，由于其桩身性质的差异，它们的地基反力分布也存在很大差异。因此，它们的弯矩分布也存在较大差异。无论是刚性短桩，还是弹性长桩，阶梯形变截面桩和等截面桩在相同荷载、加载方式和地层中，其弯矩分布也是有所区别的，故桩身参数对其水平荷载下的弯矩分布也会产生影响。

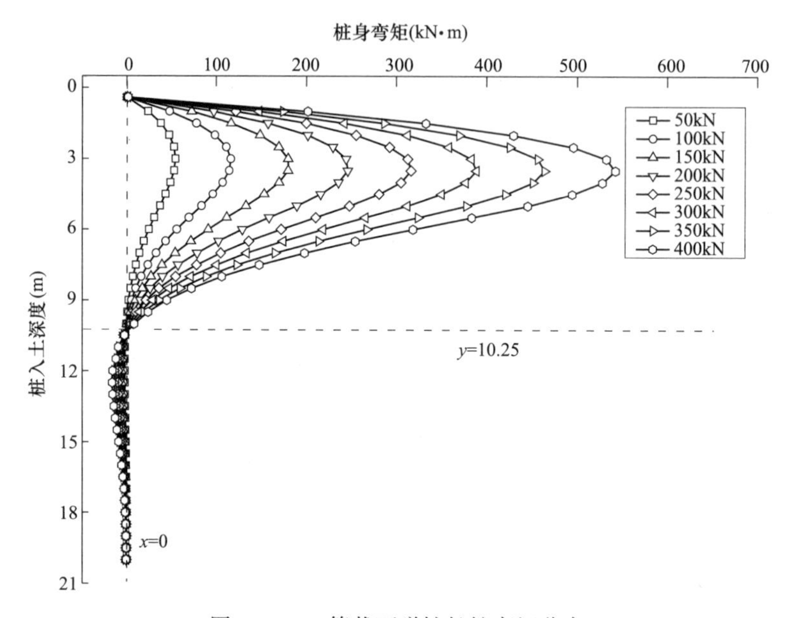

图 4.2-35　等截面弹性长桩弯矩分布

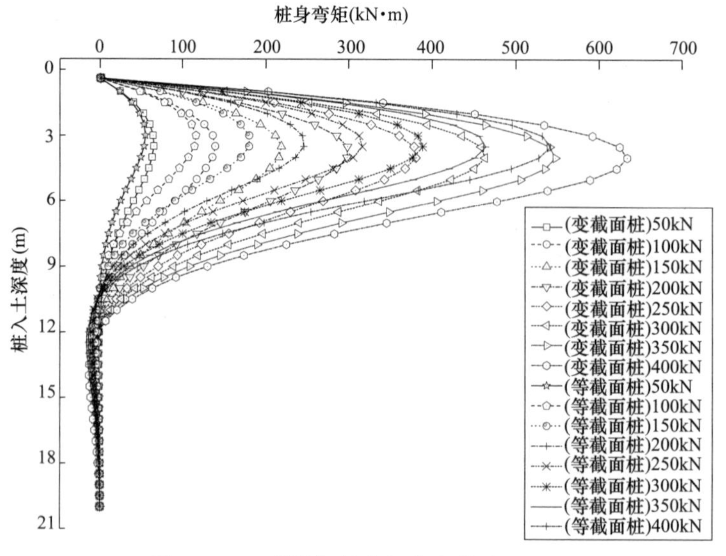

图 4.2-36　弹性长桩弯矩分布曲线对比图

4.3 本章小结

以现场试验为背景，建立基于现场水平推力试验的1：1模型桩，对阶梯形变截面刚性短桩、等截面刚性短桩、阶梯形变截面弹性长桩和等截面弹性长桩在水平推力下的桩身变形及其弯矩分布规律进行对比分析，并对现场试验结果验证，主要得到以下结论：

（1）阶梯形变截面桩与等截面桩的桩顶荷载位移曲线皆呈现出典型的非线性变化特征，对比阶梯形变截面弹性长桩和等截面弹性长桩的桩顶荷载位移曲线，对等截面扩径可以显著提高其水平承载力。由数值模拟结果和实测值对比，当施加荷载小于临界荷载时数值模拟结果较为准确。

（2）在水平荷载作用下，黏土地层中阶梯形变截面弹性长桩和阶梯形变截面刚性短桩的桩身位移变化规律明显不同。阶梯形变截面刚性短桩的桩身位移曲线几乎为线性变化，而阶梯形变截面弹性长桩表现非线性变化特性。

（3）同为刚性短桩或弹性长桩时，阶梯形变截面桩弯矩沿桩身分布曲线与等截面桩弯矩分布曲线变化趋势基本一致。无论是刚性短桩还是弹性长桩，阶梯形变截面桩和等截面在相同荷载、加载方式和地层中其弯矩分布也是有所区别的，桩身参数对其水平荷载下的弯矩分布也会产生影响。

（4）阶梯形变截面桩在水平荷载作用下的桩身内力变化与桩身性质和水平地基反力相关。

（5）运用数值模拟手段对各试桩桩顶荷载位移曲线、桩身位移、弯矩沿桩身分布曲线进行分析，从变化规律来看，模拟结果与试验结果一致。由试验结果及模拟结果来看，采用ABAQUS研究桩体在水平推力作用下的变形性状及承载机理是可行的。

5　阶梯形变截面桩设计计算方法

广东省九江长江大桥独塔斜拉桥的主墩基础，第一次创新地采用了阶梯形变截面钻孔灌注桩。不仅节省了混凝土用量，同时受力比较合理，因为现有设计计算规范一般采用“m”法，此时土的弹性抗力系数是随入土深度呈线性变化的，桩上段的内力与位移均比下段的大，故此在满足竖向承载力的情况下，将桩设计成上大下小的阶梯形变截面桩是合理的。变形与内力分析尚没有形成统一算法。

故此，本章在模型试验和数值分析的基础上，拟从理论方面对变截面单桩竖向承载力和变形性状分析方法展开研究；同时基于结构力学理论，在既有弹性桩基础上对变截面单桩承受横向静载荷作用下的分析方法进行总结分析；根据刚度等效和作用宽度等效原则推导了变截面群桩计算方法，并进一步对变截面单桩承载力与变形性状进行了深入的分析。

5.1　阶梯形变截面桩竖向承载性状分析方法

5.1.1　基于变形协调原则竖向承载特性分析方法

(1) 桩体受力状态划分

假设桩体、桩周土体均为弹性，桩端支承力在桩侧摩阻力充分发挥后作用。

当桩顶荷载 P_0 较小时，桩尖沉降为 Δh，此时上段桩体桩周土壤剪力呈梯形分布，如图 5.1-1 (a) 所示。荷载逐渐增大，桩顶周围土体达到极限侧摩阻力，如图 5.1-2 (b) 所示，此时称桩土体系的内力和变形达到第一临界状态。

随着荷载增大，上段桩体的桩土表层产生相对滑移，使上段桩体桩周表层以下土体继续发挥侧摩阻力，如图 5.1-1 (c) 所示。至上段桩体桩周土体侧摩阻力全部发挥至极限，此时达到第二临界状态，如图 5.1-1 (d) 所示。

荷载继续增大，变截面处端承力开始发挥作用，如图 5.1-1 (e) 所示。随后下段桩体桩周土体进一步发挥侧摩阻力，如图 5.1-1（f）所示。随着下段桩体桩土间相对滑移增大，变截面处端承力逐渐增大且桩周侧摩阻力达到极限值，此时达到第三临界状态，如图 5.1-1（g）所示。

荷载进一步增大，变截面以下土体逐渐达到极限侧摩阻力，如图 5.1-1（h）所示。荷载继续增加，下段桩体桩周土体全部达到极限侧摩阻力，桩尖端承载力开始发挥，达到第四临界状态，如图 5.1-1（i）所示，此时桩体达到极限承载力。

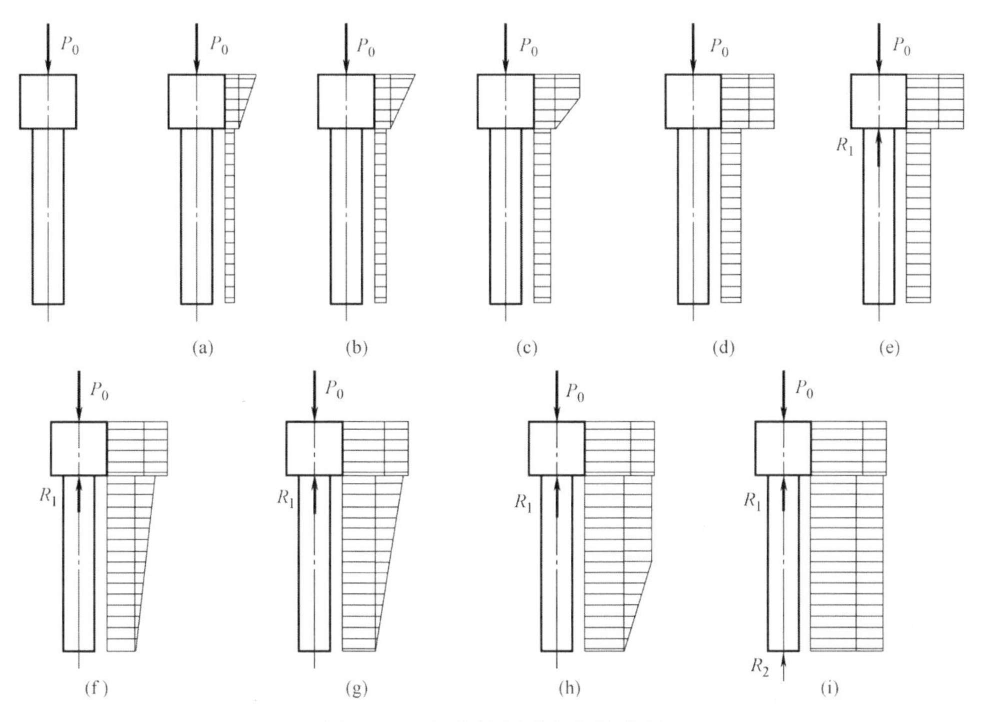

图 5.1-1　竖向桩侧受力变化情况

（2）计算公式推导

根据以上受力分析，考虑一定安全储备，选取第三临界状态为计算桩体容许承载力的受力状态。

如图 5.1-2 所示，桩身所受轴压力，在桩顶处为 P_0，在上段桩身任意深度 y 处轴力 P_{y1} 为：

$$P_{y1}=P_0-T_{y1}=P_0-\int_0^y U_1(\tau_{h1}+\tau_1)\mathrm{d}y=P_0-U_1 y(\tau_{h1}+\tau_1) \quad (5.1\text{-}1)$$

式中：τ_1、τ_{h1} 分别为上段桩体压缩和桩尖沉降引起的上段桩体桩周土壤剪应力。由于 $T_1=U_1\tau_1 l_1$、$T_{h1}=U_1\tau_{h1}l_1$ 因而上段桩身压缩变形 Δ_1 为：

$$\Delta_1=\int_0^{l_1}\frac{P_{y1}}{E_1A_1}\mathrm{d}y=\frac{1}{E_1A_1}\left(P_0l_1-\frac{T_1l_1}{2}-\frac{T_{h1}l_1}{2}\right) \tag{5.1-2}$$

如图 5.1-3 所示，下段桩体桩顶荷载 P_1 为：

$$P_1=P_0-T_1-T_{h1}-R_1 \tag{5.1-3}$$

下段桩体任意深度 y 以上桩周承受的剪力 T_{y2} 为：

$$T_{y2}=\int_0^{y}U_2\left(\tau_{h2}+\frac{l_2-y}{l_2}\right)\mathrm{d}y=U_2\tau_{h2}y+U_2\tau_2\left(y-\frac{y^2}{2l_2}\right) \tag{5.1-4}$$

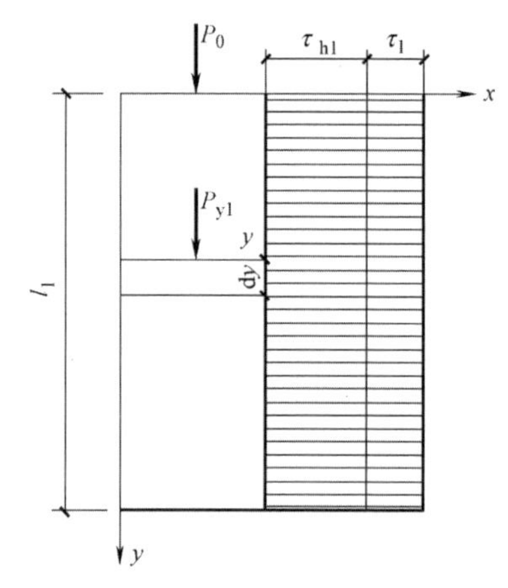

图 5.1-2 桩上段任意截面受力分析

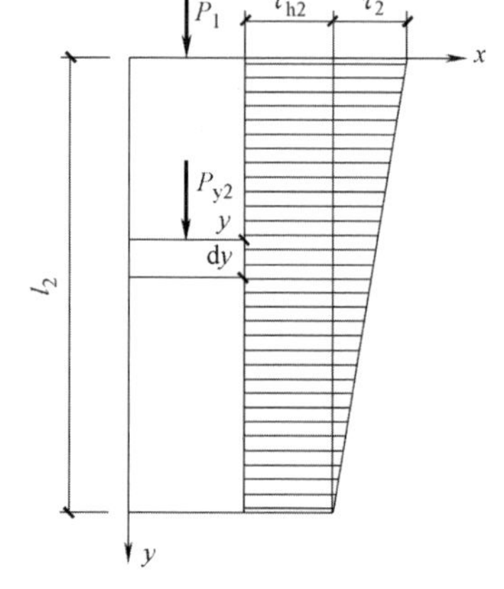

图 5.1-3 桩下段任意截面受力分析

式中：τ_2、τ_{h2} 分别为下段桩体压缩和桩尖沉降引起的下段桩体桩周土壤剪应力。由 $T_2=0.5U_2\tau_2l_2$、$T_{h2}=U_2\tau_{h2}l_2$，得下段桩身压缩变形 Δ_2 为：

$$\Delta_2=\int_0^{l_2}\frac{P_{y2}}{E_2A_2}\mathrm{d}y=\int_0^{l_2}\frac{P_1-T_{y2}}{E_2A_2}\mathrm{d}y=\frac{1}{E_2A_2}\left(P_0-T_1-T_{h1}-R_1-\frac{T_{h2}}{2}+\frac{T_2}{3}\right) \tag{5.1-5}$$

因为 $P_0=T_1+T_2+T_{h1}+T_{h2}+R_1+R_2$，所以

$$\Delta_2=\frac{l_2}{E_2A_2}\left(R_2+\frac{T_{h2}}{2}+\frac{T_2}{3}\right) \tag{5.1-6}$$

上、下段桩体桩周土壤极限剪切应力分别为：$[\tau]_1=\tau_1+\tau_{h1}$、$[\tau]_2=\tau_2+\tau_{h2}$，其中 $[\tau]_1$、$[\tau]_2$ 可采用实测数据或查规范（多层土时取加权平均值）。

假设桩体变截面以下桩身侧阻力以 θ 角扩散至桩尖，形成一个面积为 A_h 的圆面受力区，上部桩身轴压力在此圆面内均匀分布；θ 角为桩体范围内地基压力扩散角，建议长桩取 1°～5°，短桩参照《桥梁地基与基础》一书中相应规定取值。

$$A_{\mathrm{h}}=\frac{\pi}{4}(d_1+2l_2\tan\theta)^2 \tag{5.1-7}$$

$$\Delta_{\mathrm{h}}=\eta\frac{P_1}{C_{\mathrm{h}}A_{\mathrm{h}}} \tag{5.1-8}$$

式中：C_{h} 为桩底土的地基系数，可参见《公路桥梁钻孔桩》书中规定选取。η 为大于 1 的增大系数，一般取 1.1～1.3。

假设变截面处竖向土抗力符合文克尔假定，并假定地基系数 C 随深度呈线性增长，即 $C=mz$（m 的取值参见《公桥基规》）。则由文克尔假定 $\sigma_{zx}=Cx_z$，可得变截面处端承力 R_1 为：

$$R_1=\sigma_1A_{环}=\frac{\pi}{4}(d_1^2-d_2^2)=\frac{\pi}{4}(d_1^2-d_2^2)ml_1(\Delta_{\mathrm{h}}+\Delta_2) \tag{5.1-9}$$

桩尖处圆面受力区内的应力 σ_2 为：$\sigma_2=\eta\dfrac{P_1}{A_{\mathrm{h}}}$ (5.1-10)

桩尖处端承力 R_2 为：$R_2=\sigma_2A_2=\eta\dfrac{A_2}{A_{\mathrm{h}}}P_1$ (5.1-11)

由（5.1-11）式得及 $P_1=P_0-T_1-T_{\mathrm{h1}}-R_1$

得：

$$R_1=P_0-T_1-T_{\mathrm{h1}}-P_1=P_0-T_1-T_{\mathrm{h1}}-\frac{A_{\mathrm{h}}R_2}{\eta A_2} \tag{5.1-12}$$

$$R_1=P_0-T_1-T_{\mathrm{h1}}-T_2-T_{\mathrm{h2}}-R_2 \tag{5.1-13}$$

联立 5.1-12、5.1-13 得：

$$R_2=\frac{T_2+T_{\mathrm{h2}}}{\dfrac{A_{\mathrm{h}}}{\eta A_2}-1} \tag{5.1-14}$$

令

$$a=\frac{1}{\dfrac{A_{\mathrm{h}}}{\eta A_2}-1} \tag{5.1-15}$$

故

$$R_2=a(T_2-T_{\mathrm{h2}}) \tag{5.1-16}$$

$$R_1=P_0-T_1-T_{\mathrm{h1}}-(1+a)(T_2+T_{\mathrm{h2}}) \tag{5.1-17}$$

桩周土体为弹性体，其剪切变形公式可写为：$\Delta=\dfrac{\bar{\tau}}{G}l$，其中 $\bar{\tau}$ 为弹性体表面所受的平均剪应力，l 为弹性体垂直于剪应力方向的长度，G 为弹性材料的剪切变形模量。

上、下段桩身由沉降引起的位移 Δ_{h1} 和 Δ_{h2} 分别为：$\Delta_{\mathrm{h1}}=\dfrac{\tau_{\mathrm{h1}}}{G}l_1$、$\Delta_{\mathrm{h2}}=\dfrac{\tau_{\mathrm{h2}}}{G}$

l_2。由 $\Delta_h=\Delta_{h1}=\Delta_{h2}$，可得 τ_{h1} 与 τ_{h2} 成比例，即：

$$\frac{\tau_{h1}}{\tau_{h2}}=\frac{l_2}{l_1} \tag{5.1-18}$$

$$\frac{\tau_{h2}}{\tau_2/2}=\frac{\Delta_{h2}}{\Delta_2}=\frac{\eta\dfrac{P_1}{C_{h1}A_h}}{\dfrac{l_2}{E_2A_2}\left(R_2+\dfrac{T_{h2}}{2}+\dfrac{T_2}{2}\right)} \tag{5.1-19}$$

令
$$\beta_2=\frac{\eta E_2A_2}{2l_2C_hA_h} \tag{5.1-20}$$

得：
$$\frac{\tau_{h2}}{\tau_2}=\beta_2\frac{P_1}{R_2+\dfrac{T_{h2}}{2}+\dfrac{T_2}{3}} \tag{5.1-21}$$

解上式得：
$$\tau_{h2}=m\tau_2 \tag{5.1-22}$$

式中：

$$m=\frac{-\left[\dfrac{1}{2}a+\dfrac{1}{6}-\beta_2(1+a)\right]+\sqrt{\left[\dfrac{1}{2}a+\dfrac{1}{6}-\beta_2(1+a)^2\right]+(2a+1)(1+a)\beta_2}}{2a+1}$$

所以：
$$P_0=K_1(T_1+T_{h1})+K_2(T_2+T_{h2})+\mu_1R_1+\mu_2R_2 \tag{5.1-23}$$

式中：K_1、K_2 为桩侧摩阻力修正系数，根据桩周压浆效果取值，一般取 1.0～1.35；μ_1、μ_2 为桩底反力修正系数，可根据对比实验数据及上部结构容许沉降值确定，一般取 1.0～1.2。

最后可得桩顶沉降：
$$\Delta=\Delta_h+\Delta_1+\Delta_2 \tag{5.1-24}$$

5.1.2 基于弹性变形原则竖向变形特性分析方法

(1) P-S 曲线方程推导

常规桩的 P-S 曲线一般由三部分组成，本文参考常规桩的荷载-沉降曲线，假设变截面桩的荷载沉降曲线也分三段，并探讨变截面情况下的第一段，也即假设桩顶荷载和沉降量都不大的情况下，同时将桩看作均质的弹性杆件，桩周土对桩的约束简化为沿着整个桩的深度分布的线性弹簧，忽略变截面挤土效应，等效刚度系数为 k_1，变截面处和桩端等效刚度系数分别为 k_2、k_3，变径比参数为 b ($0<b\leqslant1$)，桩变截面上端面积为 A，则下端为 $b\times A$，变径位置参数为 a，在桩长一定的情况下，变截面上段桩长为 l，则变截面下段桩长为 $a\times l$。桩的弹性模

型用 E 表示，桩身任意截面位置位移用 u 表示，其计算简图见图 5.1-4。

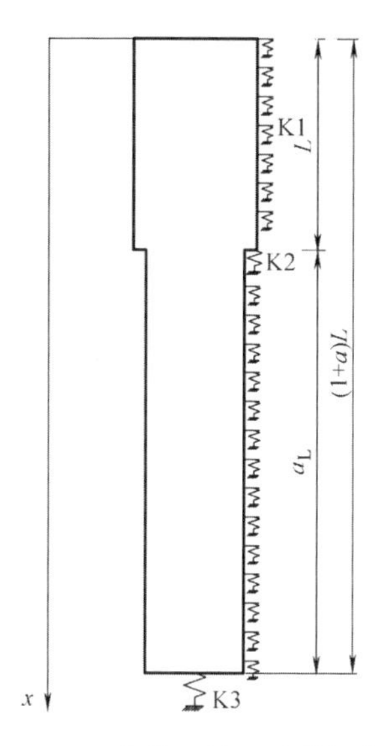

图 5.1-4 变截面桩理论分析简图

当桩顶承受竖直静荷载作用时，任意截面的位移满足如下的分段微分方程和边界条件：

$$EA\frac{\mathrm{d}^2u}{\mathrm{d}x^2}-k_1u=0,\ 0\leqslant x\leqslant l$$

$$Eba\frac{\mathrm{d}^2u}{\mathrm{d}x^2}-k_1u=0,\ l\leqslant x\leqslant(1+a)l$$

(5.1-25)

式中：E、A 分别为桩的弹性模量和变截面以上桩的横截面积；

k_1——桩周单位深度土的等效刚度系数，且假定变截面上下一致（kPa）。

假定桩顶位移为 S，根据变截面处桩的位移协调条件和桩顶、桩端边界条件，可以得出式(5.1-25) 满足的边界方程为：

$$u_1(0)=S$$

$$u_1(l)=u_2(l)$$

$$EA\frac{\mathrm{d}u_1}{\mathrm{d}x}\Big|_{x=l}=-EbA\frac{\mathrm{d}u_2}{\mathrm{d}x}\Big|_{x=l}-k_2u_1\Big|_{x=l}$$

$$EbA\frac{\mathrm{d}u_2}{\mathrm{d}x}\Big|_{x=(1+a)l}=-k_3u_2\Big|_{x=(1+a)l}\qquad(5.1\text{-}26)$$

用拉普拉斯变换，结合边界条件，式（5.1-26），可以求得方程（5.1-25）的通解形式为：

$$u_1(x)=Schm_1x-\alpha shm_1x,\ 0\leqslant x\leqslant l$$

$$u_2(x)=Schm_2x-\gamma shm_2x,\ l\leqslant x\leqslant(1+a)l\qquad(5.1\text{-}27)$$

式中：α、β、γ——待定系数；

k_2、k_3——分别为桩变截面处和桩端等效刚度系数（kN/m）。

$m_1=\sqrt{\dfrac{k_1}{EA}}$、$m_2=\sqrt{\dfrac{k_1}{EbA}}$——体现桩周土的等效刚度和桩身刚度的比值大小。由式（5.1-27）可得桩身轴力为：

$$N_1(x)=EAm_1(Sshm_1x-\alpha chm_1x),\ 0\leqslant x\leqslant l$$

$$N_2(x)=EAm_2(\beta shm_2x-\gamma chm_2x),\ l\leqslant x\leqslant(1+a)l\qquad(5.1\text{-}28)$$

在桩顶 $X=0$ 处，$N(0)=-EAm_1\alpha$，负号表示桩顶受压。由此可以得到变截面桩桩顶荷载 P 和桩顶位移 S 的关系式：

$$P=EAm_1S\frac{\xi_2(thm_1l+\xi_1)-1}{\xi_2(1+\xi_1hm_1l_1)-thm_1l} \tag{5.1-29}$$

$$\xi_1=\frac{k_2}{EAm_1}$$

式中
$$\xi_2=\frac{\sqrt{b}(\xi_3-thm_2l)}{1-\xi_3thm_2l},\ \xi_3=\frac{1+\xi_4thm_2(1+a)l}{thm_2(1+a)l+\xi_4}$$

$$\xi_4=\frac{k_3}{EbAm_2}$$

其中，无量纲量 ζ_1 和 ζ_4 分别表征变截面处和桩尖土相对刚度的特征量，称之为压缩比刚度。

(2) P-S 曲线影响因素分析

文献[9] 推导出圆截面桩力学模型中等效弹簧刚度系数 k_1 表达式：

$$K_1=\frac{2\pi(\lambda+2)}{3\lambda}G \tag{5.1-30}$$

式中 λ——桩发生位移时候带动四周土体的影响范围；

G——桩周土的剪切模量。

选用桩长 30m，桩顶直径 3.0m，桩身弹性模量 $E=3.2\times104$MPa，变截面比 b 分别取 0.5、0.6、0.7、0.8、0.9、1.0 等六种情况，$a=2$。

① 变径比对桩顶沉降量的影响

在小变形情况下，且考虑到大直径桩成桩工艺和桩端压浆工艺，笔者在探讨变径比参数对桩顶沉降量的影响的时候，参考相关文献，令 $K_1=42900$kPa，$K_2=246700$kN/m，$K_3=1.4K_2$，得出不同变径比参数 b 与桩顶沉降 S 关系曲线，见图 5.1-5。桩顶荷载比较小的情况下，在同级荷载作用下，b 值越小，沉降越小；且 b 值不同，桩顶沉降量随荷载增加的速率明显不同，b 值越小，沉降增加的速率小，b 值大，沉降增加的速率大。

考虑到极端的情况，即 $K_3=0$，即桩端承载力没有发挥时，不同桩侧土的等效刚度系数的情况下，变截面参数 b 对桩顶沉降的影响曲线见图 5.1-6，当 $K_3=0$，桩截面处土的等效刚度系数恒定情况下，有如下结论：

当单位深度桩周土的等效刚度系数 K_1 较大时，变截面参数 b 值对桩顶沉降的影响有限。在小变形范围内，K_1 取值较小的情况下，变截面参数 b 对桩顶沉降影响有限。在小变形范围内，K_1 取值较小的情况下，变截面参数 b 对桩顶沉降控制作用明显，随着变截面参数 b 的增加，沉降大致可以分成两个阶段，第一阶段沉降值增加平缓，第二阶段出现沉降值快速增加的趋势，说明 K_1 值较小的时候，变截面的作用明显，变截面参数 b 越小，沉降控制越好。

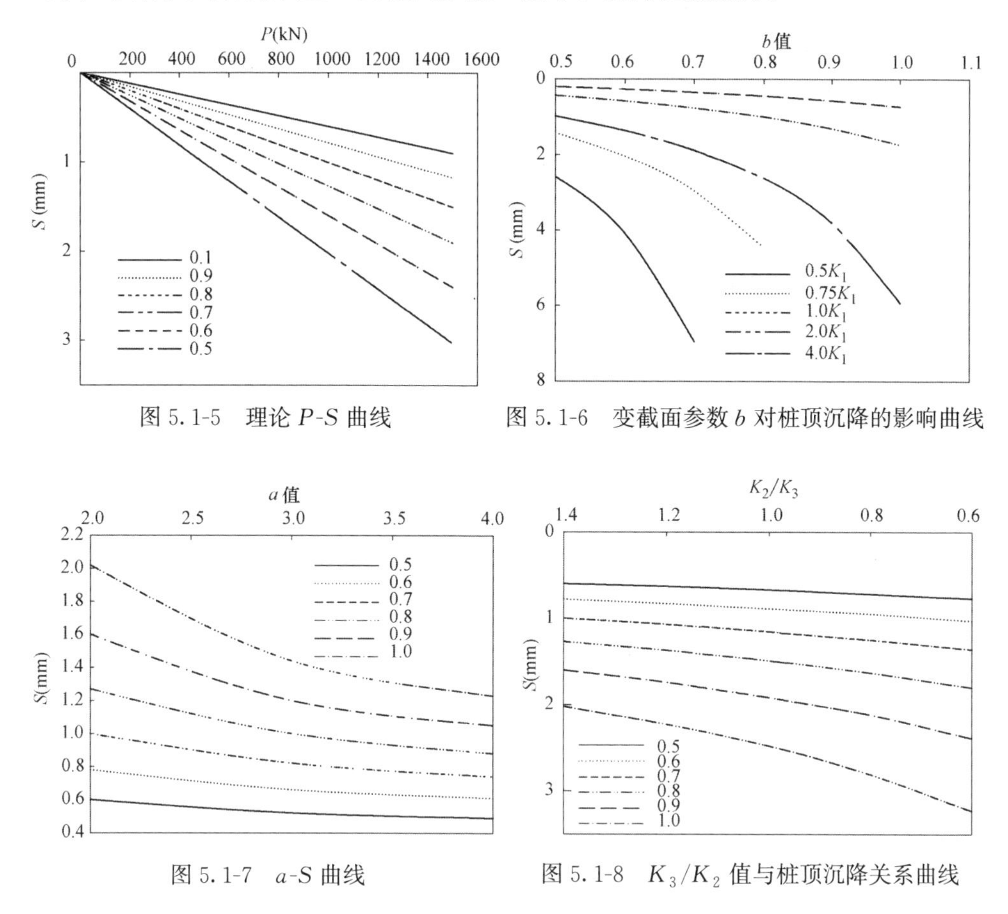

图 5.1-5 理论 P-S 曲线

图 5.1-6 变截面参数 b 对桩顶沉降的影响曲线

图 5.1-7 a-S 曲线

图 5.1-8 K_3/K_2 值与桩顶沉降关系曲线

② 变截面位置对桩顶沉降量的影响

讨论参数与（1）相同，由图 5.1-7 可以看出，a 值大于 3 的情况下，相同变截面参数情况下，改变变截面位置对桩顶沉降量的控制没有明显的作用。

③ $K_3 \neq 0$，且考虑不同 K_3/K_2 比值情况下，即桩端承力发挥时，变截面比 b 分别取 0.5、0.6、0.7、0.8、0.9、1 六种情况，$a=2$，桩顶荷载为 1000kN，$K_2=2.467\times105$kN/m 时，不同 b 值情况下，桩顶沉降量 S 和K_3/K_2 值的关系曲线图 5.1-8 如下：在 K_1、K_2、K_3 值都一定的情况下，在同一 K_3/K_2 情况下，不同 b 值对桩顶沉降的影响非常明显，b 越小，桩顶沉降也越小；在 b 值相

同的情况下，沉降随 K_3/K_2 值增加而减小，但是减小的速率存在差别：b 值越小，沉降减小速率小；b 值大，沉降减小的速率大。

5.2 阶梯形变截面桩横向承载性状分析方法

变截面桩分析仍旧建立在传统的横向受力桩基分析方法的基础上，以 m 法为例，根据材料力学，常规弹性桩主要是求解桩的四阶弹性微分方程：

$$EI\frac{\mathrm{d}^4x}{\mathrm{d}x^4}+myxb_0=0$$

其中边界条件

$$x|_{y=0}=x_0,\ \frac{\mathrm{d}x}{\mathrm{d}x}|_{y=0}=\varphi_0,\ \frac{\mathrm{d}^2x}{\mathrm{d}x^2}|_{y=0}=M_0,\ \frac{\mathrm{d}^3x}{\mathrm{d}x^3}|_{y=0}=Q_0 \qquad (5.2\text{-}1)$$

式中　m——地基系数，随土的种类而变的比例系数；

b_0——桩 c 侧土抗力的计算宽度；

x_0、ϕ_0、M_0、Q_0——桩顶的位移或者力初始条件。

按照微分方程的解析理论，式（5.2-1）解可以表示为一幂级数的形式。最后求得的桩身变形和内力计算公式可以表示为以下四式：

$$x=x_0A_1+\frac{\phi_0}{\alpha}B_1+\frac{M_0}{\alpha^2EI}C_1+\frac{Q_0}{\alpha^3EI}D_1$$

$$\phi=\alpha x_0A_2+\phi_0B_2+\frac{M_0}{\alpha EI}C_2+\frac{Q_0}{\alpha^2EI}D_1$$

$$M=\alpha EI(\alpha x_0A_3+\phi_0B_3)+M_0C_3+\frac{Q_0}{\alpha}D_3$$

$$Q=\alpha^2EI(\alpha x_0A_4+\phi_0B_4)+\alpha M_0C_4+Q_0D_4 \qquad (5.2\text{-}2)$$

在前述理论基础之上，分段变截面单桩桩顶承受侧向外力（侧向力和力矩）时，桩身变位（侧移和转角）、桩身内力（弯矩和剪力）和桩侧土应力分析公式推导如下。这里仍采用桩侧土的地基系数沿深度成直线增长的规律来考虑土对桩的土抗力。

假设有一根具有两段不同抗弯刚度（EI）组成的桩（图 5.2-1），在地面处分别承受单位横向力 $Q_0=1$（图 5.2-1，a、c）和单位力矩 $M_0=1$（图 5.2-2，b、d）的作用。现将桩身两端不同抗弯刚度的区段连接处切开，并在切开处加上未知力 X_1 和 X_2，由于考查的是横向受力情况，故此未标注切开面上未知轴力。

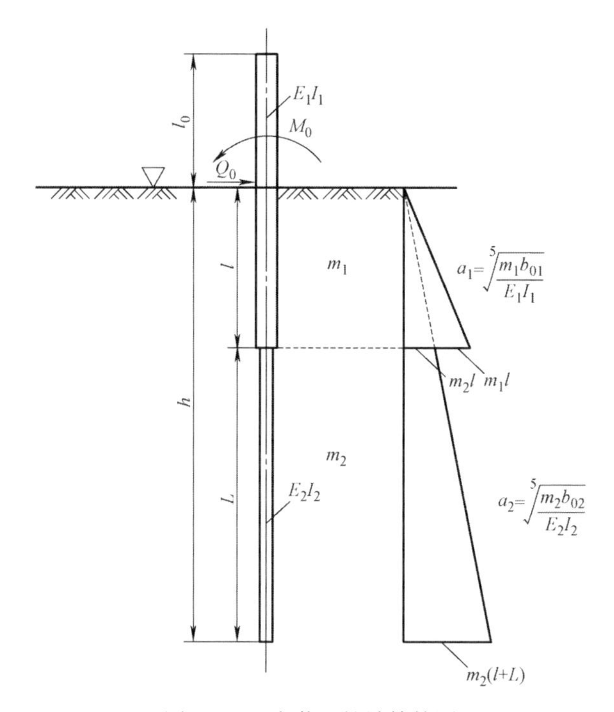

图 5.2-1 变截面桩计算简图

按结构力学原理组成力法正则方程：

当地面处承受单位横向力 $Q_0=1$ 作用时：

$$\begin{bmatrix}\delta_{11}\delta_{12}\\ \delta_{21}\delta_{22}\end{bmatrix}\begin{bmatrix}X_1\\ X_2\end{bmatrix}=\begin{bmatrix}-\Delta_{1\mathrm{Q}}\\ -\Delta_{2\mathrm{Q}}\end{bmatrix} \tag{5.2-3}$$

当地面处承受单位横向力 $M_0=1$ 作用时：

$$\begin{bmatrix}\delta_{11}\delta_{12}\\ \delta_{21}\delta_{22}\end{bmatrix}\begin{bmatrix}X'_1\\ X'_2\end{bmatrix}=\begin{bmatrix}-\Delta_{1\mathrm{M}}\\ -\Delta_{2\mathrm{M}}\end{bmatrix} \tag{5.2-4}$$

式中 X_1、X_2——当 $Q_0=1$ 作用时（图 5.2-3，a、c），在切开面上的剪力和力矩；

X'_1、X'_2——当 $M_0=1$ 作用时（图 5.2-3，b、d），在切开面上的剪力和力矩；

δ_{21}、δ_{22}——在切开面上分别当 $X_1=1$ 和 $X_2=1$ 作用时或分别为 $X'_1=1$

和 $X'_2=1$ 作用时所引起的切开面的转角（图 5.2-4，a、b、c、d）；

$$\delta_{11}=\delta'_{11}+\delta''_{11}$$

$$\delta_{22}=\delta'_{22}+\delta''_{22}$$

$$\delta_{12}=\delta_{21}=\delta'_{21}+\delta''_{21} \tag{5.2-5}$$

δ'_{11}、δ''_{11}、δ'_{22}、δ''_{22}、δ'_{21}、和 δ''_{21} 见图 5.2-4，a、b、c、d 所示位移。

Δ_{1Q}、Δ_{2Q}——当地面作用 $Q_0=1$ 时，在切开面上的横向位移和转角（图 5.2-4，e）；

Δ_{1M}、Δ_{2M}——当地面作用 $M_0=1$ 时，在切开面上的横向位移和转角（图 5.2-4，f）；

1）求 δ_{11}、$\delta_{12}=\delta_{21}$ 和 δ_{22}

（1）考虑桩的上段在剪力 $X_1=1$ 作用下（图 5.2-4，a、c）

在 $y=0$ 处（即地面处），$M_0=1$，$Q_0=1$。利用式（5.2-2）前两式，可写出桩上段的下端界面的横向位移 x_i 和转角 ϕ_i 的公式（当 $y=l$）：

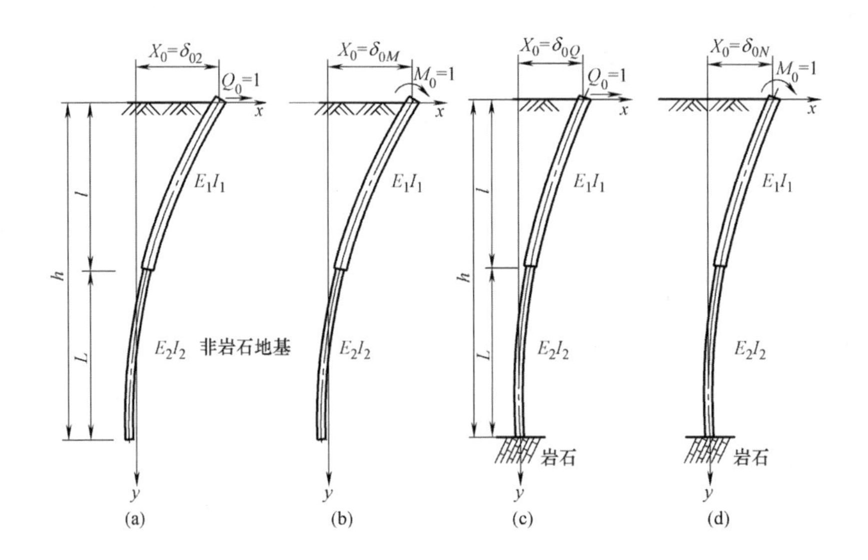

图 5.2-2 地面处承受单位横向力和单位力矩作用下地面处所产生的位移和转角

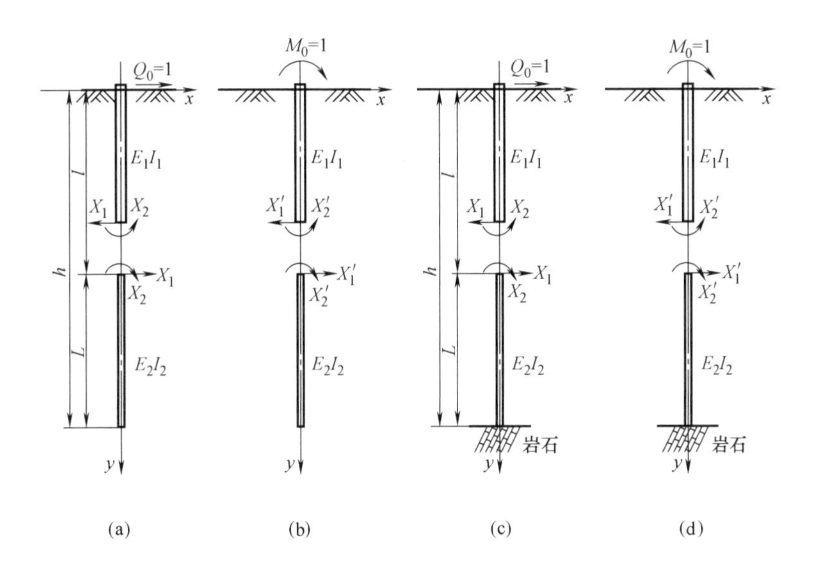

图 5.2-3 变截面处未知力示意

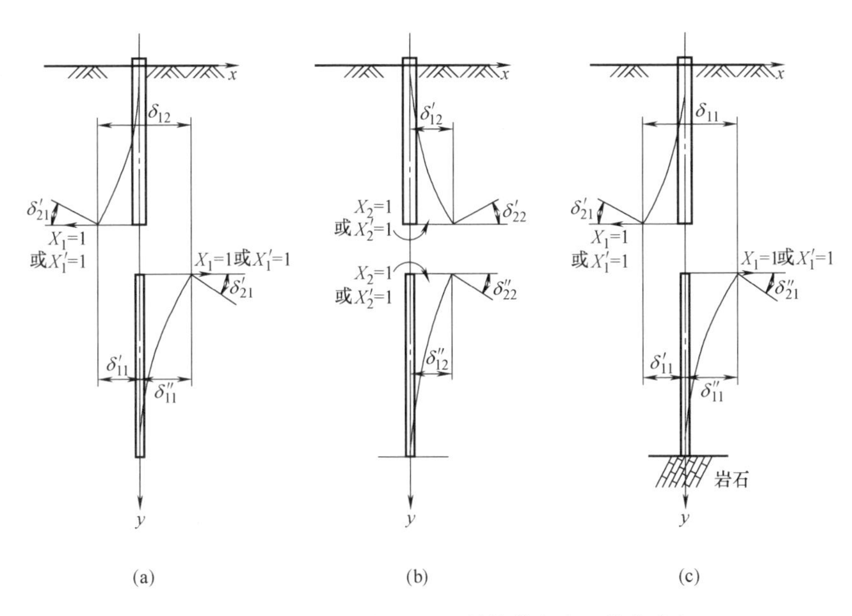

图 5.2-4 地面处和切开面处单位横向力和单位力矩作用下地面处所产生的位移和转角（一）

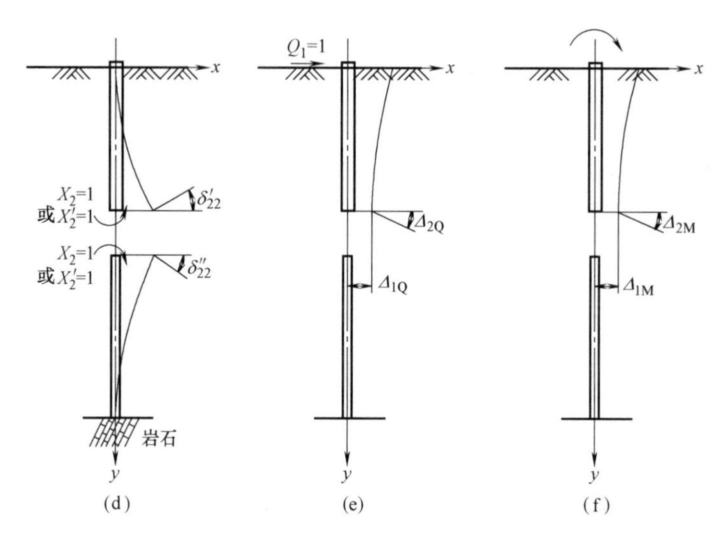

图 5.2-4 地面处和切开面处单位横向力和单位力矩作用下地面处所产生的位移和转角（二）

$$\begin{bmatrix} x_1 \\ \dfrac{\varphi_1}{\alpha_1} \end{bmatrix} = \begin{bmatrix} A_{11} B_{11} \\ A_{11} B_{21} \end{bmatrix} \begin{bmatrix} x_0 \\ \dfrac{\varphi_0}{\alpha_0} \end{bmatrix} \tag{5.2-6}$$

由于桩上段的下端截面弯矩 $M_1 = X_2 = 0$，剪力 $Q_1 = X_1 = 0$，所以利用式（5.2-2）弯矩与剪力计算式得：

$$\begin{bmatrix} 0 \\ \dfrac{1}{\alpha_1^3 E_1 I_1} \end{bmatrix} = \begin{bmatrix} A_{31} B_{31} \\ A_{41} B_{41} \end{bmatrix} \begin{bmatrix} \dfrac{\varphi_0}{\alpha_1} \\ \dfrac{\varphi_0}{\alpha_1} \end{bmatrix} \tag{5.2-7}$$

联解方程（5.2-7）得

$$\left.\begin{aligned} x_0 &= \frac{B_{31}}{\alpha_1^3 E_1 I_1 (A_{41} B_{31} - A_{31} B_{41})} \\ \frac{\varphi_0}{\alpha_1} &= \frac{B_{31}}{\alpha_1^2 E_1 I_1 (A_{31} B_{41} - A_{41} B_{31})} \end{aligned}\right\} \tag{5.2-8}$$

将式（5.2-8）代入式（5.2-6），并令 $\delta'_{11} = -x_1$，$\delta'_{21} = \phi_1$，得

$$\delta'_{11}=\frac{1}{\alpha_1^3 E_1 I_1}\frac{A_{11}B_{31}-A_{31}B_{11}}{A_{31}B_{41}-A_{41}B_{31}} \tag{5.2-9}$$

$$\delta'_{21}=\frac{1}{\alpha_1^2 E_1 I_1}\frac{A_{31}B_{21}-A_{21}B_{31}}{A_{31}B_{41}-A_{41}B_{31}} \tag{5.2-10}$$

(2) 考虑桩的上段在力矩 $X_2=1$ 作用下（图 5.2-4，b、d），则类似可得到：

$$\delta'_{12}=\frac{1}{\alpha_1^2 E_1 I_1}\frac{A_{41}B_{11}-A_{11}B_{41}}{A_{31}B_{41}-A_{41}B_{31}} \tag{5.2-11}$$

$$\delta'_{22}=\frac{1}{\alpha_1 E_1 I_1}\frac{A_{21}B_{41}-A_{41}B_{21}}{A_{31}B_{41}-A_{41}B_{31}} \tag{5.2-12}$$

式（5.2-6）～式(5.2-12）中的 $\alpha_1=\sqrt[5]{\dfrac{m_1 b_{01}}{E_1 A_1}}$ 为上段桩身的变形系数，$\delta'_{21}=\delta'_{12}$，其值可任意按式（5.2-10）或式（5.2-11）计算。式中带有符号 l 的影响函数相应于换算深度为 α_{11}，即按照桩变截面以上长度计算。

(3) 考虑桩的下段在其上端剪力 $X_1=1$ 作用下的情况（图 5.2-4，a、c）

假想将桩身抗弯刚度为 $E_1 I_1$ 的下段延长到地面处，全部长度 $h=L+l$ 内地基系数的比例系数为 m_2 的土所包围。对于下段来说：

① 支立于非岩石地基上（包括支立于风化层内和支立于岩石面上）：

当 $y=1$ 时，$M_1=X_2=0$，$Q_1=X_1=0$

当 $y=h$ 时，$M_h=X_h I_2 C_0$，$Q_h=0$

利用式（5.2-2），可以组成下列方程组，其中 x_{01}、φ_{01}、M_{01} 和 Q_{01} 为初参数（这里 x_{o1}、ϕ_{o1}、M_{o1} 和 Q_{O1} 为长度为 $L+l$ 的桩，其桩顶处的位移、转角、弯矩和剪力）

$$\begin{bmatrix} A_{3l_2} & B_{3l_2} & C_{3l_2} & D_{3l_2} \\ A_{4l_2} & B_{4l_2} & C_{4l_2} & D_{4l_2} \\ A_{3h}+K_h A_{2h} & B_{3h}+K_h B_{2h} & C_{3h}+K_h C_{2h} & D_{3h}+K_h D_{2h} \\ A_{4h} & B_{4h} & C_{4h} & D_{4h} \end{bmatrix} \begin{bmatrix} x_{01} \\ \dfrac{\varphi_{01}}{\alpha_2} \\ \dfrac{M_{01}}{\alpha_2^2 E_2 I_2} \\ \dfrac{Q_{01}}{\alpha_2^3 E_2 I_2} \end{bmatrix} = \begin{bmatrix} 0 \\ \dfrac{1}{\alpha_2^3 E_2 I_2} \\ 0 \\ 0 \end{bmatrix} \tag{5.2-13}$$

式中 $\alpha_2=\sqrt[5]{\dfrac{m_2 b_{02}}{E_2 A_2}}$ 为下段变形函数。$\alpha_1 l+\alpha_1 L\geqslant 4$ 时，式（5.2-12）中 $K_h=0$。带有符号 l_2 的影响函数值相应于换算深度 $\overline{h}=\alpha_2 l$，带有符号 h 的影响函数值相应于换算深度 $\overline{h}=\alpha_2 h$。

联解式（5.2-13）可求得 x_{01}、φ_{01}、M_{01} 和 Q_{01}。令深度 $y=l$ 处桩身的水平位移 $x_1=\delta'_{11}$，转角 $\varphi_1=-\delta''_{21}$，则按式（5.1-31）前两式可以写出：

$$\delta''_{11}=x_{01}A_{1l_2}+\frac{\varphi_{01}}{\alpha_2}B_{1l_2}+\frac{M_{01}}{\alpha_2 E_2 I_2}C_{1l_2}+\frac{Q_{01}}{\alpha_2^3 E_2 I_2}D_{1l_2} \tag{5.2-14}$$

$$\delta''_{21}=-\alpha_2\left(x_{01}A_{2l_2}+\frac{\varphi_{01}}{\alpha_2}B_{2l_2}+\frac{M_{01}}{\alpha_2 E_2 I_2}C_{2l_2}+\frac{Q_{01}}{\alpha_2^3 E_2 I_2}D_{2l_2}\right) \tag{5.2-15}$$

② 嵌固于岩石内

当 $y=l$ 时，$M_1=X_2=0$，$Q_1=X_1=1$；

当 $y=h$ 时，$\varphi_h=0$，$x_h=0$。

利用式（5.2-2）结合边界条件可以写出如下方程组，

$$\begin{bmatrix} A_{3l_2} & B_{3l_2} & C_{3l_2} & D_{3l_2} \\ A_{4l_2} & B_{4l_2} & C_{4l_2} & D_{4l_2} \\ A_{1h} & B_{1h} & C_{1h} & D_{1h} \\ A_{2h} & B_{2h} & C_{2h} & D_{2h} \end{bmatrix} \begin{bmatrix} x_{01} \\ \dfrac{\varphi_{01}}{\alpha_2} \\ \dfrac{M_{01}}{\alpha_2^2 E_2 I_2} \\ \dfrac{Q_{01}}{\alpha_2^3 E_2 I_2} \end{bmatrix} = \begin{bmatrix} 0 \\ \dfrac{1}{\alpha_2^3 E_2 I_2} \\ 0 \\ 0 \end{bmatrix} \tag{5.2-16}$$

式中符号的意义与前面相同。联解式（5.2-16）可求得初参数 x_{01}、φ_{01}、M_{01} 和 Q_{01}，代入式（5.2-14）和（5.2-15），可求得 δ''_{11} 和 δ''_{21}。

（4）考虑桩下段在其上端力矩 $X_2=1$ 作用下（图 5.2-4，b、d）：

① 支立于非岩石地基上（包括支立于风化层内和支立于岩石面上）：

当 $y=l$ 时，$M_1=X_2=0$，$Q_1=X_1=1$；

当 $y=h$ 时，$M_h=-C_0\varphi_h I_2$，$Q_h=0$。

利用式（5.2-2），可以组成下列 4 个方程，其中 x_{02}、φ_{02}、M_{02} 和 Q_{02} 为初参数：

$$\begin{bmatrix} A_{3l_2} & B_{3l_2} & C_{3l_2} & D_{3l_2} \\ A_{4l_2} & B_{4l_2} & C_{4l_2} & D_{4l_2} \\ A_{3h}+K_hA_{2h} & B_{3h}+K_hB_{2h} & C_{3h}+K_hC_{2h} & D_{3h}+K_hD_{2h} \\ A_{4h} & B_{4h} & C_{4h} & D_{4h} \end{bmatrix} \begin{bmatrix} x_{02} \\ \dfrac{\varphi_{02}}{\alpha_2} \\ \dfrac{M_{02}}{\alpha_2^2E_2I_2} \\ \dfrac{Q_{02}}{\alpha_2^3E_2I_2} \end{bmatrix} = \begin{bmatrix} 0 \\ \dfrac{1}{\alpha_2^3E_2I_2} \\ 0 \\ 0 \end{bmatrix}$$

(5.2-17)

式中 α_2 的意义与前面相同。带有符号 l_2 和 h 的影响函数的意义也与前面相同，当 $\alpha_1 l+\alpha_1 L\geqslant 4$ 时，式（5.2-17）中 $K_h=0$。

联解式（5.2-17）可求得 x_{02}、φ_{02}、M_{02} 和 Q_{02}。令深度 $y=l$ 处桩身的水平位移 $x_1=\delta'_{12}$，转角 $\varphi_h=-\delta''_{22}$，可以写出：

$$\delta''_{12}=x_{02}A_{1l_2}+\frac{\varphi_{02}}{\alpha_2}B_{1l_2}+\frac{M_{02}}{\alpha_2E_2I_2}C_{1l_2}+\frac{Q_{02}}{\alpha_2^3E_2I_2}D_{1l_2} \tag{5.2-18}$$

$$\delta''_{22}=-\alpha_2\left(x_{02}A_{2l_2}+\frac{\varphi_{02}}{\alpha_2}B_{2l_2}+\frac{M_{02}}{\alpha_2^2E_2I_2}C_{2l_2}+\frac{Q_{02}}{\alpha_2^3E_2I_2}D_{2l_2}\right) \tag{5.2-19}$$

因为 $\delta''_{12}=\delta''_{21}$ 故其值可任意从式（5.2-15）或式（5.2-18）求得。

② 嵌固于岩石内

当 $y=l$ 时，$M_1=X_2=0$，$Q_1=0$；

当 $y=h$ 时，$\varphi_h=0$，$x_h=0$。

利用式（5.2-2）：

$$\begin{bmatrix} A_{3l_2} & B_{3l_2} & C_{3l_2} & D_{3l_2} \\ A_{4l_2} & B_{4l_2} & C_{4l_2} & D_{4l_2} \\ A_{1h} & B_{1h} & C_{1h} & D_{1h} \\ A_{2h} & B_{2h} & C_{2h} & D_{2h} \end{bmatrix} \begin{bmatrix} x_{01} \\ \dfrac{\varphi_{01}}{\alpha_2} \\ \dfrac{M_{01}}{\alpha_2^2E_2I_2} \\ \dfrac{Q_{01}}{\alpha_2^3E_2I_2} \end{bmatrix} = \begin{bmatrix} 0 \\ \dfrac{1}{\alpha_2^2E_2I_2} \\ 0 \\ 0 \end{bmatrix} \tag{5.2-20}$$

联解式（5.2-20）可求得初参数 x_{02}、φ_{02}、M_{02} 和 Q_{02}，代入式（5.2-17）和式（5.2-18），可求得 δ''_{12} 和 δ''_{22}。

按式（5.2-9）～式（5.2-12）、式（5.2-14）、式（5.2-15）、式（5.2-18）、式（5.2-19）求得的数值代入式（5.2-5），即可求得方程组式（5.2-3）、式

（5.2-4）中的系数。δ_{11}、$\delta_{12}=\delta_{21}$ 和 δ_{22}。

2）求 Δ_{1Q}、Δ_{2Q}、Δ_{1M} 和 Δ_{1M}

考虑图 5.2-4（e）所示桩上段自由体在地面处横向力 $Q_0=1$ 作用下，其上端 $M_0=0$，下端 $M_t=0$，$Q_l=1$。另 $\Delta_{1Q}=-xl$，$\Delta_{2Q}=-xl$，则利用式（5.2-2）得：

$$\Delta_{1Q}=\frac{1}{\alpha_1^3E_1I_1}\left(-A_{11}\frac{B_{31}D_{41}-B_{41}D_{31}}{A_{31}B_{41}-A_{41}B_{31}}+B_{11}\frac{A_{31}D_{41}-A_{41}D_{31}}{A_{31}B_{41}-A_{41}B_{31}}-D_{11}\right)\tag{5.2-21}$$

$$\Delta_{2Q}=\frac{1}{\alpha_1^2E_1I_1}\left(A_{21}\frac{B_{31}D_{41}-B_{41}D_{31}}{A_{31}B_{41}-A_{41}B_{31}}+B_{21}\frac{A_{31}D_{41}-A_{41}D_{31}}{A_{31}B_{41}-A_{41}B_{31}}+D_{11}\right)\tag{5.2-22}$$

再考虑图 5.2-4（f）所示桩上段自由体在地面处力矩 $M_0=1$ 作用下，其上端 $Q_0=0$，下端 $M_t=1$，$Q_t=0$。考虑到 $B_{31}C_{41}-B_{41}C_{31}=A_{31}D_{41}-A_{41}D_{31}$，类似上述办法，可以得到：

$$\Delta_{1M}=\frac{1}{\alpha_1^2E_1I_1}\left(-A_{11}\frac{A_{31}D_{41}-A_{41}D_{31}}{A_{31}B_{41}-A_{41}B_{31}}+B_{11}\frac{A_{31}C_{41}-A_{41}C_{31}}{A_{31}B_{41}-A_{41}B_{31}}-C_{11}\right)\tag{5.2-23}$$

$$\Delta_{2M}=\frac{1}{\alpha_1E_1I_1}\left(A_{21}\frac{A_{31}D_{41}-A_{41}D_{31}}{A_{31}B_{41}-A_{41}B_{31}}-B_{21}\frac{A_{31}C_{41}-A_{41}C_{31}}{A_{31}B_{41}-A_{41}B_{31}}+C_{11}\right)\tag{5.2-24}$$

将按上面求得的 δ_{11}、δ_{12}、……、Δ_{1M} 和 Δ_{2M} 代入方程（5.2-3）、（5.2-4），联解求出 X_1、X_2、X'_1、X'_2。

3）求桩在地面处横向力 $Q_0=1$ 和弯矩 $M_0=0$ 作用下桩身地面处的位移 δ_{QQ}、$\delta_{MQ}=\delta_{QM}$ 和 δ_{MM}。

考虑图 5.1-11（a）、图 5.1-11（c）所示桩的上段承受地面处横向力 $Q_0=1$，下端界面上存在 X_1 和 X_2 的作用。显然，$Q_0=1$，$M_0=0$，$Q_t=X_1$，$M_t=X_2$，从式（5.2-2）后两式中，并令 $\delta_{QQ}=x_0$，$\delta_{MQ}=\varphi_0$，得：

$$\delta_{QM}=\frac{1}{\alpha_1^3E_1I_1}\left(\frac{(\alpha_1X_2B_{41}-X_1B_{31})+(B_{31}D_{41}-B_{41}D_{31})}{A_{31}B_{41}-A_{41}B_{31}}\right)\tag{5.2-25}$$

$$\delta_{MM}=\frac{1}{\alpha_1^2E_1I_1}\left(\frac{(\alpha_1X_2B_{41}-X_1A_{31})+(A_{31}D_{41}-A_{41}C_{31})}{A_{31}B_{41}-A_{41}B_{31}}\right)\tag{5.2-26}$$

考虑图 5.2-3（b）、图 5.2-3（d）所示桩的上段承受地面处横向力 $M_t=1$，下端界面上存在 X'_1 和 X'_2 的作用。显然，$Q_0=0$，$M_0=1$，$Q_t=X'_1$，$M_t=$

X'_2，从式（5.2-2）后两式中，并令 $\delta_{QM}=x_0$，$\delta_{MM}=-\varphi_0$，得：

$$\delta_{QM}=\frac{1}{\alpha_1^2E_1I_1}\left(\frac{\left(X'_2B_{41}-\frac{X'_1}{\alpha_1}B_{31}\right)+(B_{31}C_{41}-B_{41}C_{31})}{A_{31}B_{41}-A_{41}B_{31}}\right) \quad (5.2\text{-}27)$$

$$\delta_{MM}=\frac{1}{\alpha_1E_1I_1}\left(\frac{\left(X'_2A_{21}-\frac{X'_1}{\alpha_1}A_{31}\right)+(A_{31}C_{41}-A_{41}C_{31})}{A_{31}B_{41}-A_{41}B_{31}}\right) \quad (5.2\text{-}28)$$

因为 $\delta_{MQ}=\delta_{QM}$，其值可任意从式（5.2-25）或式（5.2-27）求得。

在位移 δ_{QQ}、$\delta_{MQ}=\delta_{QM}$ 和 δ_{MM} 求出后，按前面所述，得 $x_0=M_0\delta_{QM}+Q_0\delta_{QQ}$，$\varphi_0=-(M_0\delta_{MM}+Q_0\delta_{MQ})$，则当桩身地面处作用 Q_0 和 M_0 时，作用于桩的上段（刚度为 E_1I_1）长度范围内任意深度 y 处桩身截面内的弯矩 M_y 和横向力 Q_y 可按下面公式计算，这两个公式系由式（5.2-1）后两式求得：

$$\left.\begin{aligned}M_y&=\alpha_1E_1I_1(\alpha_1x_0A_3+\varphi_0B_3)+M_0C_3+\frac{Q_0}{\alpha_1}D_3\\Q_y&=\alpha_1^2E_1I_1(\alpha_1x_0A_4+\varphi_0B_3)+\alpha_1M_0C_3+Q_0D_3\end{aligned}\right\} \quad (5.2\text{-}29)$$

在深度 y 处土的侧向应力

$$\sigma_x=m_1yx=m_1y\left(x_0A_1+\frac{\varphi_0}{\alpha_1}B_1+\frac{M_0}{\alpha_1^2E_1I_1}C_1+\frac{Q_0}{\alpha_1^3E_1I_1}D_1\right) \quad (5.2\text{-}30)$$

在桩的下段（刚度为 E_2I_2）长度范围内任意深度 y 处桩身截面内的弯矩 M_y 和横向力 Q 以及在桩侧土的侧向应力 σ_x 可按下面公式计算：

$$\left.\begin{aligned}M_y&=\alpha_2E_2I_2(\alpha_2x_0A_3+\varphi_0B_3)+M_0C_3+\frac{Q_0}{\alpha_2}D_3\\Q_y&=\alpha_2^2E_1I_1(\alpha_2x_0A_4+\varphi_0B_4)+\alpha_2M_0C_3+Q_0D_3\\\sigma_x&=m_2y^2\left(x_0A_1+\frac{\varphi_0}{\alpha_2}B_1+\frac{M_0}{\alpha_2^2E_1I_1}C_1+\frac{Q_0}{\alpha_1^3E_1I_1}D_1\right)\end{aligned}\right\} \quad (5.2\text{-}31)$$

式中，Q_1、M_1——发生在不同刚度区段联结处的横向力和弯矩。他们可按式（5.2-29）来确定。在式（5.2-29）中按计算深度 a、l 来考虑 A_{31}、B_{31}、…、D_{41} 等影响函数。

求解思路如下：

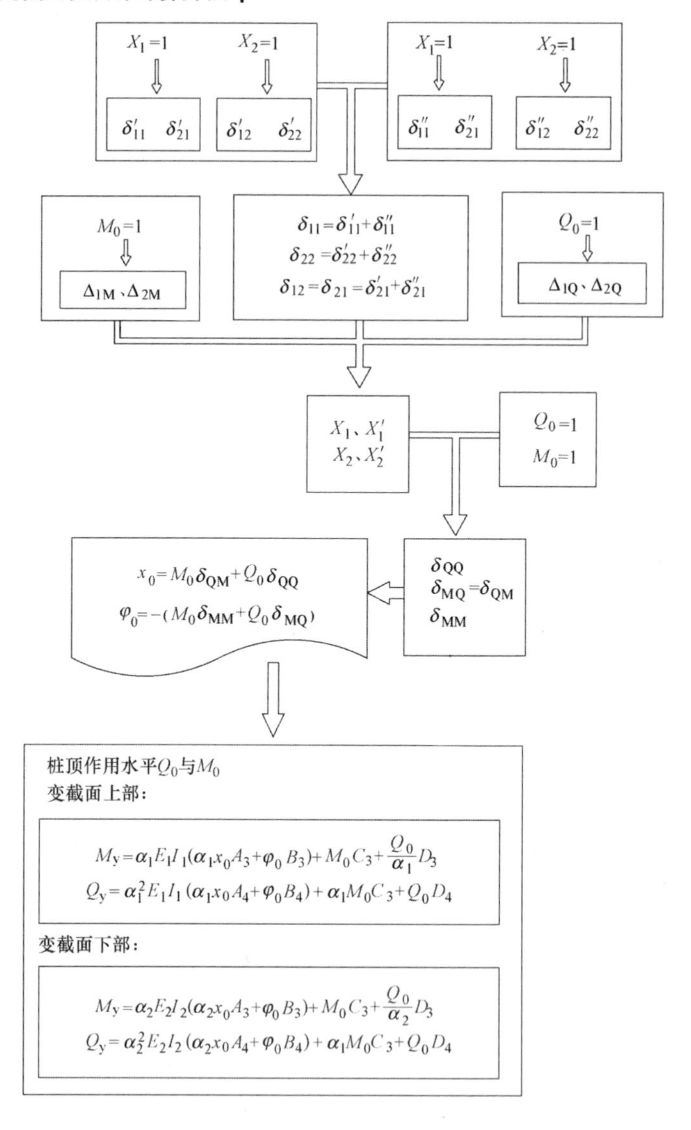

5.3 变截面群桩基础基桩内力与位移计算

5.3.1 计算假设

（1）桩与土共同作用，不计桩土之间的摩擦力和粘结力，桩与桩侧土受力前后始终密贴；

（2）外荷载作用下，桩基础仅产生小变形（桩在局部冲刷线处的变形小于6mm），桩及桩侧土均为弹性介质，且土的应力应变关系符合文克尔假定；

（3）承台为刚体，桩头嵌固，承台与桩为刚性连接，承台变形时桩位不变，桩顶转角与承台相同。

5.3.2 计算步骤

（1）确定桩侧土体地基比例系数 m 值；

（2）确定基桩的计算宽度 b_1；

（3）计算基桩的变形系数 a 值；

（4）按照现行规范中关于多排桩内力计算方法，计算各桩桩顶所承受的荷载 P_i、Q_i 和 M_i；

（5）按变截面单桩横向承载力计算方法计算基桩内力分布，进行桩身配筋、桩身截面强度和稳定性验算；

（6）计算桩在局部冲刷线（地面）处的位移和墩台顶的位移，并验算；

（7）验算桩身竖向应力，分别验算变截面基桩上下两段桩身材料强度是否满足承载力的要求。

5.3.3 桩侧土体比例系数m值

地基土水平抗力系数 m 值宜通过桩的水平静载试验确定。但由于试验费用、时间等条件限制，未进行基桩水平静载试验的，可采用规范提供的经验值。

（1）由于桩的水平荷载与位移关系是非线性的，即 m 值随荷载与位移增大而有所减小，m 值的确定要与桩的实际荷载相适应。一般结构在地面处最大位移不超过 10mm，对位移敏感的结构、桥梁工程为 6mm。位移较大时，应适当降低 m 值。

（2）当基桩侧面由几种土层组成时，从地面或局部冲刷线起，应求得主要影响深度 $h_m=2(d+1)m$ 范围内的平均 m 值作为整个深度内的 m 值，对于刚性桩，h_m 采用整个深度 h。

当 h_m 深度内基桩均为大截面段时，如图 5.3-1（a）所示：

$$m=\frac{m_1h_1^2+m_2(2h_1+h_2)h_2}{h_m^2} \tag{5.3-1}$$

当h_m深度内基桩含有变截面段时，如图 5.3-1（b）所示：

$$m=\frac{m_1h_1^2+m_2(2h_1+h_2)h_2+m_3(2h_1+2h_2+h_3)h_3}{h_m^2} \tag{5.3-2}$$

式中m_1、m_2为第一、二土层的地基比例系数；m_3为桩基小直径段在第二层土的当量地基比例系数，$m_3=\frac{d_2}{d_1}m_2$。

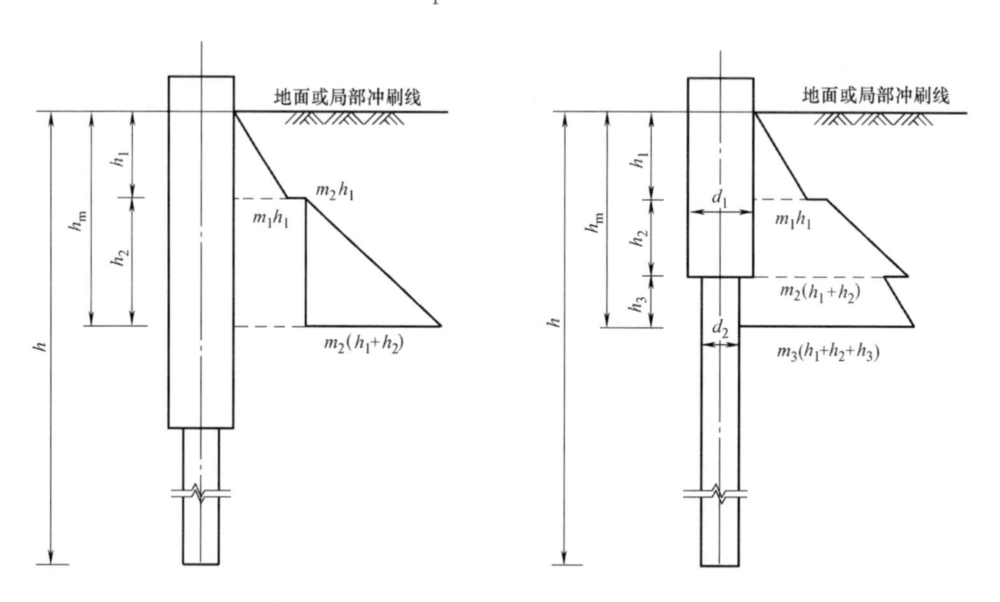

图 5.3-1 两层土 m 值换算示意图

5.3.4 基桩的计算宽度

为了将空间受力简化为平面受力，并综合考虑桩的截面形状及多排桩桩间的相互遮蔽作用。计算桩的内力与位移时不直接采用桩的设计宽度（直径），而是换算成实际工作条件下相当于矩形截面桩的宽度b_1，b_1也称为桩的计算宽度。

$$b_1=0.9k(d+1) \tag{5.3-3}$$

$$d=\frac{l_1d_1+l_2d_2}{l_1+l_2} \tag{5.3-4}$$

对单排桩或$L_1 \geqslant 0.6h_1$的多排桩：

$$K=1.0 \tag{5.3-5}$$

对 $L_1<0.6h_1$ 的多排桩：

$$k=b_2+\frac{1-b_2}{0.6}\frac{L_1}{h_1} \tag{5.3-6}$$

式中 L_1——与外力作用方向平行的一排桩的桩间净距，如图 5.3-2 所示；

h_1——地面或局部冲刷线以下桩柱的计算埋入深度，可按下式计算，但 h_1 值不得大于桩的入土深度（h），$h_1=3(d+1)m$；

d——桩的直径（m）；

l_1、l_2——地面或局部冲刷线下 $3(d+1)$m 范围内变截面桩上、下段的桩长，如图 5.3-2 所示，如果均为大截面，则 $l_2=0$；

b_2——根据与外力作用方向平行的所验算的一排桩的桩数 n 而确定的系数，当 $n=1$ 时、$b_2=1$，当 $n=2$ 时、$b_2=0.6$，当 $n=3$ 时、$b_2=0.5$，当 $n\geqslant4$ 时、$b_2=0.45$。

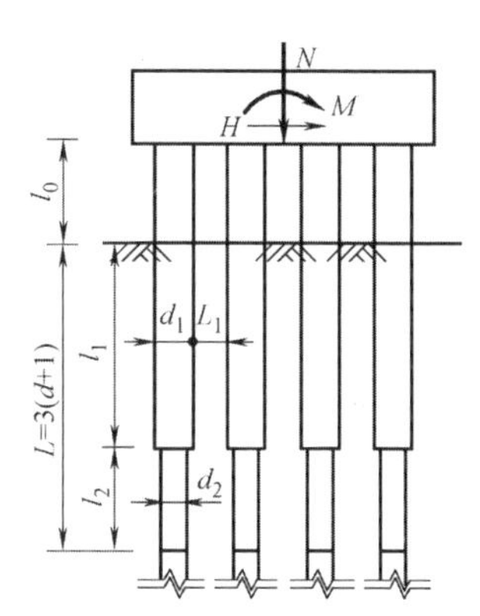

图 5.3-2 相互影响系数计算示意图

为了不致使计算宽度发生重叠现象，要求计算得出的 $b_1\leqslant2d$。

5.3.5 基桩的变形系数

（1）变截面桩的等效

由于基桩是变截面桩，受弯或水平荷载作用下没有现成的公式计算，需要推导计算。虽然可以用直梁（桩）挠曲线的近似微分方程直接积分求梁变形，但对于多排桩基内力分配计算，计算烦琐。因此，计算时首先将变截面桩根据刚度相等的原则等效为等截面梁。由于桩身受弯变形主要集中在桩的上部，考虑到基桩计算宽度计算相互影响系数时主要考虑地面或局部冲刷线以下 $3(d+1)m$ 范围内的土体，对桩等效时也先考虑这部分范围。同时考虑桩在地面或局部冲刷线以上部分的桩长，则计算桩长：

$$L=l_0+3(d+1) \tag{5.3-7}$$

式中 l_0——地面或局部冲刷线以上部分的桩长。

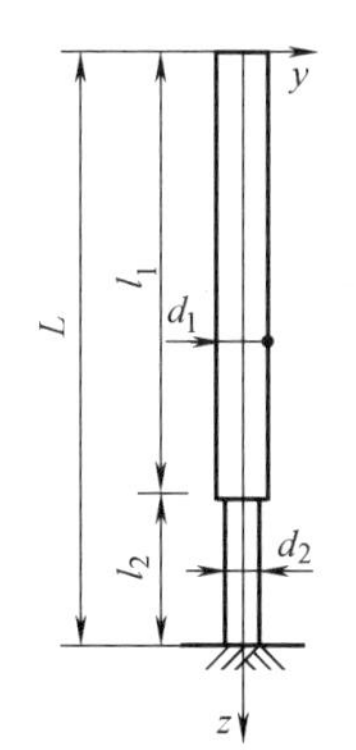

图 5.3-3 变截面桩计算简图

根据基本假设，将桩等效为上下两端固定的等截面梁，如图 5.3-3 所示。取近似挠度曲线函数为：

$$y=a\left(1-\cos\frac{2\pi x}{L}\right) \tag{5.3-8}$$

则：

$$y'=a_1\frac{2\pi}{L}\sin\frac{2\pi x}{L} \tag{5.3-9}$$

$$y''=a_1\frac{4\pi^2}{L^2}\cos\frac{2\pi x}{L} \tag{5.3-10}$$

根据能量法则和刚度等效原则，得：

$$EI_1\int_0^{cL}\left(a_1\frac{4\pi^2}{L^2}\cos\frac{2\pi x}{L}\right)^2\mathrm{d}x+nEI_1\int_{cL}^{L}\left(a_1\frac{4\pi^2}{L^2}\cos\frac{2\pi x}{L}\right)^2\mathrm{d}x=EI_{\mathrm{x}}\int_0^{L}\left(a_1\frac{4\pi^2}{L^2}\cos\frac{2\pi x}{L}\right)^2\mathrm{d}x \tag{5.3-11}$$

对其积分后求得：

$$I_{\mathrm{x}}=\left[\frac{1}{4\pi}(1-n)\sin 4c\pi+c+n(1-c)\right]I_1 \tag{5.3-12}$$

$$n=\frac{I_2}{I_1}=\frac{d_2^4}{d_1^4} \tag{5.3-13}$$

$$c=\frac{l_2}{L} \tag{5.3-14}$$

式中　I_{x}——桩身等效转动惯量；I_1——地面或局部冲刷线下 $3(d+1)$m 范围内上段大直径桩身的转动惯量。

（2）桩土变形系数 a

$$a=\sqrt[5]{\frac{mb_1}{EI_{\mathrm{x}}}} \tag{5.3-15}$$

式中　E——桩身混凝土弹性模量，取 $0.8E_{\mathrm{c}}$。

5.3.6　多排桩内力分布计算

根据上节计算，变截面桩等效为等截面桩，可用现行等截面多排群桩基础的计算方法计算桩顶荷载。如图 5.3-4 所示为多排桩桩顶位移与承台位移的关系，它有一个对称面的承台，且外力作用于此对称平面内。一般将外力作用平面内的桩看作平面框架，用结构位移法解出各桩顶上的 P_i、Q_i、M_i 后，就可以用单桩的计算方法解决多排桩的问题了，也就是说，把多排桩的问题转化为单排桩。

（1）承台变位及桩顶变位

假设承台为一绝对刚性体，现以承台底面中心点 O 作为承台位移的代表点。O 点在外荷载 N、H、M 作用下产生横轴向位移 a_0、竖向位移 b_0 及转角 β_0。其中 a_0、b_0 以坐标轴正向为正，β_0 以顺时针转动为正。

桩顶嵌固于承台内，当承台在外荷载作用下产生变位时，各桩顶之间的相对位置不变，各桩桩顶的转角与承台的转角相等。设第 i 排桩桩顶（与承台连接处）沿 x 轴方向的线位移为 a_{i0}，z 轴方向的线位移为 b_{i0}，桩顶转角为 β_{i0}，则有如下关系式：

$$\left.\begin{aligned} a_{i0}&=a_0 \\ b_{i0}&=b_0+x_i\beta_0 \\ \beta_{i0}&=\beta_0 \end{aligned}\right\} \tag{5.3-16}$$

式中　x_i——第 i 排桩桩顶轴线至承台中心的水平距离。

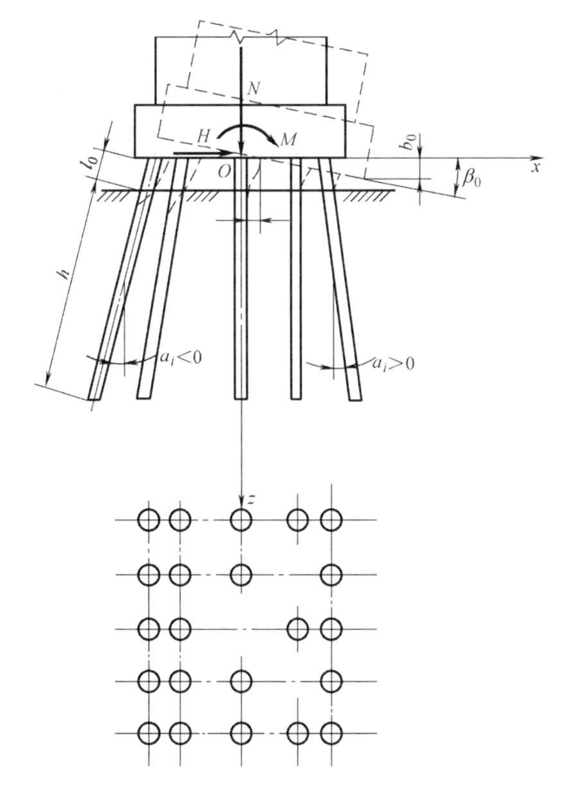

图 5.3-4　多排桩桩顶位移与承台位移的关系

若基桩为斜桩，如图 5.3-4 所示，那么，就又有三种位移。设 b_i 为第 i 排桩桩顶处沿桩轴线方向的轴向位移，a_i 为垂直于桩轴线的横轴向位移，β_i 为桩轴线的转角，根据投影关系则有

$$\left.\begin{array}{c} a_i = a_{i0}\cos\alpha_i - b_{i0}\sin\alpha_i = a_0\cos\alpha_i - (b_0 + x_i\beta_0)\sin\alpha_i \\ b_i = a_{i0}\sin\alpha_i + b_{i0}\cos\alpha_i = a_0 sin\alpha_i + (b_0 + x_i\beta_0)\cos\alpha_i \\ \beta_i = \beta_{i0} = \beta_0 \end{array}\right\} \quad (5.3\text{-}17)$$

（2）单桩桩顶的刚度系数 ρ_{AB}

前面已经建立了承台变位和桩顶变位之间的关系，为了建立位移方程，还必须建立桩顶变位和桩顶内力之间的关系。为此，首先引入单桩桩顶的刚度系数 ρ_{AB}。

设第 i 根桩桩顶作用有轴向力 P_i、横轴向力 Q_i、弯矩 M_i，如图 5.3-5 所示，则 ρ_{AB} 定义为当桩顶仅仅发生 B 种单位变位时，在桩顶引起的 A 种内力。则在图 5.3-6 中有：

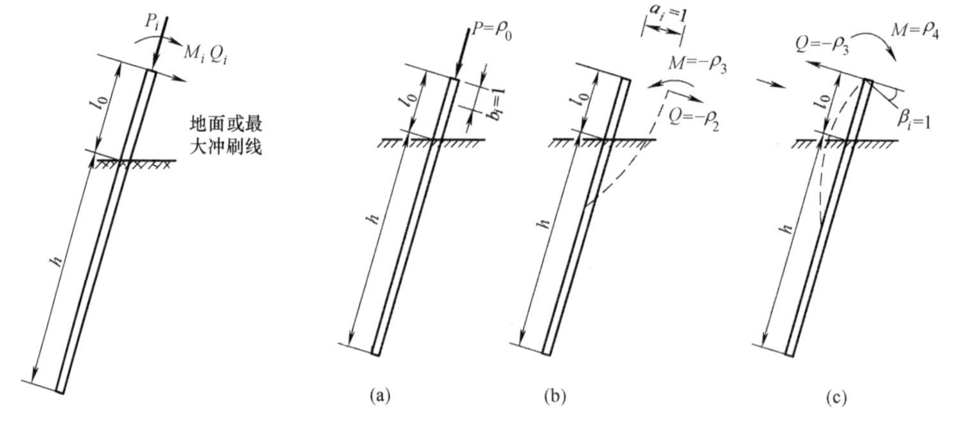

图 5.3-5　第 i 根桩顶作用力

图 5.3-6　第 i 根桩的变位计算图式

1）当第 i 根桩桩顶处仅产生单位轴向位移（即 $b_i=1$）时，在桩顶引起的轴向力为 ρ_1，也即 ρ_{pp}。

2）当第 i 根桩桩顶处仅产生单位横轴向位移（即 $a_i=1$）时，在桩顶引起的横轴向力为 ρ_2，也即 ρ_{QQ}。

3）当第 i 根桩桩顶处仅产生单位横轴向位移（即 $a_i=1$）时，在桩顶引起的弯矩为 ρ_3，也即 ρ_{MQ}；或当桩顶仅产生单位转角（即 $\beta_i=1$）时，在桩顶引起的横轴向力为 ρ_3，也即 ρ_{MQ}。

$$\rho_{MQ} = \rho_{QM} = \rho_3。$$

4）当第 i 根桩桩顶处仅产生单位转角（即 $\beta_i=1$）时，在桩顶引起的弯矩为 ρ_4，也即 ρ_{MM}。

由此，第 i 根桩桩顶变位所引发的桩顶内力分别为：

$$\left.\begin{aligned}P_i&=\rho_1 b_i=\rho_1[\alpha_0\sin\alpha_i+(b_0+x_i\beta_0)\mathrm{c0s}\alpha_i]\\Q_i&=\rho_2 a_i-\rho_3 b_i=\rho_2[\alpha_0\cos\alpha_i-(b_0+x_i\beta_0)\sin\alpha_i]-\rho_3\beta_0\\M_i&=\rho_4\beta_i-\rho_3 a_i=\rho_4\beta_0-\rho_3[\alpha_0\cos\alpha_i-(b_0+x_i\beta_0)\sin\alpha_i]\end{aligned}\right\}\tag{5.3-18}$$

由此可见，只要能解出 a_0、b_0、β_0 及 ρ_1、ρ_2、ρ_3、ρ_4，就可以由上式求得 P_i、Q_i 和 M_i，从而利用单桩方法求出基桩的内力。

ρ_1（即 ρ_{pp}）的解：

桩顶承受轴向力 P 而产生的轴向位移包括桩身材料的弹性压缩变形 δ_c 及桩底地基土的沉降 δ_k。在对桩侧摩阻力作理想化假设之后，可得到

$$\delta_c=\frac{l_0+\xi h}{EA}P\tag{5.3-19}$$

设外力在桩底平面处的作用面积为 A_0，则根据文克尔假定得

$$\delta_k=\frac{P}{C_0A_0}\tag{5.3-20}$$

由此得桩顶的轴向变形 b_i 为

$$b_i=\delta_c+\delta_k=\frac{P(l_0+\xi h)}{AE}+\frac{P}{C_0A_0}\tag{5.3-21}$$

令上式中 $b_i=1$，所求得的 P 即为 ρ_1。其余的单桩桩顶刚度系数均为基桩受单位横轴向力（包括弯矩）作用的结果，可以由单桩“m”法求得。其结果为：

$$\left.\begin{aligned}\rho_1&=\frac{1}{\dfrac{l_0+\xi h}{AE}+\dfrac{1}{C_0+A_0}}\\\rho_2&=\alpha^3EIx_Q\\\rho_3&=\alpha^2EIx_m\\\rho_4&=\alpha EI\varphi_m\end{aligned}\right\}\tag{5.3-22}$$

式中 ξ——系数，变截面桩取 $\xi=1/2$；

A——桩身横截面面积；

E——为桩身材料的受压弹性模量；

C_0——桩底平面处地基土的竖向地基系数，$C_0=m_0h_0$；

A_0——单桩桩底压力分布面积，即桩侧摩阻力以 $\phi/4$ 扩散到桩底时的面

积，取下列两式计算值的较小者；

$$A_0=\pi\left(hth\ \frac{\phi}{4}+\frac{d_1}{2}\right)^2 \tag{5.3-23}$$

$$A_0=\frac{\pi}{4}S^2 \tag{5.3-24}$$

式中 φ——桩周各土层内摩擦角的加权平均值；

d_1——变截面桩在泥面处的直径；

S——桩的中心距；

x_Q、x_m、φ_m——无量纲系数，均是 $\overline{h}=\mathrm{ah}$ 及 $\overline{l_0}=al$ 的函数，可查规范取值。

（3）桩群刚度系数 γ_{AB}

为了建立承台变位和荷载之间的关系，还必须引入整个桩群的刚度系数 γ_{AB}。其定义为当承台发生单位 B 种变位时，所有桩顶（必要时包括承台侧面）引起的 A 种反力之和。γ_{AB} 共有 9 个，其具体意义及算式如下。

当承台产生单位横轴向位移（$a_0=1$）时，所有桩顶对承台作用的竖轴向反力之和、横轴向反力之和、反弯矩之和为 γ_{ba}、γ_{aa}、$\gamma_{\beta a}$：

$$\left.\begin{aligned}\gamma_{ba}&=\sum_{i=1}^{n}(\rho_1-\rho_2)\sin\alpha_i\cos\alpha_i\\ \gamma_{aa}&=\sum_{i=1}^{n}(\rho_1\sin^2\alpha_i+\rho_2\cos^2\alpha_i)\\ \gamma_{\beta a}&=\sum_{i=1}^{n}[(\rho_1-\rho_2)x_i\sin\alpha_i\cos\alpha_i-\rho_3\cos\alpha_i]\end{aligned}\right\} \tag{5.3-25}$$

式中 n——桩的根数。

承台产生单位竖向位移时（$b_0=1$），所有桩顶对承台作用的竖轴向反力之和、横轴向反力之和及反弯矩之和为 γ_{bb}、γ_{ab}、$\gamma_{\beta a}$：

$$\left.\begin{aligned}\gamma_{bb}&=\sum_{i=1}^{n}(\rho_1\cos^2\alpha_i+\rho_2\sin^2\alpha_i)\\ \gamma_{ab}&=\gamma_{ba}\\ \gamma_{\beta a}&=\sum_{i=1}^{n}(\rho_1\cos^2\alpha_i+\rho_2\sin^2\alpha_i)x_i+\rho_3\sin\alpha_i\end{aligned}\right\} \tag{5.3-26}$$

当承台绕坐标原点产生单位转角（$\beta_0=1$）时，所有桩顶对承台作用的竖轴向反力之和、横轴向反力之和及反弯矩之和为 $\gamma_{b\beta}$、$\gamma_{a\beta}$、$\gamma_{\beta\beta}$：

$$\left.\begin{aligned}\gamma_{b\beta}&=\gamma_{\beta b}\\ \gamma_{a\beta}&=\gamma_{\beta a}\\ \gamma_{\beta\beta}&=\sum_{i=1}^{n}[(\rho_1\cos^2\alpha_i+\rho_2\sin^2\alpha_i)x_i^2+2x_i\rho_3\sin\alpha_i+\rho_4]\end{aligned}\right\}\tag{5.3-27}$$

(4) 建立平衡方程

根据结构力学的位移法，沿承台底面取脱离体，如图 5.3-7 所示。承台上作用的荷载应当和各桩顶（需要时考虑承台侧面土抗力）的反力相平衡，可列出位移法的方程如下：

$$\left.\begin{aligned}&a_0\gamma_{ba}+b_0\gamma_{bb}+\beta_0\gamma_{b\beta}-N=0 &&(\sum N=0)\\ &a_0\gamma_{aa}+b_0\gamma_{ab}+\beta_0\gamma_{a\beta}-H=0 &&(\sum H=0)\\ &a_0\gamma_{\beta a}+b_0\gamma_{\beta b}+\beta_0\gamma_{\beta\beta}-M=0 &&(\sum M=0,\text{对 }O\text{ 点取矩})\end{aligned}\right\}\tag{5.3-28}$$

联立求解上式可得承台位移 a_0、b_0、β_0 的数值。这样，式（5.3-28）中右端各项均为已知，从而可计算出第 i 根桩桩顶的轴向力 P_i、横轴向力 Q_i 及弯矩 M_i。至此，即可按单桩的“m”法计算多排桩身内力和位移。当桩柱布置不对称时，坐标原点可任意选择；当桩柱布置对称时，将坐标原点选择在对称轴上，此时有 $\gamma_{ab}=\gamma_{ba}=\gamma_{b\beta}=\gamma_{\beta b}=0$，代入式（5.3-29）可简化计算。如果是竖直桩，则以 $\alpha_i=0$，代入前述方程，可直接求出 a_0、b_0 和 β_0：

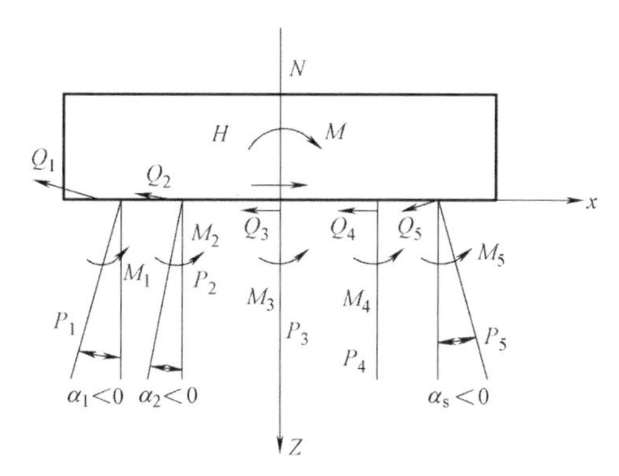

图 5.3-7 承台脱离体

$$b_0=\frac{N}{\gamma_{bb}}=\frac{N}{\sum\limits_{i=1}^{n}\rho_1}\tag{5.3-29}$$

$$a_0=\frac{\gamma_{bb}H-\gamma_{a\beta}M}{\gamma_{aa}\gamma_{bb}-\gamma_{a\beta}^2}=\frac{(\sum\limits_{i=1}^{n}\rho_4+\sum\limits_{i=1}^{n}x_i^2\rho_1)H+\sum\limits_{i=1}^{n}\rho_3M}{\sum\limits_{i=1}^{n}\rho_2(\sum\limits_{i=1}^{n}\rho_4+\sum\limits_{i=1}^{n}x_i^2\rho_3)-(\sum\limits_{i=1}^{n}\rho_3)^2}\tag{5.3-30}$$

$$\beta_0=\frac{\gamma_{bb}M-\gamma_{a\beta}H}{\gamma_{aa}\gamma_{bb}-\gamma_{a\beta}^2}=\frac{\sum_{i=1}^{n}\rho_2M+\sum_{i=1}^{n}\rho_3H}{\sum_{i=1}^{n}\rho_2(\sum_{i=1}^{n}\rho_4+\sum_{i=1}^{n}x_i^2\rho_1)-(\sum_{i=1}^{n}\rho_3)^2} \tag{5.3-31}$$

当各桩直径相同时，则

$$b_0=\frac{N}{n\rho_1} \tag{5.3-32}$$

$$a_0=\frac{(n\rho_4+\rho_1\sum_{i=1}^{n}x_i^2)H+n\rho_3M}{n\rho_2(n\rho_4+\rho_1\sum_{i=1}^{n}x_i^2)-n^2\rho_3^2} \tag{5.3-33}$$

$$\beta_0=\frac{n\rho_2M+n\rho_3H}{n\rho_2(n\rho_4+\rho_1\sum_{i=1}^{n}x_i^2)-n^2\rho_3^2} \tag{5.3-34}$$

因为此时桩均为竖直且对称，式（5.3-14）可写成

$$\left.\begin{aligned}P_i&=\rho_1b_i=\rho_1(b_0+x_i\beta_0)\\Q_i&=\rho_2a_0-\rho_3\beta_0\\M_i&=\rho_4\beta_0-\rho_3a_0\end{aligned}\right\} \tag{5.3-35}$$

求得桩顶作用力后，桩身任一截面内力与位移即可按 5.3 节计算方法计算。

5.4 桥梁阶梯形变截面桩基础的幂级数法分析

5.4.1 桩基分析的一般过程

桩基分析的一般过程为：先根据单桩桩身的几何尺寸及桩基土质情况，计算出单桩在桩顶处的各个抗力刚度，即：抗压刚度、抗推刚度、抗弯刚度及弯推耦合刚度。由这些刚度并根据桩群的平面布置可求得桩基子结构的整体刚度，然后将上、下部结构一起分析，得出桩基所承受的外荷载，再通过承台的平衡方程得出承台中心的竖向、水平和转角位移，由此确定各桩顶力及桩身位移和内力。

在上述分析过程中，关键问题在于如何求得单桩的抗力刚度。文献[12-13] 采

用幂级数解决了等截面桩的问题，并制定了一套表格，即相关桥梁规范中的系数表。这里将幂级数法的概念推广到变截面桩，以矩阵的方式表示最后结果。

5.4.2 变截面单桩抗力刚度的推导

以下待推导的单桩抗力刚度主要为抗推刚度、抗弯刚度及弯推耦合刚度。至于抗压刚度的计算，由于仅需考虑桩身轴向变形及桩底土层的压缩变形，并且，在小变形的情形下，由于不计桩身轴力和弯矩的 $P\text{-}\Delta$ 效应，它与桩的其他刚度是不耦连的，因此它的计算比较容易，在此不作讨论。

如图 5.4-1 所示的阶梯形变截面单桩，将桩分成 n 段，各段均为等截面的桩身，并且处于同种比例系数 m 的土介质之中。

基本假设：

(1) 桩侧土对桩的嵌固作用仍符合文克尔假定；

(2) 地基系数随深度成正比例增加；

(3) 各段桩身之间水平位移三阶微分连续。

取单桩的 i 段研究，如图 5.4-2 所示，规定桩身内力和位移的符号如下：水平位移 x_z 顺 x 轴正方向为正，转角 φ_z 逆时针为正，弯矩 M_z 使桩身左侧纤维受拉为正，剪力 Q_z 顺 x 轴正方向为正，则可列出该段桩的侧向挠曲微分方程为：

$$EI_i\frac{d^4x}{dz^4}=-q_i(z)=-m_izb_ix \tag{5.4-1}$$

式中 b_i——桩计算宽度，令 $\alpha_i=\sqrt[5]{\dfrac{m_ib_i}{EI_i}}$ 则方程为：

$$x^{(\mathrm{IV})}=-\alpha_i^5xz \tag{5.4-2}$$

其中 $h_{i-1}\leqslant z\leqslant h_i$

边界条件为：

$$\begin{aligned}
x|_{z=h_{i-1}}&=x_{i-1}\\
x'|_{z=h_{i-1}}&=\varphi_{i-1}\\
x''|_{z=h_{i-1}}&=M_{i-1}/EI_i\\
x'''|_{z=h_{i-1}}&=Q_{i-1}/EI_i\\
x|_{z=h_i}&=x_i\\
x'|_{z=h_i}&=\varphi_i\\
x''|_{z=h_i}&=M_i/EI_i
\end{aligned} \tag{5.4-3}$$

$$x'''|_{z=h_i}=Q_i/EI_i \tag{5.4-4}$$

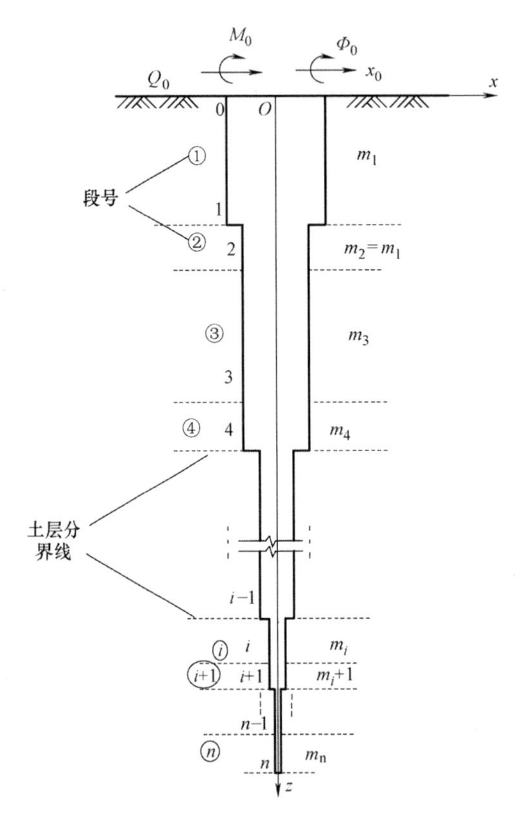

图 5.4-1　处于土中的阶梯形变截面单桩

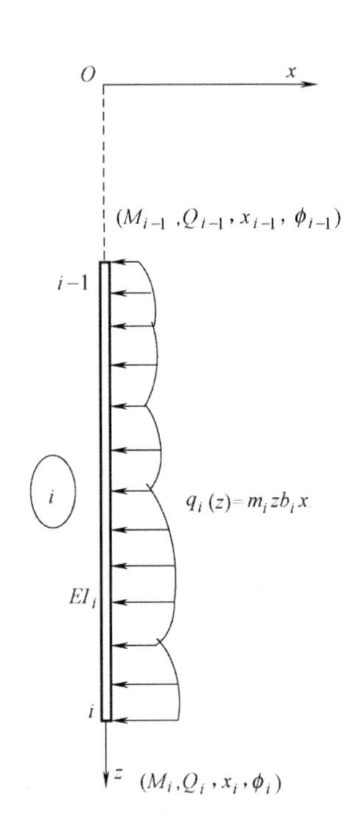

图 5.4-2　阶梯形变截面单桩的第 i 段

将 $x(z)$ 用幂级数展开，经解方程可得：

$$x(z)=\alpha_0\overline{x}_0(z)+\alpha_1\overline{x}_1(z)+\alpha_2\overline{x}_2(z)+\alpha_3\overline{x}_3(z) \tag{5.4-5}$$

设：$c_i(k,j)=(-1)^i\alpha_i^{5\mathrm{k}}\dfrac{j!\ (5k+j-4)!!}{(5k+4)}k=1,\ 2,\ 3,\ \cdots,\ \infty$；$j=0,\ 1,\ 2,\ 3$ 可得：

$$\overline{x_i}(z)=z^i+\sum_{k=1}^{\infty}c_i(k,j)k^{5k+j}$$

$$\overline{x'_i}(z)=jz^{j-1}+\sum_{k=1}^{\infty}c_i(k,j)(5k+j)z^{5k+j-1}$$

$$\overline{x''_i}(z)=j(j-1)z^{j-2}+\sum_{k=1}^{\infty}c_i(k,j)(5k+j)(5k+j-1)z^{5k+j}$$

$$\overline{x'''_i}(z)=j(j-1)(j-2)z^{j-3}+\sum_{k=1}^{\infty}c_i(k,j)(5k+j)$$

$$(5k+j-1)(5k+j-2)z^{5k+1-3} \tag{5.4-6}$$

对式（5.4-5）应用边界条件，（5.4-3）代入式（5.4-6）整理可得：

$$\begin{Bmatrix} x_{i-1} \\ \varphi_{i-1} \\ Q_{i-1} \\ M_{i-1} \end{Bmatrix}=[A_{1,i-1}]_{4\times4}\cdot\begin{Bmatrix} \alpha_0 \\ \alpha_1 \\ \alpha_3 \\ \alpha_4 \end{Bmatrix} \tag{5.4-7}$$

同理可得：

$$\begin{Bmatrix} x_i \\ \varphi_i \\ Q_i \\ M_i \end{Bmatrix}=[A_{i,i}]_{4\times4}\cdot\begin{Bmatrix} \alpha_0 \\ \alpha_1 \\ \alpha_3 \\ \alpha_4 \end{Bmatrix} \tag{5.4-8}$$

将式（5.4-7）整理代入式（5.4-8）简化可得：

$$\begin{Bmatrix} x_i \\ \varphi_i \\ Q_i \\ M_i \end{Bmatrix}=[\widetilde{A}]_{4\times4}\cdot\begin{Bmatrix} x_{i-1} \\ \varphi_{i-1} \\ Q_{i-1} \\ M_{i-1} \end{Bmatrix} \tag{5.4-9}$$

对于桩的其他各段，亦有类似于式（5.4-9）的表达式。根据基本假设（3），各段之间水平位移 x 三阶微分连续，因此：

$$\begin{Bmatrix} x_n \\ \varphi_n \\ Q_n \\ M_n \end{Bmatrix}=[\widetilde{K}]_{4\times4}\cdot\begin{Bmatrix} x_0 \\ \varphi_0 \\ Q_0 \\ M_0 \end{Bmatrix}=\begin{bmatrix} \widetilde{K}_{11} & \widetilde{K}_{12} \\ \widetilde{K}_{21} & \widetilde{K}_{22} \end{bmatrix}\begin{Bmatrix} x_0 \\ \varphi_0 \\ Q_0 \\ M_0 \end{Bmatrix} \tag{5.4-10}$$

这里只考虑非嵌岩桩：$M_n=Q_n=0$，则有：$[\widetilde{K}_{21}]_{2\times2}\begin{Bmatrix} x_0 \\ \varphi_0 \end{Bmatrix}+[\widetilde{K}_{22}]_{2\times2}\begin{Bmatrix} Q_0 \\ M_0 \end{Bmatrix}=\begin{Bmatrix} 0 \\ 0 \end{Bmatrix}$故单桩在桩顶处的各个抗力刚度为：

$$\begin{bmatrix} K_{QQ} K_{QM} \\ K_{MQ} K_{MM} \end{bmatrix} = -[\widetilde{K}_{22}]^{-1}_{2\times2} \cdot [\widetilde{K}_{21}]_{2\times2} \tag{5.4-11}$$

式中 K_{QQ}——单桩在地面冲刷线处的抗推刚度；

K_{MM}——单桩在地面冲刷线处的抗弯刚度；

K_{QM}、K_{MQ}——单桩在地面冲刷线处的弯推耦合刚度。

5.4.3 变截面单桩桩身各处的内力和位移

经过桩基整体分析得到桩顶的位移和内力后，桩身各处的内力和位移通过式（5.4-12）按桩段序号 i 顺序计算：

$$\begin{Bmatrix} x(z) \\ \varphi(z) \\ Q(z) \\ M(z) \end{Bmatrix} = \begin{bmatrix} \overline{x_0}(z) & \overline{x_1}(z) & \overline{x_2}(z) & \overline{x_3}(z) \\ \overline{x}'_0(z) & \overline{x}'_1(z) & \overline{x}'_2(z) & \overline{x}'_3(z) \\ EI_i \cdot \overline{x}'''_0(z) & EI_i \cdot \overline{x}'''_1(z) & EI_i \cdot \overline{x}'''_2(z) & EI_i \cdot \overline{x}'''_3(z) \\ EI_i \cdot \overline{x}''_0(z) & EI_i \cdot \overline{x}''_1(z) & EI_i \cdot \overline{x}''_2(z) & EI_i \cdot \overline{x}''_3(z) \end{bmatrix} \cdot [A_{i,i-1}] \cdot \begin{Bmatrix} x_{i-1} \\ \varphi_{i-1} \\ Q_{i-1} \\ M_{i-1} \end{Bmatrix} \tag{5.4-12}$$

5.5 本章小结

（1）基于桩土体系摩阻力与端阻力发挥的临界状态假设，建立了变截面单桩容许承载力 $P_0=K_1(T_1+T_{h1})+K_2(T_2+T_{h2})+\mu_1R_1+\mu_2R_2$ 和容许沉降计算方法 $\Delta=\Delta_h+\Delta_1+\Delta_2$。

（2）基于桩周弹簧模式，建立桩轴向荷载传递微分方程，用 laplace 变换求的桩身轴力

$N_1(x)=EAm_1(Sshm_1x-\alpha chm_1x)$，$0\leqslant x\leqslant l$；$N_2(x)=EAm_2(\beta shm_2x-\gamma chm_2x)$，$l\leqslant x\leqslant(1+a)l$ 和 P-S 曲线方程 $P=EAm_1S\dfrac{\xi_2(thm_1l+\xi_1)-1}{\xi_2(1+thm_1l)-thm_1l}$，

并探讨个参数对轴力传递和 P-S 曲线方程的影响。

（3）基于结构力学原理，在前人的基础上，整理建立了变截面单桩桩身内力计算表达式。

（4）基于应变能原理

$$EI_1\int_0^{cL}\left(a_1\frac{4\pi^2}{L^2}\cos\frac{2\pi x}{L}\right)^2\mathrm{d}x+nEI_1\int_{cL}^{L}\left(a_1\frac{4\pi^2}{L^2}\cos\frac{2\pi x}{L}\right)^2\mathrm{d}x=$$

$$EI_x\int_0^{L}\left(a_1\frac{4\pi^2}{L^2}\cos\frac{2\pi x}{L}\right)^2\mathrm{d}x$$

建立变截面群桩内力与位移计算方法。

（5）将幂级数法的概念推广到变截面桩应用。

6　阶梯形变截面桩受力及变形设计计算程序开发

在前述模型试验研究基础上，得出变截面桩存在合理的变截面比和变截面位置，但是变截面桩横向承载力和变形性状计算的困难仍旧是目前该类型桩不能推广使用的主要原因之一。横向变形机理复杂，桩身抗弯刚度存在突变，难以借助现有的刚性或者弹性桩的基础理论进行内力和变形分析，基于结构力学理论，编制了设计计算程序，同时对根据前章节变截面桩竖向力学行为理论研究成果，编制计算程序，并通过工程实例进行验证。为变截面桩使用、推广奠定理论和技术基础。

6.1　阶梯形变截面桩承载力与变形性状分析程序设计

随着大直径变截面桩工作机理研究的深入，传统的桩基辅助计算软件已经无法满足当前的设计需求，且没有一个完善的系统设计理论。为了便于桩基设计计算，分别就大直径变截面桩的竖向、水平承载力及变形的计算公式，开发了大直径变截面桩的辅助计算软件系统。

6.1.1　设计原则

当前，传统的桩基辅助设计软件设计模式为：针对具体的实现过程去实现设计，在程序代码中没有考虑程序接口，为软件升级带来障碍。为避免传统模式中针对具体实现过程编程的弊端，本软件采用针对接口编程，为后续开发者提供一个良好的开发平台。其具体设计原则见表 6.1-1。

软件设计原则　　表 6.1-1

设计原则	目　标
实用性	系统功能的实用化
先进性	先进的系统分析方法和软件技术
可靠性	具有长期稳定、安全运行的能力

续表

设计原则	目　标
可升级性	针对接口编程,具有更强的扩充性能
可移植性	移植到档次更高、处理能力更强的计算机系统上
可维护性	提供详细的帮助文档、示例说明文档

6.1.2 软件开发平台

本软件以 Windows 系列的计算机系统为工作平台，为达到辅助设计计算软件的高效性和软件设计界面的友好性，经比较，选择了业内公认的高效率的 C++语言为开发语言，选择 Microsoft VC++2008 为软件开发工具。

6.1.3 界面设计

本软件由主界面、桩基竖直等截面计算界面、桩基竖直变截面计算界面、桩基水平等截面计算界面和桩基变截面计算界面五部分组成。

为使主界面友好直观，界面采用下拉式菜单和平面导航按钮，同时留下扩展接口，如图 6.1-1 所示，次级界面如图 6.1-2 所示。

图 6.1-1　主界面

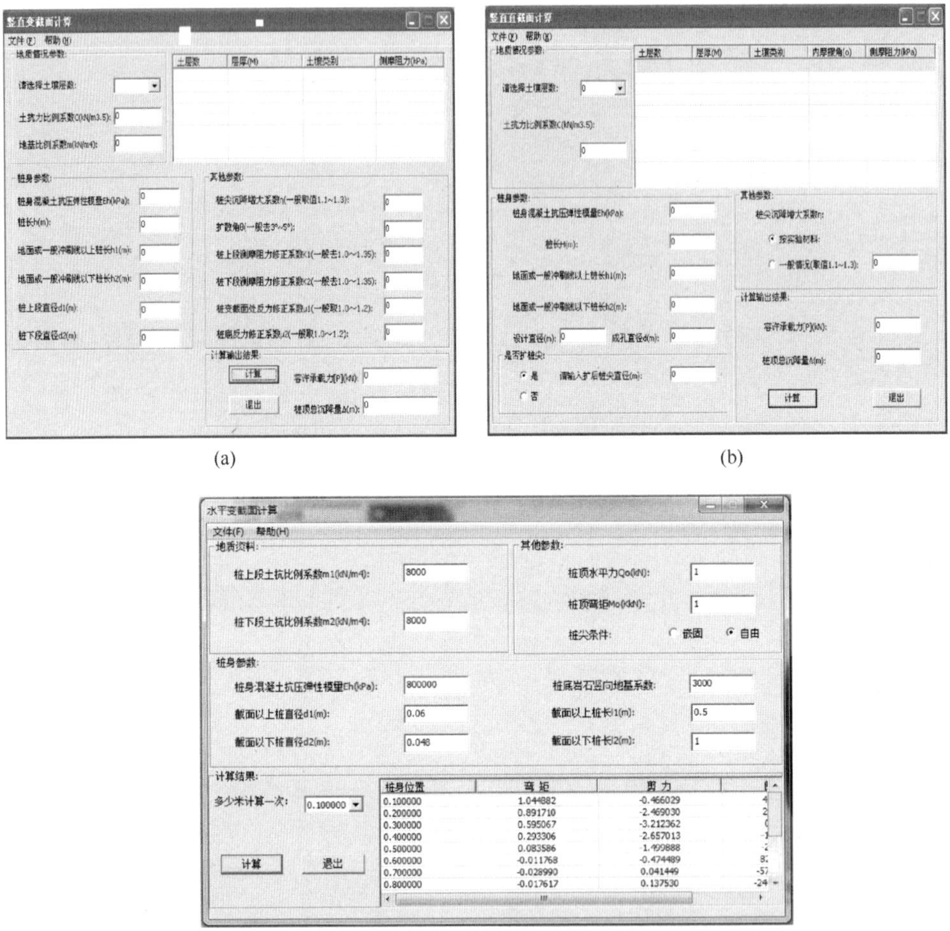

(a)

(b)

桩身位置	弯 矩	剪 力
0.100000	1.044882	-0.466029
0.200000	0.891710	-2.469030
0.300000	0.595067	-3.212362
0.400000	0.293306	-2.657013
0.500000	0.083586	-1.499888
0.600000	-0.011768	-0.474489
0.700000	-0.028990	0.041449
0.800000	-0.017617	0.137530

(c)

图 6.1-2 次级界面

(a) 竖向容许承载力和变形值的计算界面；(b) 竖向直桩计算界面；(c) 横向受荷载计算界面

帮助界面见图 6.1-3。

6.1.4 功能设计和菜单分析及其实现

为达直观之目的，功能设计展示见图 6.1-4。

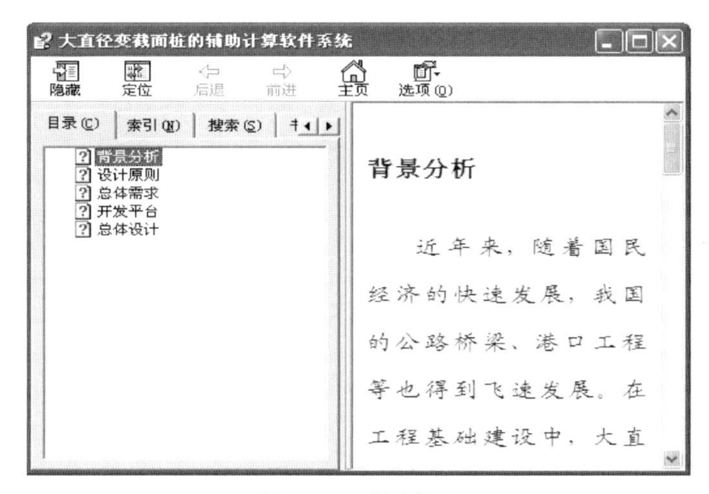

图 6.1-3 帮助界面

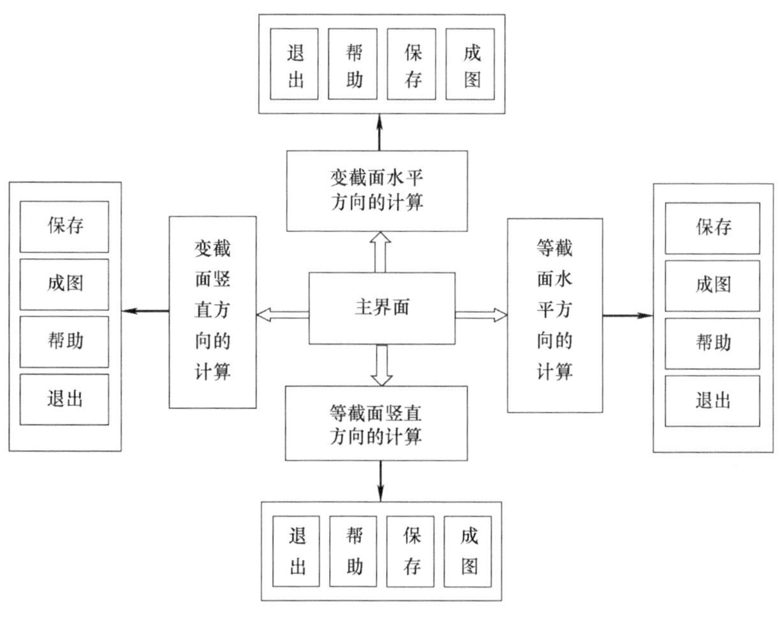

图 6.1-4 功能设计

成图菜单主要生成能让 AutoCAD 识别的文件——DXF 格式文件。DXF 是美国 Autodesk 公司制定并首先用于 AutoCAD 的图形交换的文件格式，它是一种基于矢量的 ASCll 格式，文件的扩展名为“.DXF”，用于外部程序和图形系统或不同的图形系统之间交换图形信息。DXF 已是事实上的工业标准，这更有利于以后系统的扩展。

保存菜单采用 VC++2008 下 WriteString 函数，将所有要保存的信息全部写入到扩展名为“.txt”文件中，保存当前计算结果，便于日后查阅。

帮助文档主要是为了方便使用者了解模块的实现功能和查看相应的规范而设计的。其功能主要是调用一个扩展名为“.chm”格式的文档。在文档中详细地记录了各个按钮、菜单的功能说明和相应的桩基设计规范，便于用户学习使用以及查看疑问。

6.1.5 主要功能模块分析

功能模块的关键技术是数据采集和转换技术。这个技术的可行方案有两种：第一，通过数据库对数据进行采集和转换；第二，在计算过程中直接对数据进行采集和转换。前者不仅加大了用户的使用困难，而且增大了系统的维护成本。综合分析，本软件采取第二种方案，且使用 VC++2008 MFC 当中的 List Control、Combo Box、Edit Control 控件和 Edit 类四者相结合的方式可较为满意地解决后者数据的未知性。

对采集的数据进行转换处理，并利用上文推导的计算公式进行编程，进而实现辅助设计。通过 Edit Control 控件把计算结果呈现给用户，使用 VC++2008 下 WriteString 函数把计算过程中所出现的全部提示、数据、结果进行排版后写入到保存文件中。

6.2 竖向承载与变形特性工程实例分析与验证

苏通大桥主 4 号墩采用变截面形式，桩长 114m，地面标高−26.430m，最大冲刷线标高−52.190m，桩底标高−124.000m，变截面处标高−64.880m。上、下段桩径分别为 2.8m、2.5m，桩身采用 C35 混凝土。地质资料如表 6.2-1 所示。

地质资料表　　表 6.2-1

土层标高(m)	−34.74	−36.165	−37.59	−40.44	−50.09	−58.09	−60.98	−64.88	−73.24	−77.74	−83.74
土层名称	粉砂	细砂	粉砂	细砂	粉砂	细砂	粉砂	细砂	中砂	粉砂	粗砂
土层摩阻力(kPa)	35	40	35	45	40	45	50	55	60	55	110

续表

土层标高(m)	−89.24	−92.69	−94.69	−96.69	−98.69	−100.49	−108.04	−110.04	−114.54	−121.04	−124
土层名称	粗砂	细砂	粉质黏土	中砂	细砂	砾砂	中砂	粗砂	粉质黏土	细砂	粉质黏土
土层摩阻力(kPa)	115	55	60	70	60	120	70	110	70	60	50

计算结果见表 6.2-2。

计算结果列表 **表 6.2-2**

T_1(kN)	T_{h1}(kN)	T_2(kN)	T_{h2}(kN)	R_1(kN)	R_2(kN)	P_0(MN)	Δ(mm)
11916	7444.8	20143.7	6647.4	7926.3	2983.46	57.06	16.281

注：计算中取 $K_1=K_2=1.35$，$\mu_1=\mu_2=1.2$。

通过实验得到苏通大桥主 4 号墩竖向承载力设计值为 57.54MN。采用现行规范方法算得承载力容许值为 46.07MN，误差为−19.9%；用本文方法算得承载力容许值为 57.06MN，误差仅为−0.83%。

结果表明：根据桩侧土壤摩阻力及端承力的发挥情况，考虑足够的安全储备，选择第三临界状态，推导承载力、沉降量计算公式是合理的。

软件计算结果见图 6.2-1。

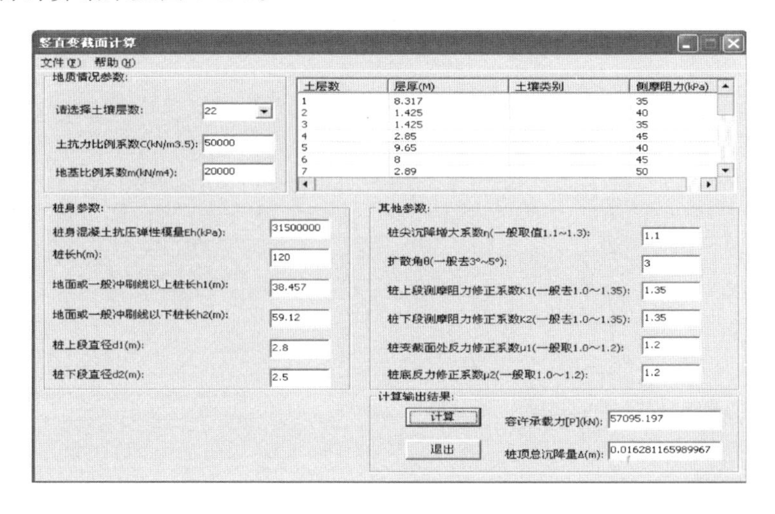

图 6.2-1 软件计算结果

6.3　阶梯形变截面桩横向力学行为程序计算分析与验证

程序验证的过程中采用模型试验和数值分析所采用的桩、土的参数，将变截面以上长度分别为 0.3m、0.5m、0.7m、0.9m 和等截面桩五种情况的理论计算桩分别命名为 CH1、CH2、CH3、CH4、CHS，将不同变截面位置的非岩石地基和嵌固段情况程序计算情况归纳如下。

6.3.1　支立于非岩石地基情况

1. 桩身弯矩分布

图 6.3-1～图 6.3-3 为支立于非岩石地基上，均一介质黏土中，不同桩顶荷载作用下，不同变截面位置桩身弯矩图。

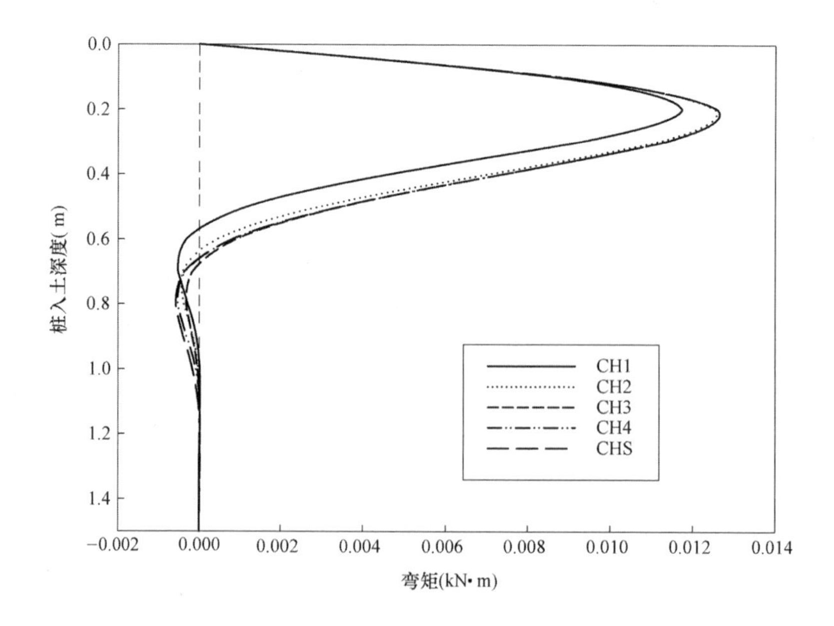

图 6.3-1　Q_0＝0.10kN 桩身弯矩图

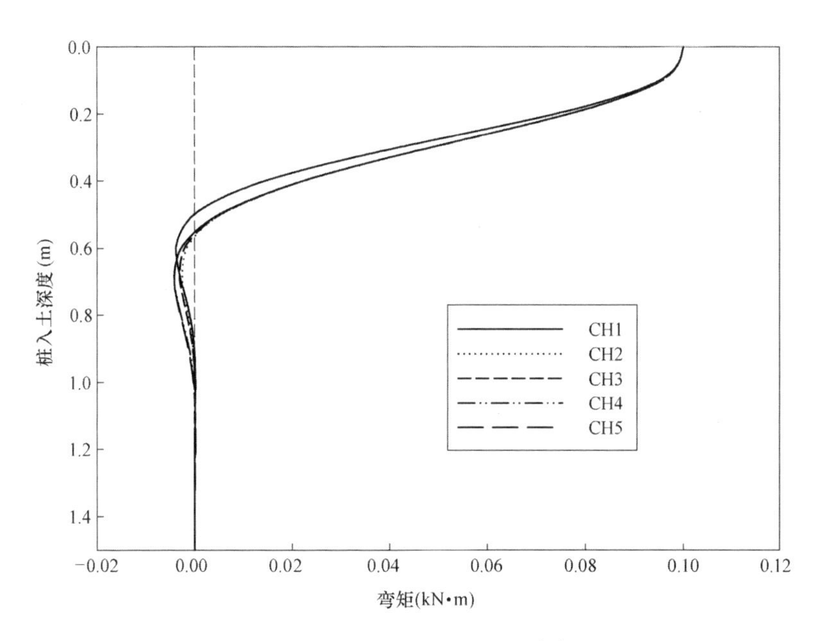

图 6.3-2 M_0=0.10kN·m 桩身弯矩图

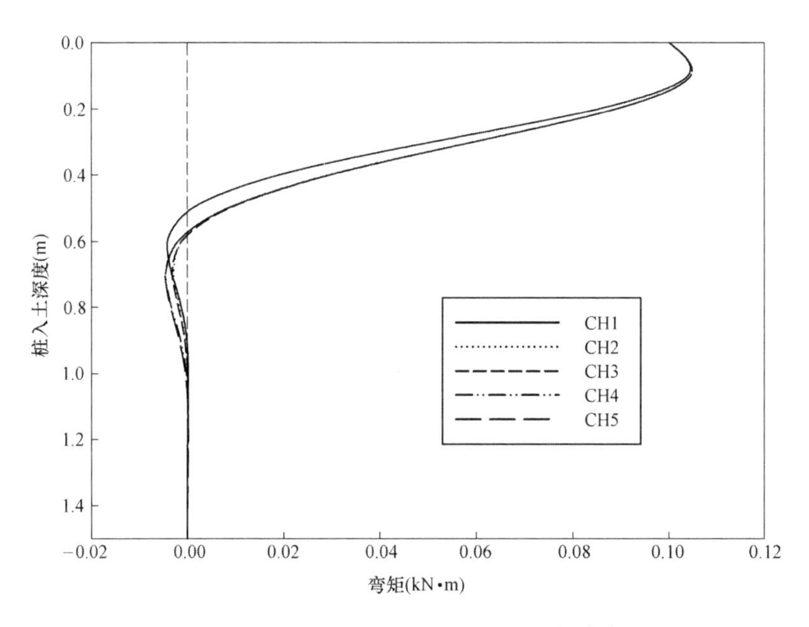

图 6.3-3 Q_0=0.10，M_0=0.10kN·m 桩身弯矩图

图 6.3-1 表现为当桩顶仅作用水平力（Q_0＝0.10kN）的时候，不同变截面位置桩身弯矩图分布形式没有显著的差异。最大正弯矩均出现在距离桩顶 0.2～0.3m 的位置，CH1 桩正弯矩值明显小于其他四根桩，CH2、CH3、CH4、CHS 大小没有显著差别。CH1、CH2、CH3、CH4 最大弯矩的值分别为 11.70N·mm、12.50N·mm、12.60N·mm、12.60N·mm、12.60N·mm；最大负弯矩值出现在 0.6～0.8m，CH1、CH2、CH3、CH4、CH5 负弯矩值大小差别显著，分别为－0.51N·mm、－0.40N·mm、－0.32N·mm、－0.52N·mm、－0.57N·mm，CH3 桩明显小于其他四根桩。

图 6.3-2 表现为当桩顶仅作用弯矩（M_0＝0.10kN·m）的时候，不同变截面位置桩身弯矩图分布形式没有显著的差异。桩顶最大弯矩衰减很快。CH1 桩反弯点明显高于其他四根桩，CH2、CH3、CH4、CHS 大小没有显著差别，均位于 0.5～0.7m；最大负弯矩值出现在 0.5～0.7m，CH1、CH2、CH3、CH4、CH5 负弯矩值大小差别显著，分别为－3.929N·mm、－2.507N·mm、－3.058N·mm、－4.235N·mm、－4.299N·mm，CH2 桩明显小于其他四根桩。

图 6.3-3 表现为当桩顶同时作用水平力（Q_0＝0.10kN）、弯矩（M_0＝0.10kN·m）的时候，不同变截面位置桩身弯矩图分布形式没有显著的差异。桩顶最大弯矩衰减快。CH1 桩反弯点明显高于其他四根桩，CH2、CH3、CH4、CHS 大小没有显著差别，均位于 0.5～0.7m；最大负弯矩值出现在 0.5～0.7m，CH1、CH2、CH3、CH4、CHS 负弯矩值大小差别显著，分别为－4.236N·mm、－2.905N·mm、－3.22N·mm、－4.569N·mm、－4.654N·mm，CH2 桩明显小于其他四根桩。

综合以上情况，桩顶分别作用水平力、弯矩以及水平力与弯矩组合作用时，桩身负弯矩大小和出现位置均有显著的差别，故此得出变截面桩桩身弯矩分布形式与桩顶力的边界条件有关系。

2. 桩身剪力分布

图 6.3-4 为支立于非岩石地基上，均一黏土介质中，不同桩顶荷载作用下，不同变截面位置桩身剪力分布图。

图 6.3-4 表现为当桩顶仅作用水平力（Q_0＝0.10kN）的时候，不同变截面位置的桩身剪力分布形式没有显著的差异。最大负值剪力出现在距离桩顶 0.3～0.4m 的位置，CH1、CH2、CH3、CH4、CHS 剪力大小没有显著差别，CH1、CH2、CH3、CH4、CHS 最大负值剪力分别为－45.48N、－44.53N、

−42.46N、−42.63N、−42.62N，呈现逐渐减小的趋势，减小的趋势越来越小。

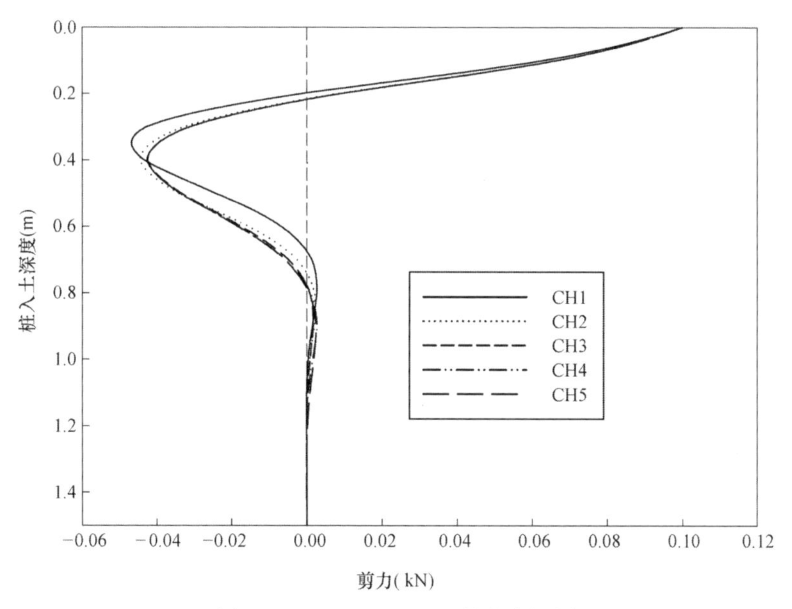

图 6.3-4 Q_0=0.10kN 桩身弯矩图

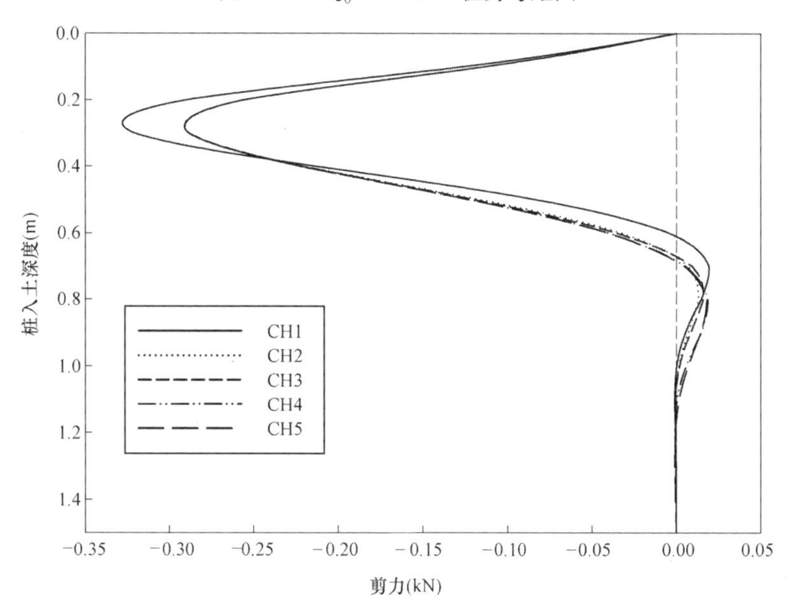

图 6.3-5 M_0=0.10kN・m 桩身弯矩图

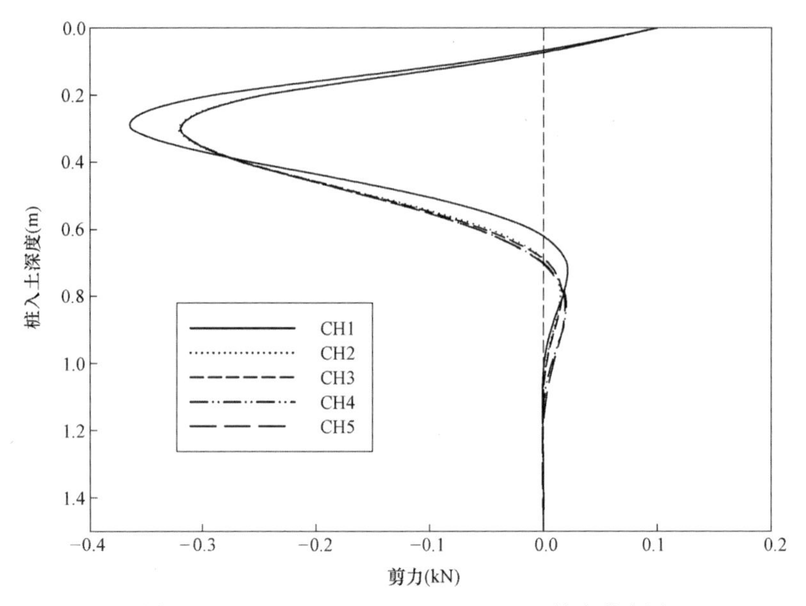

图 6.3-6　Q_0＝0.10，M_0＝0.10kN・m 桩身剪力图

图 6.3-5 表现为当桩顶仅作用弯矩（M_0＝0.10kN・m）的时候，不同变截面位置桩身弯矩图分布形式没有显著的差异。最大负值剪力出现在距离桩顶 0.3m 的位置，CH2、CH3、CH4、CHS 剪力大小没有显著差别，CH1、CH2、CH3、CH4、CHS 最大负值剪力分别为－320.98N、－288.66N、－288.26N、－288.61N、－288.58N。

图 6.3-6 表现为当桩顶同时作用水平力（Q_0＝0.10kN)、弯矩（M_0＝0.10kN・m）的时候，不同变截面位置桩身弯矩图分布形式没有显著的差异。最大负值剪力出现在距离桩顶 0.3m 的位置，CH2、CH3、CH4、CHS 剪力大小没有显著差别，CH1、CH2、CH3、CH4、CHS 最大负值剪力分别为－363.64N、－321.22N、－319.23N、－319.60N、－319.57N。

综合以上几种情况，桩顶分别作用水平力、弯矩以及水平力与弯矩组合作用时，桩身负值剪力大小和出现位置均有显著的差别，故此得出变截面桩桩身弯矩分布形式与桩顶力的边界条件有关系，但当变截面处于一定深度后，对桩身内力分布影响不明显，体现变截面设置的价值。

3. 桩身位移曲线

图 6.3-7～图 6.3-9 为支立于非岩石地基上，均一黏土介质中，不同桩顶荷

载作用下，不同变截面位置桩身位移分布图。

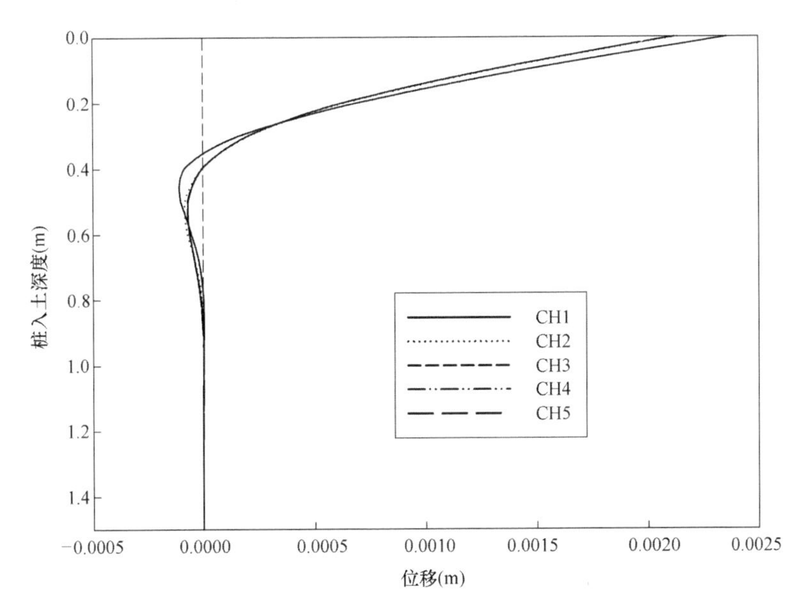

图 6.3-7 Q_0=0.10kN 桩身位移

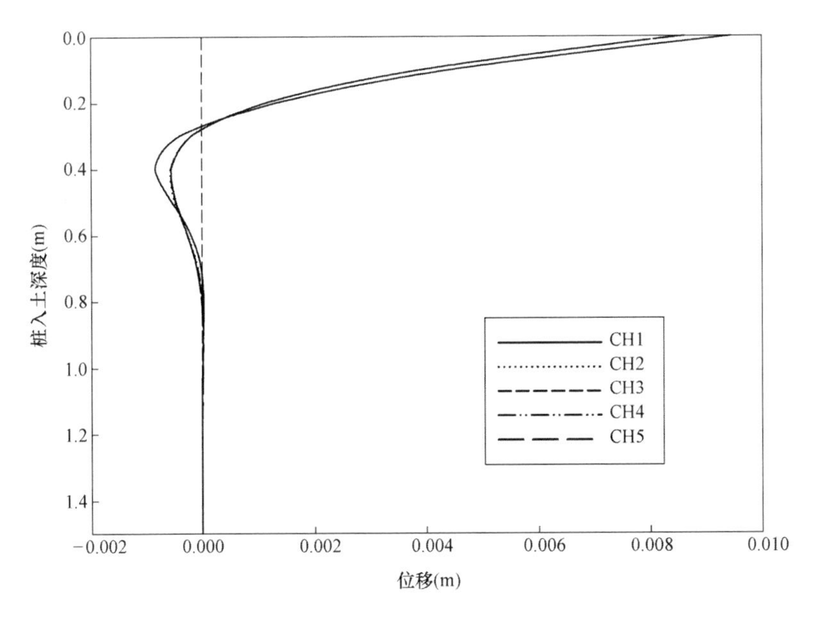

图 6.3-8 M_0=0.10kN・m 桩身位移

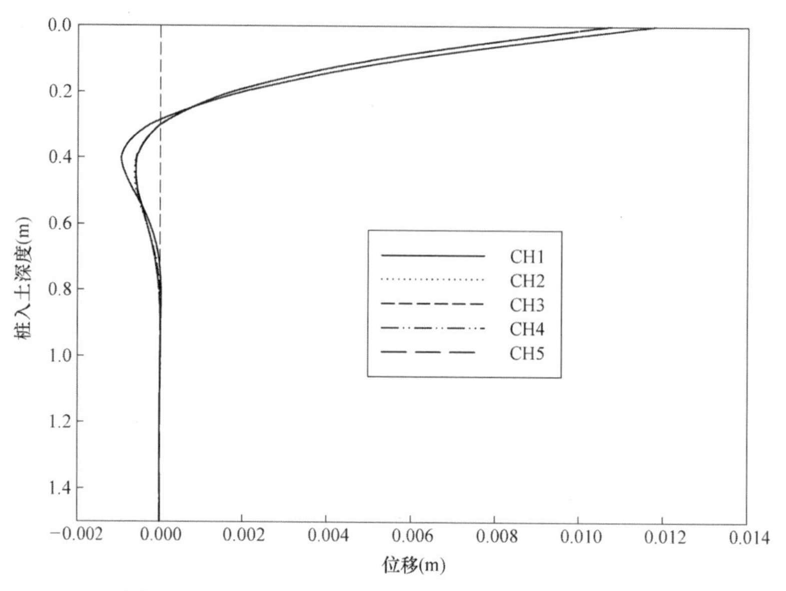

图 6.3-9 M_0=0.10kN·m、Q_0=0.10kN 桩身位移

图 6.3-7 表现为当桩顶仅作用水平力（Q_0=0.10kN）的时候，不同变截面桩身位移分布形式没有显著的差异。最大正位移值均出现在桩顶位置，CH1、CH2、CH3、CH4、CHS 最大位移值分别为 2.36mm、2.13mm、2.12mm、2.12mm、2.12mm，CH1 桩顶位移明显大于其他四根桩；最大负值位移出现在 0.4～0.6m，CH1、CH2、CH3、CH4、CHS 负弯矩值大小差别显著，分别为 −0.1mm、−0.082mm、−0.069mm、−0.067mm、−0.067mm，CH1、CH2 桩明显大于其他四根桩。

图 6.3-8 表现为当桩顶仅作用弯矩（M_0=0.10kN·m）的时候，不同变截面桩身位移分布形式没有显著的差异。最大正位移值均出现在桩顶位置，CH1、CH2、CH3、CH4、CHS 最大位移值分别为 9.44mm、8.61mm、8.60mm、8.59mm、8.59mm，CH1 桩顶位移明显大于其他四根桩；最大负值位移出现在 0.3～0.5m 之间，CH1、CH2、CH3、CH4、CHS 负弯矩值大小差别显著，分别为 −0.845mm、−0.574mm、−0.563mm、−0.555mm、−0.554mm，CH1 桩明显大于其他四根桩。

图 6.3-9 表现为当桩顶同时作用水平力（Q_0=0.10kN）、弯矩（M_0=0.10 kN·m）的时候，不同变截面桩身位移分布形式没有显著的差异。最大正位移值均出现在桩顶位置，CH1、CH2、CH3、CH4、CHS 最大位移值分别为 11.79mm、

10.74mm、10.72mm、10.71mm、10.71mm，CH1 桩顶位移明显大于其他四根桩；最大负值位移出现在 0.3～0.5m，CH1、CH2、CH3、CH4、CHS 负弯矩值大小差别显著，分别为−0.929mm、−0.58mm、−0.569mm、−0.56mm、−0.559mm，CH1 桩明显大于其他四根桩。

综合以上几种情况，桩顶分别作用水平力、弯矩以及水平力与弯矩组合作用时，桩身负值和正值位移大小和出现位置均有一定差别，随着变截面段桩身的增加，变截面位置对桩顶水平位移和桩身负值位移的影响不是十分显著，故此得出变截面桩桩身弯矩分布形式与桩顶力的边界条件有关系。

图 6.3-10 表现为在桩顶作用 0.1kN 水平荷载时，CH1 桩弯矩图与 CH3 桩身位移图分别与数值模拟结果的对比分析，由分析可以发现二者变化趋势完全一致，体现了公式的准确性，程序计算能真实的反映变截面单桩的横向受力特性。

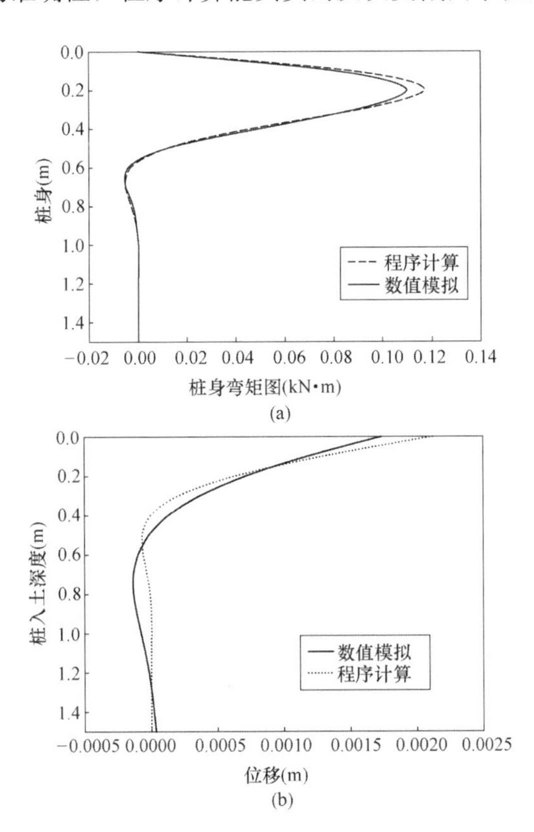

图 6.3-10　变截面桩程序和有限差分法比较

(a) Q_0=0.10kN 弯矩图比较；(b) Q_0=0.10kN 桩身位移比较

在桩端自由的情况下，均一的黏土介质中，变截面桩水平荷载理论计算方法与数值模拟的结果规律一致，但由于两者所取得的计算参数存在一定的误差，使得桩身反弯点的位置存在一定的差异。

6.3.2 嵌岩桩

当桩底岩石地基的竖向地基系数为 3000kN/m 时，桩顶同时作用水平力（Q_0＝0.10kN）、弯矩（M_0＝0.10kN・m）的情况下，各桩的桩身弯矩、剪力和位移等曲线进行对比分析可知：在桩的变形系数即 $\alpha_1 h_1 + \alpha_2 h_2 > 4$ 的情况下，桩底端的支承条件对桩身内力和变形曲线几乎没有影响。

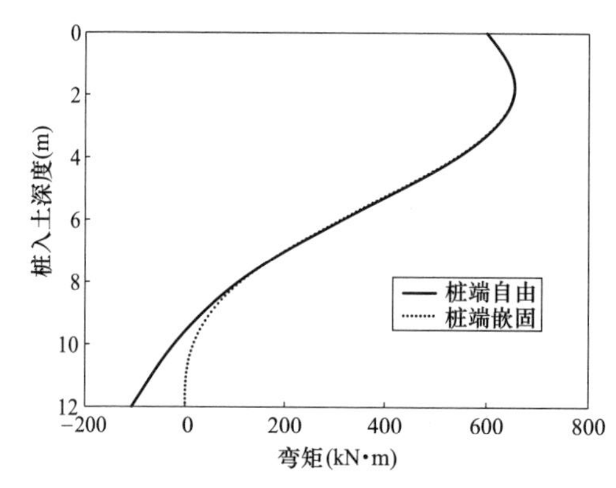

图 6.3-11　不同桩端支承条件下的桩身弯矩图

故此采用桩长为 12m，桩径为 2m，变截面位置为距离桩端 6m（相当于上述 CH2 的位置）的钢筋混凝土桩进行对比分析，计算参数为地基系数 m＝8000kN/m^4，弹性模量 E＝ 8.00E ＋ 06kPa、α_1 ＝ 0.321、α_2＝0.390，仅考虑均一土层。桩顶水平力 Q_0＝50kN，桩顶弯矩 M_0＝600kN・m。

由图 6.3-11～图 6.3-13 可知，在 $\alpha_1 h_1 + \alpha_2 h_2 < 4$ 的情况下，不同桩端支承条件对桩身内力和位移分布具有一定的影响。

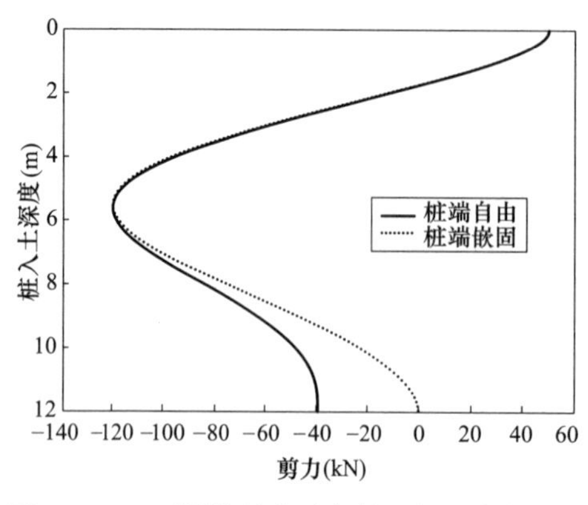

图 6.3-12　不同桩端支承条件下的桩身剪力图

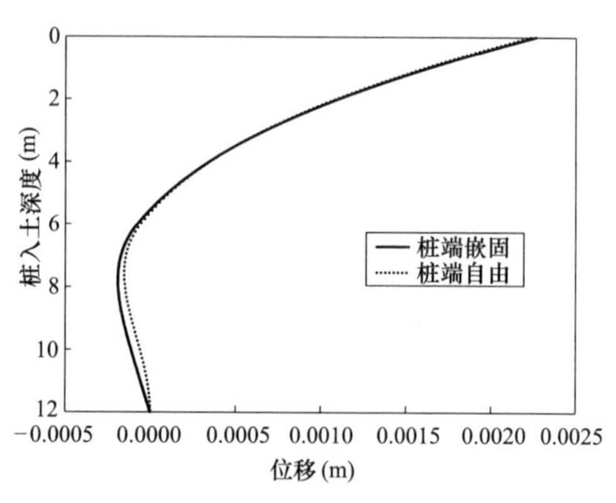

图 6.3-13　不同桩端支承条件下的桩身位移图

6.4 本章小结

（1）选择业内公认的高效率的C＋＋语言为开发语言，选择 Microsoft VC＋＋ 2008 为软件开发工具将竖向极限承载力计算和极限位移计算方法编制为可视化计算机程序。

（2）选用苏通大桥主桥墩基础对计算方法和程序进行了计算校核，误差小于传统的计算方法。结果表明：选择第三临界状态，推导承载力、沉降量计算公式是合理的。

（3）将横向受荷载作用下变截面桩的结构力学解法程序化，并设计软件，通过软件计算对不同桩顶边界条件下、不同变截面位置的变截面桩身内力和变形曲线进行了对比，得出与模型试验和数值分析相同的结论，桩的变截面位置对桩身弯矩、剪力和位移均有一定程度的影响，其中，桩顶最大水平位移影响最显著，当变截面位置达到距离桩顶 0.5～0.7m，即占整个桩长 46.7%左右则没有明显的影响。由此可以见，基于结构力学和弹性桩算法同样可以得出变截面桩存在合适的变截面位置。

（4）运用模型试验和数值分析的结果与理论算法进行了对比分析，桩身弯矩和位移分布趋势一致，规律性与模型试验的结论一致，由此可见该程序可以进一步推广使用，为变截面桩推广应用提供了有力的手段。

7 阶梯形变截面桩适用性影响因素分析

在工程实践过程中，更多从满足施工要求的角度考虑，而很少从力学的角度考虑阶梯形变截面桩参数的选取，这没有充分利用阶梯形变截面桩的优势。阶梯形变截面桩参数选取应该综合考虑施工因素和力学因素，同时结合桩的几何参数、桩周土体特性等确定设计和施工情况才能全面突出与利用变截面桩的优势。本章结合前面章节理论分析、数值模拟和模型试验结论，进一步从力学和施工角度探讨桩的几何特征参数和桩周土体物理力学特性等对阶梯形变截面桩适应性影响。

7.1 阶梯形变截面桩力学特性影响因素分析

7.1.1 竖向变形及承载特性影响因素分析

在前述模型试验、数值分析和理论分析的基础上，选取桩长为15m、桩径为2.0m、最优变截面比为0.8的阶梯形变截面桩为研究对象，采用FLAC3D数值模拟分析均匀介质中阶梯形变截面桩竖向变形和承载特性受桩土特性、接触面特性等的影响，参数设置见表7.1-1、FLAC3D计算模型见图7.1-1。

竖向影响因素分析参数 **表7.1-1**

分析工况		1	2	3	4	5
桩参数	桩径(m)	2.0	2.0	2.0	2.0	2.0
	桩长(m)	15.0	15.0	15.0	15.0	15.0
	体积模量(N/m^3)	6.67E+06	6.67E+07	6.67E+08	6.67E+09	6.67E+10
	剪切模量(N/m^3)	3.08E+06	3.08E+07	3.08E+08	3.08E+09	3.08E+10
接触面参数	剪切刚度(Pa)	5.67E+04	5.67E+05	5.67E+06	5.67E+07	5.67E+08
	法向刚度(Pa)	1.03E+05	1.03E+06	1.03E+07	1.03E+08	1.03E+09
	C(kPa)	8500	8500	8500	8500	8500
	ϕ(°)	16	16	16	16	16

续表

分析工况		1	2	3	4	5
桩周土参数	体积模量(N/m³)	1.44E+07	1.44E+07	1.44E+07	1.44E+07	1.44E+07
	剪切模量(N/m³)	4.80E+06	4.80E+06	4.80E+06	4.80E+06	4.80E+06
	C(kPa)	21348	21348	21348	21348	21348
	ϕ(°)	23.4	23.4	23.4	23.4	23.4

注：当分析某一影响因素时，其对应数值取五种工况，其他分析参数均取第三工况的参数。

1. 桩土剪切模量比

在其他参数不变的情况下，仅改变桩的剪切模量，形成不同的桩土剪切模量比。据此分析桩顶沉降受桩、土剪切模量比的影响，工况 1 y 方向位移云图见图 7.1-2，影响分析结果见图 7.1-3。

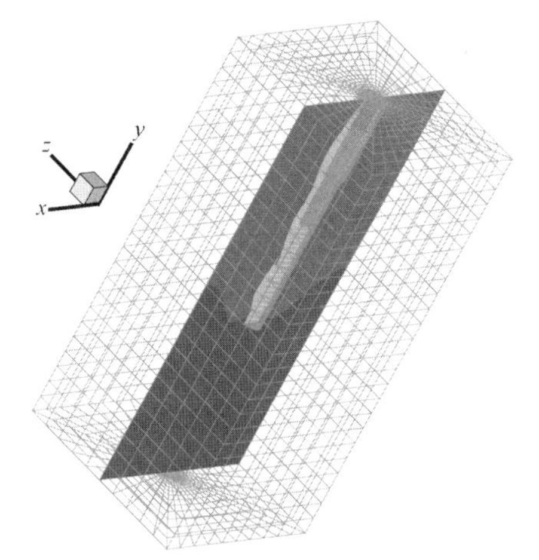

图 7.1-1　FLAC3D 计算模型

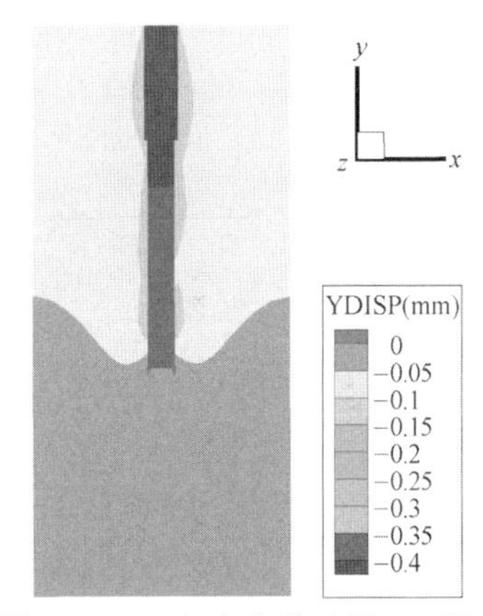

图 7.1-2　y 方向位移云图（工况 1）

将桩土剪切模量比取对数，绘制桩土剪切模量比的对数值和桩顶沉降的相互关系，由图 7.1-3 可知：桩顶沉降随着桩土剪切模量比值的增加，桩顶沉降先急速减小；当桩土体积模量比值超过 6.5 倍左右时，桩体积模量的改

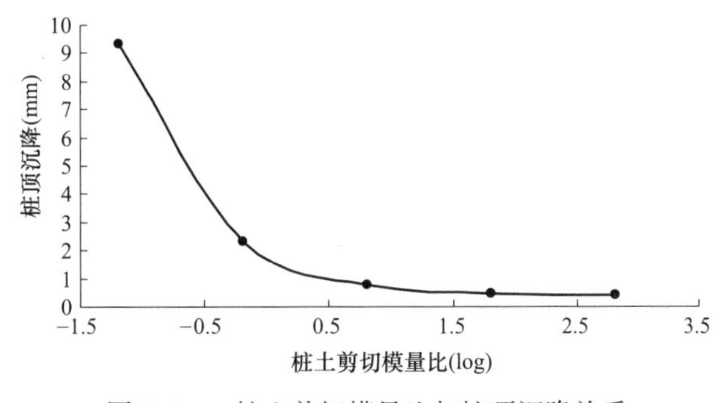

图 7.1-3　桩土剪切模量比与桩顶沉降关系

变，对桩顶沉降的影响甚微。

2. 桩土体积模量比

在其他参数不变的情况下，仅改变桩的体积模量，分析桩顶沉降受桩、土体积模量比的影响，工况 1 y 方向位移云图见图 7.1-4，影响分析结果见图 7.1-5。

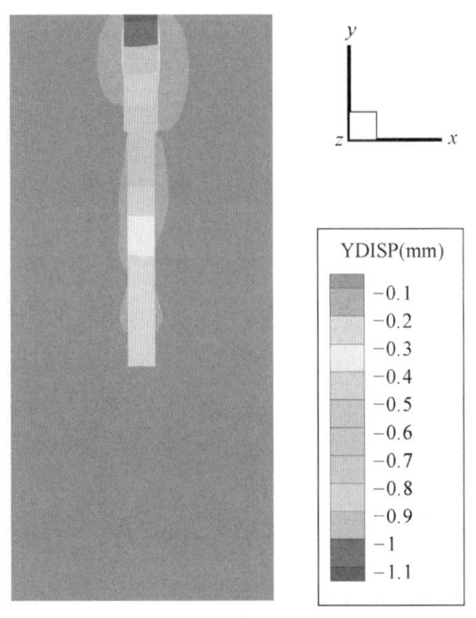

图 7.1-4　y 方向位移云图（工况 1）

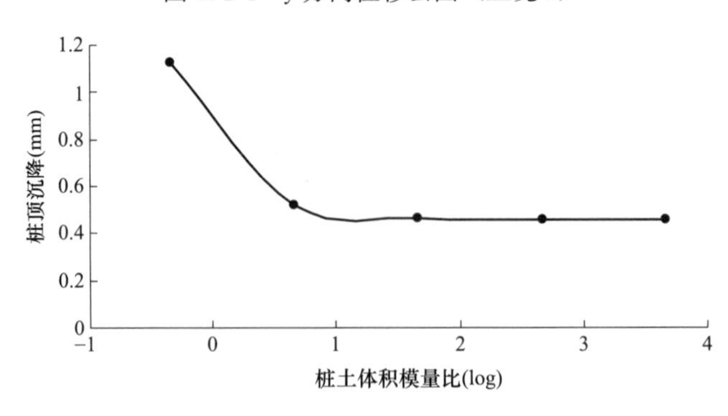

图 7.1-5　桩土体积模量比与桩顶沉降关系

将桩土体积模量比取对数，绘制桩土体积模量比对数值和桩顶沉降的相互关系。由图 7.1-5 可知：桩顶沉降随着桩土体积模量比值的增加，桩顶沉降先急速减小；当桩土体积模量比值超过 5 时，桩体积模量的改变，对桩顶沉降的影响甚微。

3. 接触面剪切刚度

在其他参数不变的情况下，仅改变桩土接触面剪切刚度，分析桩顶沉降受桩土接触面剪切刚度的影响，工况 1 y 方向位移云图见图 7.1-6，影响分析结果见图 7.1-7。

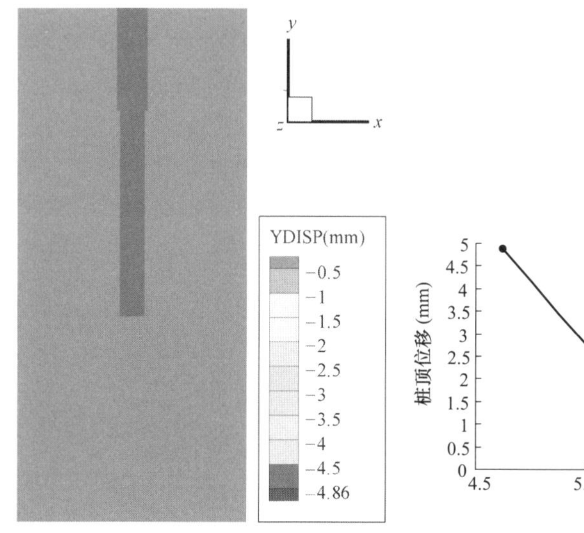

图 7.1-6　y 方向位移云图（工况 1）

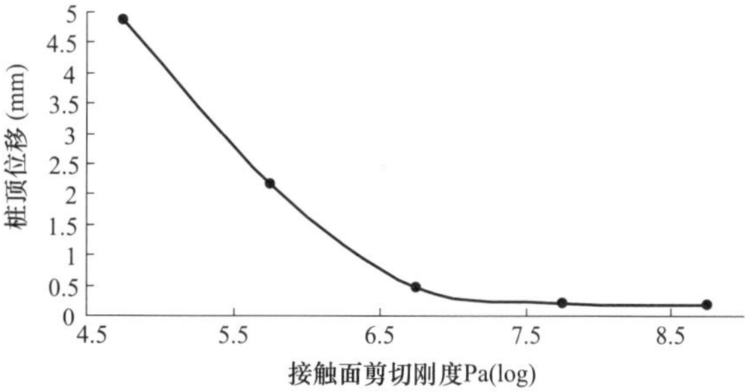

图 7.1-7　接触面剪切刚度与桩顶沉降关系

将接触面剪切刚度取对数，绘制桩土接触面剪切刚度对数值和桩顶沉降的相互关系。由图 7.1-7 可知：桩顶沉降随着桩土接触面剪切刚度的增加，桩顶沉降先急速减小；当桩土接触面剪切刚度大于 5.7×10^{6} Pa 时，桩土接触面剪切刚度的改变，对桩顶沉降的影响较小。

4. 接触面法向刚度

在其他参数不变的情况下，仅改变桩土接触面法向刚度，分析桩顶沉降受桩土接触面法向刚度的影响，工况 1y 方向位移云图见图 7.1-8，影响分析结果见图 7.1-9。

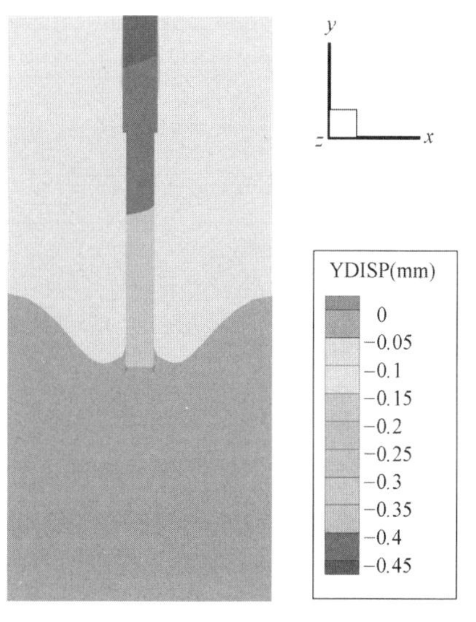

图 7.1-8　y 方向位移云图（工况 1）

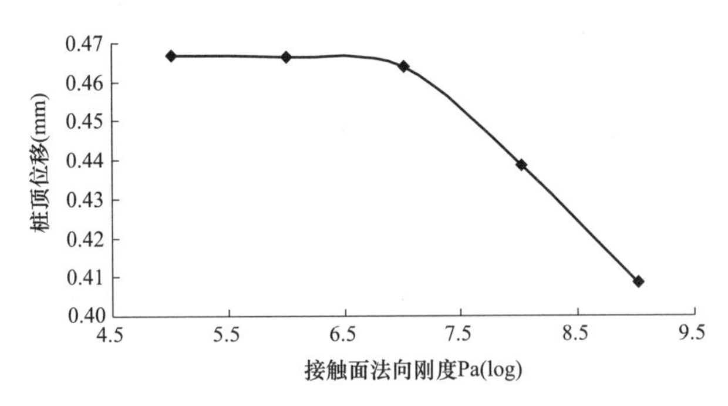

图 7.1-9 接触面法向刚度与桩顶沉降关系

将接触面法向刚度取对数，绘制桩土接触面法向刚度对数值和桩顶沉降的相互关系。由图 7.1-9 可知：桩顶沉降随着桩土接触面法向刚度的增加，起始阶段对桩顶沉降影响不大；仅当桩土接触面法向刚度大于 1×10^7Pa 时，桩土接触面法向刚度的改变对桩顶沉降的影响显著增加。

7.1.2 横向变形及承载特性影响因素分析

借用研发的阶梯形变截面桩设计计算程序，探讨阶梯形变截面桩横向承载和变形特性受桩径、桩长、桩侧土抗比例系数的影响（表 7.1-2）。

横向承载和变形特性受桩径、桩长、桩侧土抗比例系数　　表 7.1-2

分析工况		1	2	3	4	5
桩参数	桩径(m)	1.5	2.0	2.5	3.0	3.5
	桩长(m)	9.0	12.0	15.0	18.0	21.0
桩周土参数	横向地基系数(kN/m^4)	1000	2000	4000	8000	10000

注：当分析某一影响因素时，其对应数值取五种工况，其他参数分别取桩径 2.0m、桩长 15m、地基系数 8000kN/m^4。

1. 桩几何参数

在前述模型试验、数值分析和理论分析的基础上，确定均一介质中变截面桩最优变截面比为 0.8。本节根据上述结论，借用数值分析、理论分析等手段，探讨在变截面比为 0.8 时，阶梯形变截面桩竖向承载和变形特性受桩径、桩长等几何参数的影响。

以桩长为 15m，变截面位置位于距离桩顶 5m 处，变截面上下土抗比例系数均为 8000kN/m^4，桩顶仅作用 50kN 水平荷载、桩端自由为例，分析由于桩径引起的桩变形系数不同，分析的桩径分别为 1.5m/1.2m、2.0m/1.6m、2.5m/2.0m、3.0m/2.4m、3.5m/2.8m 导致的桩身内力和变形的差别。

见图 7.10～图 7.12，当桩换算深度 $\alpha_1 h_1 + \alpha_2 h_2$ 分别等于 10.30、8.47、7.20、6.47、5.845 时，桩身弯矩分布曲线存在明显的差异，最大正弯矩分别为 61.81kN·m、71.64kN·m、83.66kN·m、92.34kN·m 和 98.95kN·m，其出现的位置分别为距离桩顶 2m、3m、3m、3m、3m 处，最大负弯矩分别为－1.97kN·m、－2.89kN·m、－3.64kN·m、－4.06kN·m、－3.63kN·m，其出现的位置分别为距离桩顶 7m、9m、10m、11m 和 12m 处。桩径不同不仅会引起正弯矩分布的差别，而且会引起负弯矩大小和位置的变动，在其他参数不变的情况下，桩径增加负弯矩距，距离桩顶的距离增加，大小也有增加的趋势，设计时应引起重视。桩身剪力分布曲线也存在明显的差别，负值剪力大小分别为－22.03kN、－22.32kN、－23.73kN、－22.70kN 和 23.01kN，出现的位置分别在距离桩顶 4m、5m、5m、5m 和 6m 处。桩径不同引起最大负值大小不存在显著的差异，但是剪力出现的位置存在明显的差别，设计计算的时候应考虑阶梯形变截面桩下段出现剪应力集中的情况。变形曲线揭示由于桩径差别引起的变形系数不同时，变形曲线分布模式没有显著的差别，最大变形值与换算深度成正相关，最大位移大小分别为 2.6mm、1.5mm、0.99mm、0.7mm 和 0.53mm。

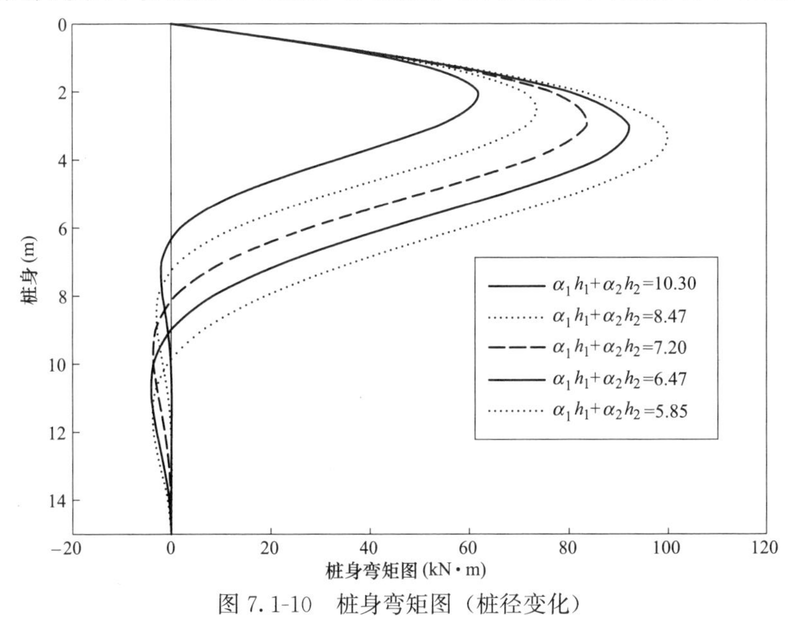

图 7.1-10　桩身弯矩图（桩径变化）

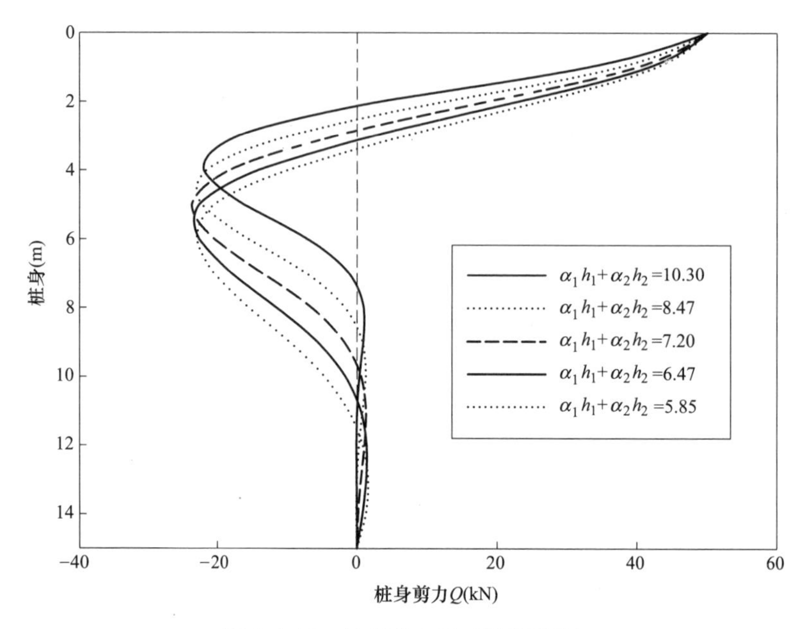

图 7.1-11 桩身剪力图（桩径变化）

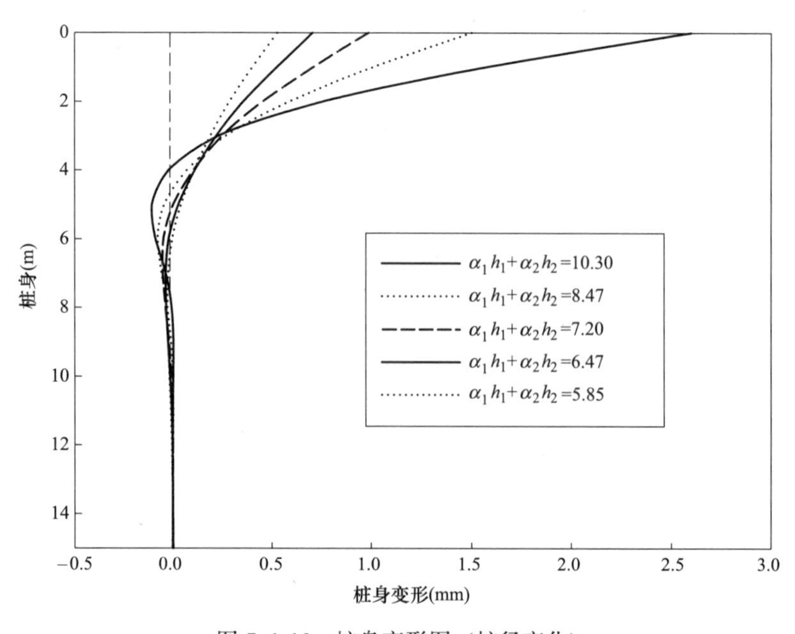

图 7.1-12 桩身变形图（桩径变化）

同时，将最大弯矩、剪力和桩顶最大水平位移与相应换算桩长的关系绘成曲线，见图 7.1-13～图 7.1-15。

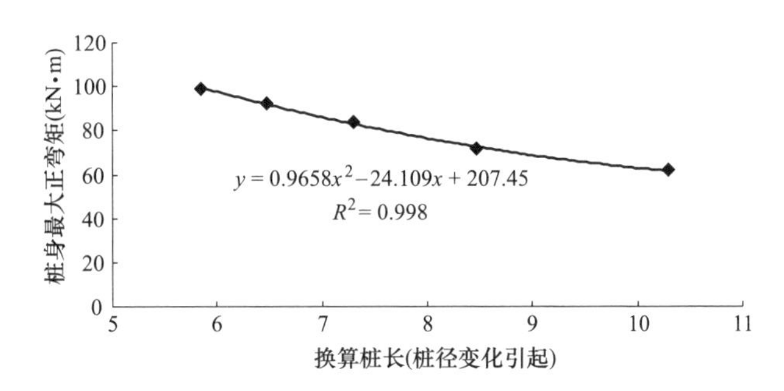

图 7.1-13　换算桩长与桩身最大弯矩关系曲线

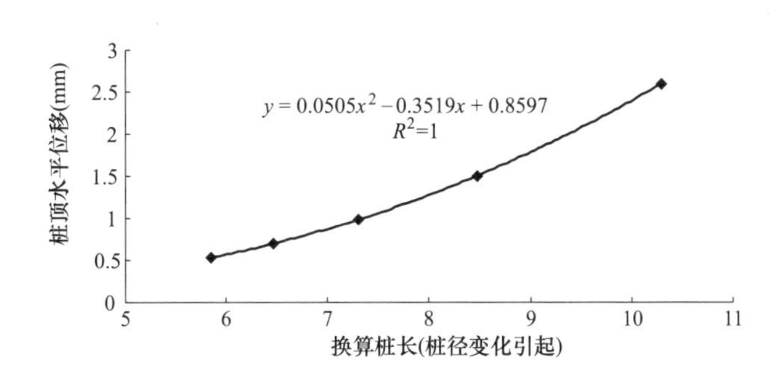

图 7.1-14　换算桩长与桩顶水平位移关系曲线

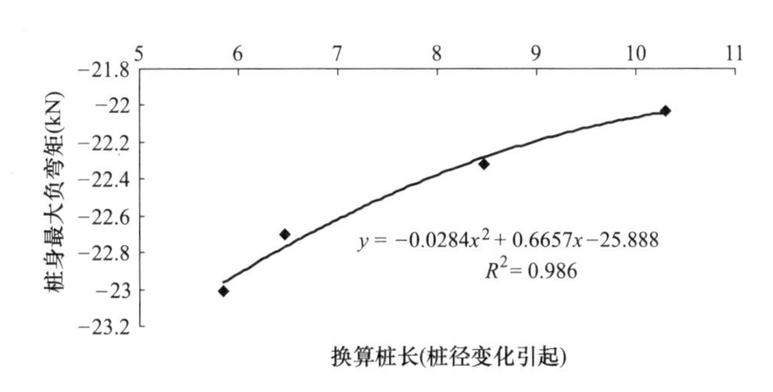

图 7.1-15　换算桩长与桩身最大剪力关系曲线

由于桩径变化，同时引起桩计算宽度和桩身的抗弯刚度的变化，由图 7.1-8～图 7.1-10 可知桩顶水平位移、桩身最大弯矩和最大负值剪力与换算桩长的关系均可以用二次多项式拟合，规律性比较明显。当桩结构设计以桩顶水平位移控制时，换算桩长不宜过长，在实例计算参数设定的情况下，换算桩长为 3.5 较合适；当以桩身结构内力计算控制时，换算桩长为 12.0 较合适，此时桩身最大弯矩和最大剪力分布均接近最小值。

以桩径为 2m/1.6m，变截面位置位于距离桩顶 5m 处，变截面上下土抗比例系数均为 8000kN/m^4，桩的变形系数相同，桩变截面位置占整个桩长比例相同，桩顶仅作用 50kN 水平荷载、桩端自由为例，分析桩长分别取 9m、12m、15m、18m、21m 时引起桩换算深度不同而引起的桩身内力和变形的差别。

见图 7.1-16～图 7.1-18，当桩换算深度 $\alpha_1 h_1 + \alpha_2 h_2$ 分别等于 5.26、7.01、8.77、10.52、12.28 时，桩身弯矩、剪力和变形分布曲线形态并没有显著的差别，仅在最大量值上存在一定的差别，体现长桩桩长的变化对变截面上段受力和变形特性的影响不是很显著，同时再一次说明变截面更加符合桩身变形和受力的特点，阶梯形变截面桩变截面段的设置是合理的。

桩长增加 2.3 倍，而桩顶水平位移仅减小 0.15 倍，桩顶水平位移绝对值变化不是很明显，基本符合二次多项式函数关系（图 7.1-19），但是系数均较小。当桩长约为 11m 时，桩顶水平位移达到最小值，其值为 1.462mm，显然与图 7.1-19 中桩顶水平位移最大值比较，减小的比例不大。

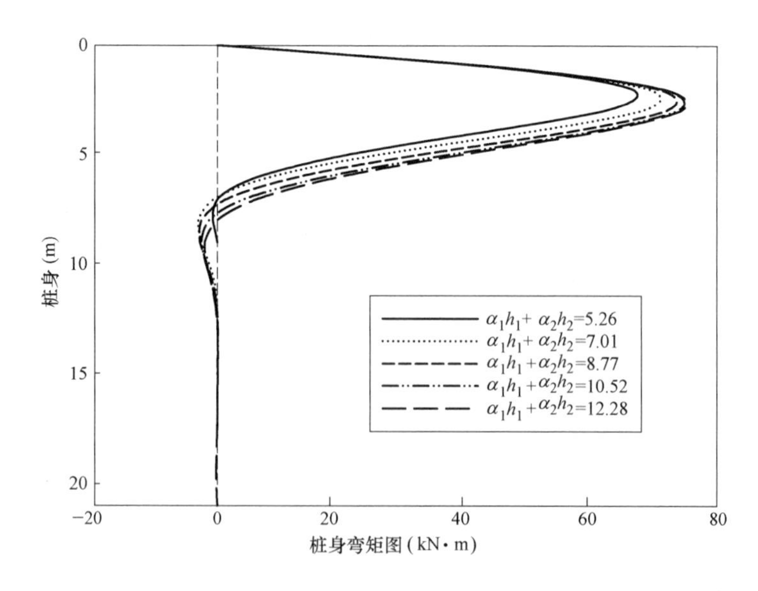

图 7.1-16　桩身弯矩图（桩长变化）

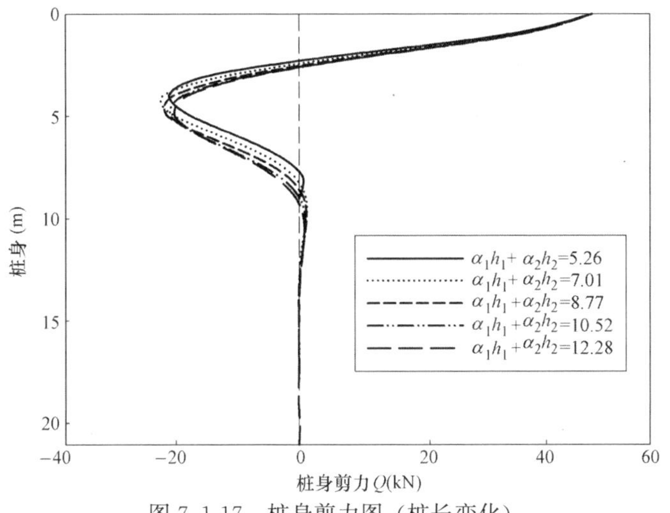

图 7.1-17 桩身剪力图（桩长变化）

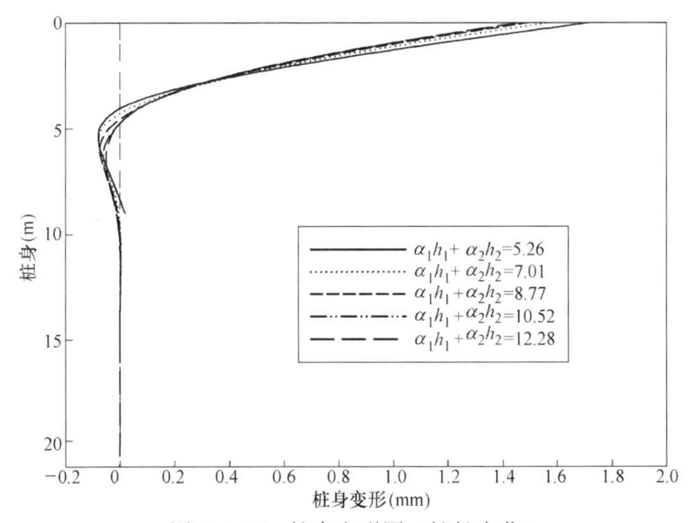

图 7.1-18 桩身变形图（桩长变化）

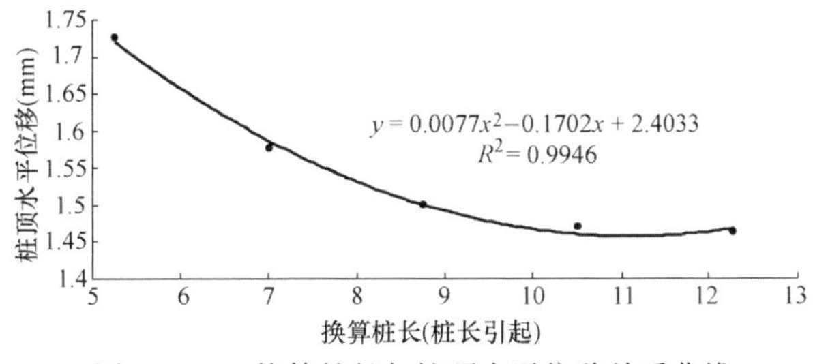

图 7.1-19 换算桩长与桩顶水平位移关系曲线

2. 横向地基系数

以桩径为 2m/1.6m，变截面位置位于距离桩顶 5m 处，变截面上下土抗比例系数均为 8000kN/m^4，桩的变形系数相同，桩的弹性模型不变，桩变截面位置占整个桩长比例相同，桩顶仅作用 50kN 水平荷载、桩端自由为例，分析阶梯形变截面桩变截面上段桩周土横向抗力系数 m 分别为 1000kN/m^4、2000kN/m^4、4000kN/m^4、8000kN/m^4 和 10000kN/m^4 时引起桩换算深度不同而导致的桩身内力和变形的差别。m 分别为 1000kN/m^4、2000kN/m^4、4000kN/m^4、8000kN/m^4 和 10000kN/m^4，基本涵盖流塑黏性土、软塑黏性土、硬塑黏性土、半干硬的黏性土、粗砂五种土质情况，同时，将桩身弯矩、剪力和变形最大值无量纲化，探讨其与变形系数之间的关系（图 7.1-20～图 7.1-25）。从另一侧面反映横向受荷载情况下，桩土模型比的情况。

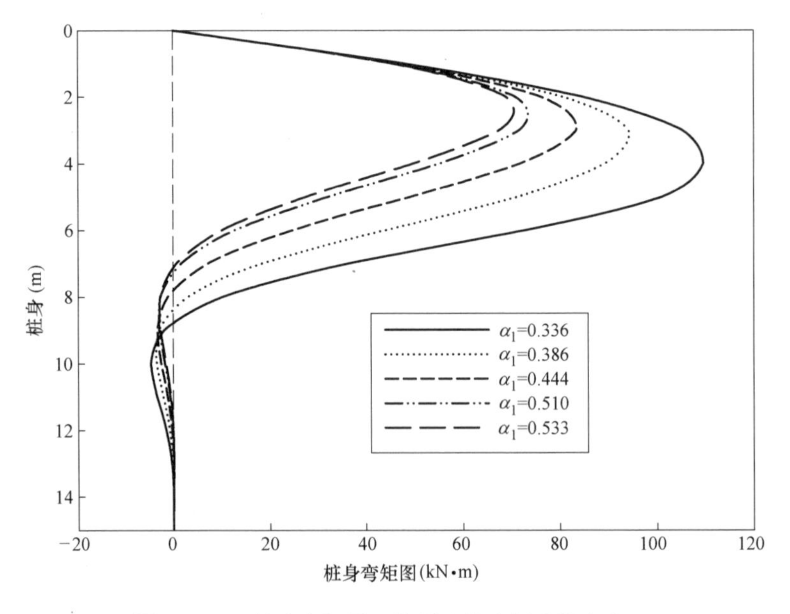

图 7.1-20 桩身弯矩图（桩侧土抗比例系数变化）

大直径段 m 值不同则体现不同的桩土相互作用，通过去量纲化处理，将最大弯矩、剪力和变形各自除以最大值，并绘制其与变形系数之间的相互关系曲线，可知之间的关系均可以近似用二次抛物线拟合，相关性大。在实例分析的情况下，当变形系数分别取 0.65、0.54、0.52 时，桩身最大弯矩、最大剪力和最大桩顶水平位移各自取最小值。

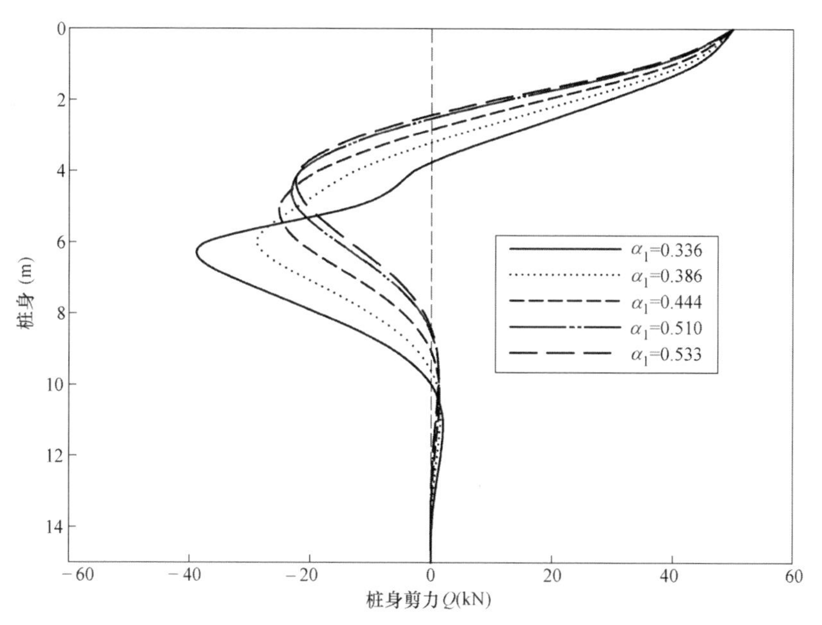

图 7.1-21 桩身剪力图（桩侧土抗比例系数变化）

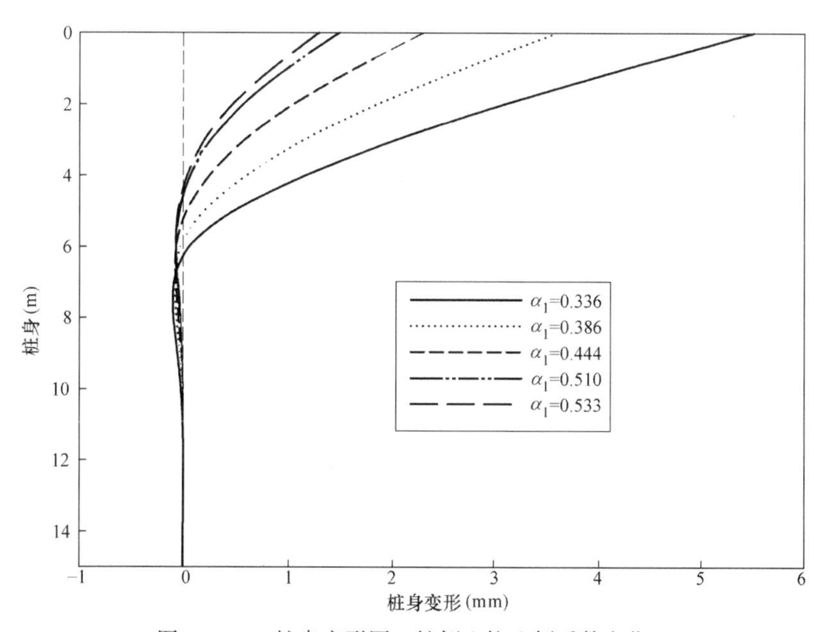

图 7.1-22 桩身变形图（桩侧土抗比例系数变化）

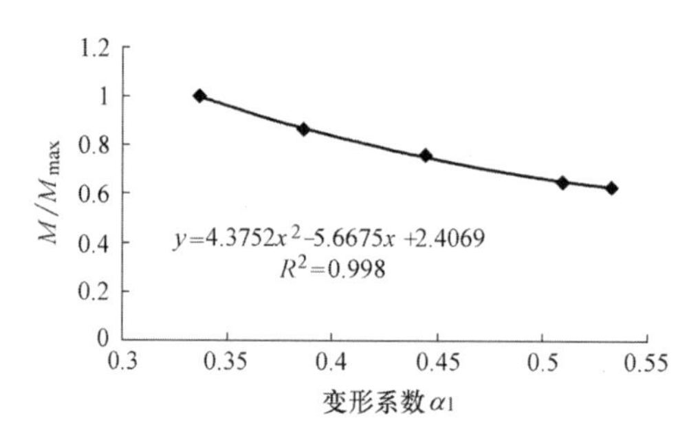

图 7.1-23 变形系数与 M/M_{max} 关系曲线（桩侧土抗比例系数变化）

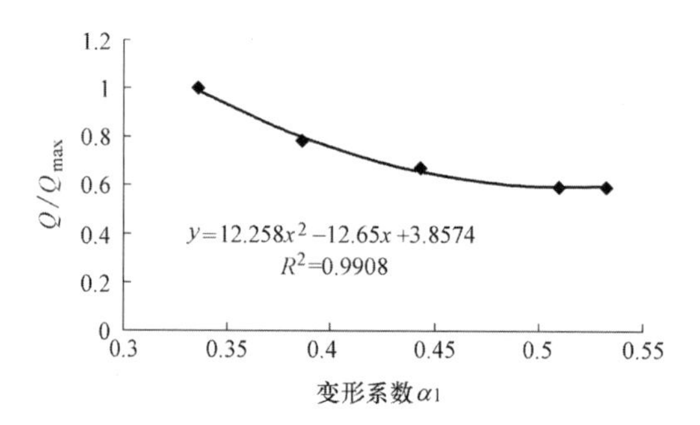

图 7.1-24 变形系数与 Q/Q_{max} 关系曲线（桩侧土抗比例系数变化）

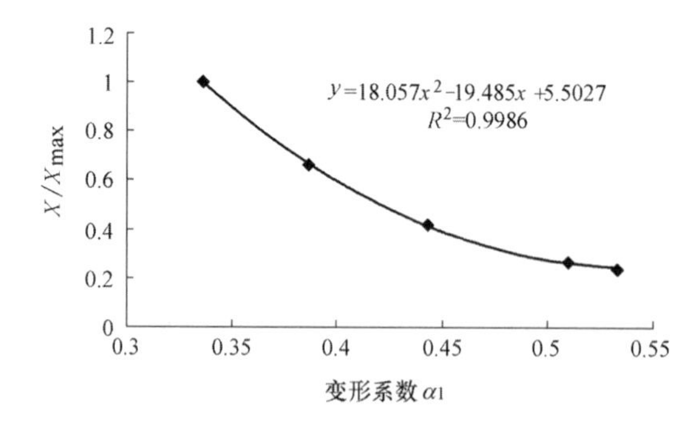

图 7.1-25 变形系数与 X/X_{max} 关系曲线（桩侧土抗比例系数变化）

7.2 阶梯形变截面桩施工特性影响因素分析

变截面桩施工难易程度和成桩效果是变截面桩推广过程中所应解决的重要问

题。从施工的角度看，现场工程地质和水文地质条件对变截面桩的选用和参数的确定也是至关重要的，甚至是变截面桩参数选取的必要条件，而力学分析成为充分条件，所以对施工难易程度和成桩效果影响因素分析，至关重要。从现有的工程实践经验来看，主要有三个方面的内容：第一，变截面桩变截面段嵌入河床地下的埋深一定大于等于一倍的水深，否则变截面桩施工过程钻孔容易坍塌；第二，变截面段埋入深度受变截面桩钢护筒施工机具设备、施工过程中采用泥浆类型的影响，泥浆密度不合适，将使得变截面桩所用护筒与桩身结构混凝土脱离，不能充分发挥变截面桩钢护筒的作用；第三，变截面桩的选用对基础的结构形式的适应性和缩短施工工期也是考虑的至关重要的因素。

7.2.1 钢护筒

钢护筒可以更好地发挥变截面桩的承载效应，但是钢护筒埋置深度有时客观上确定了阶梯形变截面桩的变截面段的长度，构成确定变截面桩大直径段长度的必要条件。阶梯形变截面桩大直径段长度必须大于等于深水河床护筒底端埋置深度的计算公式和结构计算的计算长度，否则施工过程中容易引起塌孔。

1. 钢护筒埋深计算

根据公路施工手册《桥涵》的内容，对于深水河床护筒底端埋置深度的计算公式如下：

$$L=[(h+H)r_w-Hr_o]/(r_d-r_w) \tag{7.2-1}$$

式中：L——护筒埋置深度（m）；

H——施工水位至河床表面深度（m）；

h——护筒内水头，即护筒内水位与施工水位之差（m）；

r_w——护筒内泥浆容重（kN/m^3）；r_o 为水的重度，$10kN/m^3$；r_d 为护筒外河床土的饱和重度，kN/m^3。

$$r_d=(\Delta+e)/r_0/(1+e) \tag{7.2-2}$$

式中：Δ——土粒的相对密度，取 2.76；

e——饱和土的孔隙比，取 0.3～0.9 平均值，取 0.6。

2. 钢护筒的设计与埋设工艺

（1）钢护筒的功能要求

为了充分发挥钢护筒的作用，钢护筒的设计、埋设须满足以下要求：

① 钢护筒本身有足够的强度，保证埋设时不变形；

② 钢护筒的定位及竖直度满足施工及相关规范的要求；

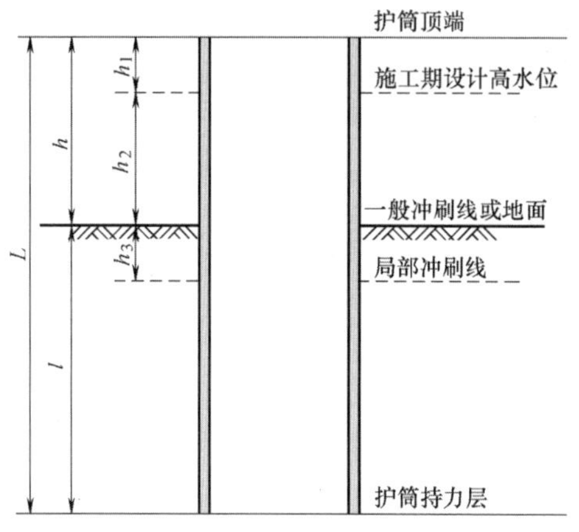

图 7.2-1 护筒埋设示意图

③ 钢护筒一般应打入相对稳定的土层，并进入一定深度，能承受其上施工平台的荷载。在考虑钢护筒变截面段参与抵抗桥梁的水平作用时，钢护筒应埋设至基桩最大弯矩以下至少一倍桩径处；

④ 水中施工时应保证钢护筒的密封性，以保证施工时不漏浆。

（2）护筒总体结构设计

护筒结构总体埋设如图 7.2-1 所示。设护筒顶端距一般冲刷线或地面距离为 h，护筒埋入地层深度为 l，护筒总长为 L。

护筒长度 L：

$$L=h+l=h_1+h_2+l \tag{7.2-3}$$

式中：h_1——护筒顶端高出水位或地面的高度。水上施工时，护筒顶端应高出施工期最高水位 1.5～2.0m，即 $h_1=1.5\sim2.0$；旱地施工时，因护筒顶端设有溢浆口，筒顶也应高出地面 0.2～0.3m，即 $h_1=0.2\sim0.3$；

h_2——施工期可能出现的最高水位距一般冲刷线的高度，旱地施工时不考虑；

l——护筒埋入深度。如桩基以承受竖向荷载为主，护筒以埋入相对稳定持力层，满足施工要求为准；如桩基需承受较大水平荷载，护筒应埋设至基桩最大弯矩以下至少一倍桩径处。

若河流流速较高，护筒施工时，河底浅层可能会出现较大的局部冲刷，宜对河底进行护坦，以保证护筒及桩基的稳定；如不进行护坦，须验算局部冲刷对护筒稳定性的影响，防止护筒埋设就位后因冲刷引起倾斜或失稳。

护筒直径 D：

$$D=\alpha\cdot d \tag{7.2-4}$$

式中：d——钻孔形成的桩径；

A——护筒直径增大系数，根据试验对变截面桩承载性状的分析及群桩布桩要求，建议取 1.1～1.3；考虑到施工需要，护筒直径增大值不宜小于 20cm。

3. 钢护筒埋设

护筒埋设可采用下埋式、上埋式和下沉埋设式。埋置护筒时应注意以下几点：

① 护筒平面位置应埋设正确，偏差不宜大于 50mm；

② 护筒顶标高应高出地下水位和施工最高水位 1.5～2.0m。无水地层钻孔因护筒顶部设有溢浆口，筒顶也应高出地面 0.2～0.3m；

③ 护筒底应低于施工最低水位（一般低于 0.1～0.3m 即可）。深水下沉埋设的护筒应沿导向架借自重、射水、震动或锤击等方法将护筒下沉至设计深度，黏性土入土深度应达到 0.5～1m，砂性土入土深度则为 3～4m；

④ 下埋式及上埋式护筒挖坑不宜太大（一般比护筒直径大 1.0～0.6m），护筒四周应夯填密实的黏土，护筒底应埋置在稳固的黏土层中，否则也应换填黏土并夯密实，其厚度一般为 0.50m。

7.2.2 钻孔设备及成孔技术

阶梯形变截面桩施工的关键技术是现场钻孔设备的选择，否则也是难以实现，在考虑选择适当的钻机时要着重考虑以下两点：

1. 钻机扭矩

每种类型的钻孔设备各有长短，无论优选何种机型和工艺，均应根据桩径、地质条件、水文情况、施工单位的设备条件及工期等诸多因素来综合考虑确定。大口径钻孔所需钻机型号主要取决于土壤的强度，即同一型号钻机在不同土壤中能直接钻不同的大直径桩孔，如 GPS-15 钻机钻风化岩桩径为 ϕ150cm，但在粉细砂土壤中能直接钻进 ϕ250cm 的桩孔，因此应根据地质条件选择合适扭矩的钻机。

扭矩 M 计算：

$$M = A \times M^{o} \times F \tag{7.2-5}$$

式中 A——扭矩损失系数，一般取 1.4～1.7；

M^{o}——单位破岩面积所需之扭矩，直钻（一次成孔）经验值为 0.6～0.8kN·m/m^2，扩钻 0.4～～0.8kN·m/m^2；

F——钻头破岩面积。

2. 冲击钻机叠合成孔

1990 年，沅陵沅水大桥在 85+140+85+42m 连续刚构桥边墩的 ϕ350cm/ϕ300cm 变截面大直径桩施工中采用 ϕ150cm 冲击钻机，在钢护筒中按螺旋顺序冲孔叠加，最终形成 ϕ350cm 的大直径桩孔，如图 7.2-2 所示。

3. 行星式钻机

湖南省当地的科研机构推出了“行星式钻机”，将一台 ϕ200cm 的普通钻机（装 ϕ280cm 钻头）置于 ϕ400cm 的机械转盘上，如图 7.2-3 所示。钻机自转，转盘公转，进而完成直径 ϕ400cm 钻孔的施工，并将之成功运用于湖南石龟山大桥施工。

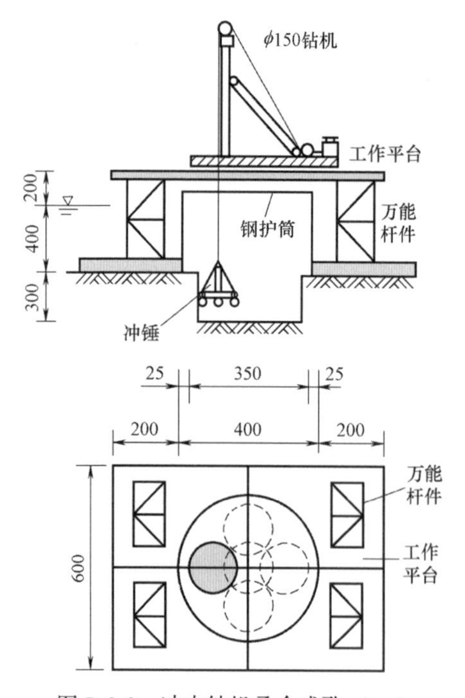

图 7.2-2 冲击钻机叠合成孔（cm）

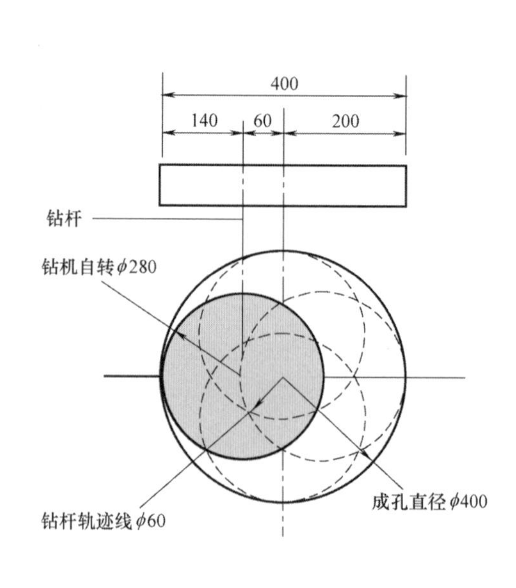

图 7.2-3 行星式钻机（cm）

随着桥梁技术进步和钻机设备的发展，目前我国已能够完成 ϕ4m 大直径钻孔桩；但其自重已达承载力的一半，迫切要求结构空心化。河南省在 20 世纪 70 年代提出活动钢内模填石压浆混凝土空心桩，并用于洛阳东华桥（ϕ1.7m 空心桩）施工。1990 年在湖南湘潭二桥完成直径 ϕ2.8m 的空心桩，由于钢内模太重，安装不方便且通用性差，故推广受阻。1998年建成完工的湖南常德石龟山大桥，采用缆索起重机完成直径4.0m钻埋预应力混凝土预制空心桩施工。由于节段拼装工序较多，成桩时间长达三天，该工艺也未能在全国推广，但直径4m空心桩自重轻，承载力大，能实现无承台独桩基，经济性好，是桩基中亟待开发的一种新结构。实践表明，空心桩直径不宜小于3m，直径越大，效果越好。

4. 变截面桩特点

一般桥梁基桩弯矩自局部冲刷线以下先增大后减小，变截面桩正是适应这种受力变化而采用了上大下小的截面。大直径桩主要是指上段最大截面直径而言的，上段直径虽大，但一般情况下上部覆盖层的强度也较小，因此所需的扭矩也较小。待钻孔进入下段紧密土层时，虽然土强度增大，但桩的直径也减小，因此如果桩径和钻机选型适当，只要充分利用施工单位常用的1.5m和2m钻机设备，同样可完成直径为300～400cm的大直径桩孔施工。

7.2.3 护壁泥浆的选择

没有高效可靠的护壁泥浆不能保证大直径钻孔桩穿越复杂地层时孔壁的稳定，也不能提高钻速和确保成孔、成桩的质量。1985年，在修建广东省九江大桥时，为了确保淤泥质粉砂地基深孔大直径桩的成孔，先在岸上进行试钻，结果连续有七根桩坍孔，试用了很多常规的方法都不成功，后采用南海油田的P.H.P泥浆技术才钻孔成功，主桥穿过40～60m厚的淤泥粉砂层和嵌入花岗岩地层2m的32根直径为250cm的大直径桩无一坍孔，无软垫事故，苏通大桥主墩基础施工时则借鉴了这一经验。

1. P.H.P泥浆特点

P.H.P泥浆全称是聚丙烯酰胺不分散低固相泥浆。絮凝剂聚丙烯酰胺配制在泥浆时能使钻渣处于不分散的絮凝状态，易于清渣，从而保持泥浆的不分散、低固相、低密度、低黏度的性能。P.H.P泥浆的主要特点是：

(1) 能提高钻进速度。使泥浆密度下降到1.03～1.08，密度小对钻头所产生的阻力小，从而钻速快，机械效率可提高40%，成孔速度提高20%。

(2) 延长机械寿命。P.H.P泥浆循环沉淀净化后，钻头切削的阻力减小，减轻设备的部件磨损。

(3) 孔径顺直。P.H.P泥浆固相含量低，泥浆渗漏少，有利孔壁的稳定，使孔壁顺直，扩孔率小。

(4) 有效防止孔漏和堵漏。P. H. P 泥浆触变性较强，所以在钻孔过程中遇有渗透性较大的地层亦能充分发挥防漏堵漏的作用。

(5) 能降低钻孔成本。虽然絮凝剂聚丙烯酰胺价格较高，但絮凝剂量仅为泥浆液的 0.0003%，且钻孔效率高，故可降低钻孔总成本。

2. 苏通大桥泥浆使用经验

苏通大桥的主桥基础均采用钻孔灌注桩，钻孔底标高为−124m，土层为粉砂、细砂、中粗砂及砂砾层，钻进成孔时易坍孔，同时基桩为摩擦型桩，为提高桩侧摩阻力，要尽量减少泥皮厚度及桩底沉渣，须同时兼顾成孔成桩进度和成孔质量，因此对钻孔工艺、泥浆的配制和控制及工程管理方面都提出了更高的要求。为保证桩的承载力和可靠度，主桥部分的钻孔灌注桩采用桩底 U 形管后注浆技术。

(1) Ⅰ期试桩采用普通膨润土加碱泥浆。由于循环系统中缺乏高效除砂器和泥浆池容积过小，造成清孔时泥浆密度 γ 居高不下（大于 1.3），致使孔壁泥皮增厚，检测中发现桩底沉渣 17～19cm 厚。在吊装钢筋笼灌注水下混凝土前，还须进行第二次清孔。

(2) Ⅱ期试桩改进完善钻孔泥浆工艺。在膨润土中加入碱和 C. M. C 控制黏度，安置黑旋风牌除砂机。但由于采用小容积水箱进行泥浆循环施工，所以清孔后的泥浆密度 γ 仍在 1.2 左右。实测桩底沉渣厚度 t 随着时间的增加而不断增厚。6 根工艺桩沉渣厚度的平均数是 30h/40cm、50h/46cm、70h/53cm。因此Ⅱ期试桩在水下混凝土浇筑前还必须用空气吸泥机进行第二次清孔。

(3) Ⅲ期试桩在水中进行。在总结Ⅱ期试桩泥浆工艺基础上，使膨润土静置 24h 充分膨化降低密度并以高效增黏剂“P. H. P”来提高黏度。另外增加清孔时间，将清孔泥浆密度 γ 控制到不大于 1.10，这样做后百米深桩的桩底沉渣极少，孔壁泥皮也不增厚。

(4) Ⅳ期试桩为了完整系统地掌握钻孔泥浆技术，苏通大桥指挥部决定在北岸 B1 标段增补第Ⅳ期试桩。着手编制定“苏通专用 P. H. P 泥浆”标准，控制清孔后泥浆密度 $G_s<1.08$ 且力争清孔后桩底无沉渣。通过江苏省交通咨询监理公司和二航局 B1 标段项目部的积极工作，在 2 根工艺孔实验中取得了连续 6d 桩底实现“零沉渣”的优异成绩。

3. “苏通专用 P. H. P 泥浆”标准

在主墩开钻前由建设指挥部组织了“四次试桩”，从而制定了“苏通专用

P. H. P 泥浆”标准。该标准的特点是将钻孔的各个不同阶段的泥浆指标细化，而不是一个统一的指标。这样使泥浆功能和效率得到了明确和提高。由（膨润土＋碱）的淡基浆加 P. H. P 组成 P. H. P 泥浆。为了降低泥浆的密度，应强调膨润土（以 1∶5）加水拌合后，必须静置 24h 使其充分膨胀，再注水拌合稀释后称“淡基浆”。其控制指标是：密度≤0.4，含砂率≤0.3%。如果密度超过，则证明泥浆中膨润土颗粒没有充分膨化，必须再静置处理。否则这些极细的颗粒长期悬浮在泥浆中，降低吸收钻渣的功能。应注意泥浆的黏度指标是由加入的“P. H. P”含量获得，不是靠增加膨润土的含量获得。这样 1t 膨润土可以制造 10～15t 淡基浆，降低了成本。“苏通专用 P. H. P 泥浆”指标见表 7.2-1。为了储存和输送方便，P. H. P 泥浆先配成浓液（黏度 27～35）。其时的酸碱度 pH 一定要加大至 10～12。在使用时再将它稀释淡化（黏度 22～26）。

4. 钻孔中各阶段泥浆指标

（1）钻孔各阶段中泥浆性能指标如表 7.2-2 所示。钻孔桩成孔的效率＝吸出泥浆密度（≤1.2）－回流泥浆密度（≤1.10）＝0.10 左右。以 $\phi2.5$ 直径为例，钻孔面积 $A=4.91\text{m}^2$。反循环钻机的钻杆水龙头输出流量 $Q=400\text{m}^3/\text{h}$ 左右，即每小时钻进土壤的体积 $V=400\text{m}^3$，相当于理论进尺 $R_\text{h}=400/4.91=8\text{m}$。事实上进尺不足 4m，其原因是回流泥浆的密度远大于 1.10，即钻机的除渣沉泥设备不能把钻头钻进的钻屑（细砂和黏质粉土等）及时清除，它们仍随泥浆回流进孔内。由于回流泥浆密度达 1.20，相应又影响吸出泥浆密度（1.25），使其效率降低至 $\eta=1.25-1.20=0.05$。由此可见钻孔进度的关键在于泥浆净化能力大小。

苏通 P. H. P 泥浆指标　　　　**表 7.2-1**

指标	①膨润土基浆		②P. H. P 鲜浆	
	浓	淡	浓	淡
密度(g/cm³)	<1.04	<1.03	1.05	1.04
黏度 η(Pa·S)	20～22	17～19	27～35	22～26
含砂率(%)	0～0.3	0.3～0.5	0～0.2	0.3～0.4
胶体率(%)	98	96	100	98
失水量 B(ml/30min)	<20	<15	<12	≤10
泥皮度 K(mm/30min)	≤2.0	≤1.5	≤1.5	≤1
酸碱度(pH)	8～9	7～8	10～12	9～10
适用地层	砂性土层	黏性土层	砂性土层	黏性土层
说明	膨润土＋碱＋CMC		基浆①＋PHP	

钻孔各阶段中泥浆性能指标　　表 7.2-2

项目	阶段				试验方法
	新鲜泥浆	钻进泥浆	回流泥浆	清孔泥浆	
密度(g/cm^3)	≤1.04	≤1.30	≤1.10	≤1.08	泥浆相对密度计
黏度(s)	19～32	25～28	24～26	22～24	标准漏斗黏度计
失水量(ml/30min)	≤10	≤18	≤15	≤10	滤纸、玻璃板
泥皮厚(mm)	≤1.0	≤2.0	≤1.5	≤1.0	尺
胶体率(%)	100	≥96	≥98	100	量筒
含砂量(%)	≤0.3	≤4.0	≤1%	≤0.5	含砂率计
pH 值	10～12	9～10	9～10	8～9	试纸

(2) 桩底沉渣厚度是影响摩擦桩桩底承载力 R 的一项重要指标。要减少沉渣厚度的关键在于成孔后要下决心进行认真的清孔，务必把泥浆的密度降至1.08以下，含砂率降至0.5以下。这样吊完钢筋笼，做好水下混凝土浇筑准备工作的一天之内，不会因为孔内泥浆中的浮砂二次沉积在孔内。应当特别指出，最好是用“置换法”清孔，保持孔内泥浆泥皮薄的高品质提高桩侧摩阻力。对于浇筑水下混凝土前在导管内依靠“二次清孔”的做法不予提倡，因为它不能把孔内泥浆泥皮减薄。

7.3 本章小结

本章在前述研究成果的基础上，从力学和施工特性两个方面对阶梯形变截面桩的适用性开展了详细的研究。

(1) 分析了阶梯形变截面桩竖向变形和承载特性受桩土接触面特性、桩土剪切模量和体积模量比的影响，选取桩顶沉降作为控制因素，初步得出桩顶沉降受接触面剪切刚度和桩土剪切模量影响最显著。在实例给定的条件下，当桩土体积模量比值超过6.5倍时，桩体积模量的改变，对桩顶沉降的影响甚微；当桩土剪切模量比值超过5倍左右时，桩体积模量的改变，对桩顶沉降的影响甚微；当桩土接触面剪切刚度大于 5.7×10^{6} Pa 时，桩土接触面剪切刚度的改变，对桩顶沉降的影响较小；当桩土接触面法向刚度大于 1×10^{7} Pa 时，桩土接触面法向刚度的改变，对桩顶沉降的影响显著增加。

(2) 分析了阶梯形变截面桩横向变形和承载特性受桩径、桩长和桩周土体地基系数的影响。选取桩身最大弯矩、剪力和桩顶最大位移作为控制因素，初步得出桩身受力受桩径和桩周土地基系数影响显著。当桩结构设计以桩顶水平位移控制时，换算桩长不宜过长，在实例计算参数设定的情况下，换算桩长为 3.5 左右合适；当以桩身结构内力计算控制时，换算桩长为 12.0 左右合适，此时桩身最大弯矩和最大剪力分布均接近最小值。桩长对阶梯形变截面段内力和桩顶最大位移影响不大；桩身弯矩、剪力和桩顶位移分别达到最大值时，各自对应的地基系数不同，在设计的过程中需要视具体地基系数情况，一一进行计算。

（3）从施工的角度对阶梯形变截面桩的适用性进行了分析，变截面桩结构参数的拟定有时受施工条件和现场地质情况的制约，是阶梯形变截面桩的应用的必要条件，分析了护筒、施工机械和成孔方法、泥浆等参数对阶梯形变截面桩的影响。

8 结论与展望

8.1 结论

采用试验研究、理论分析、数值模拟和程序研发相结合的研究方法，对阶梯形变截面桩的变形及承载特性进行了较为系统和深入的研究。在自行研制模型试验装置及现场试验的基础上，开展了竖向静荷载作用下不同变截面比和横向静荷载作用下不同变截面位置的阶梯形变截面桩模型试验研究：分别进行了静载作用下阶梯形变截面桩和等截面桩的对比现场试验研究，并借用 ABAQUS 有限元软件，对现场试验进行进行了拓展模拟分析，进一步研究黏土地层中阶梯形变截面桩的竖向和横向变形及承载特性，建立了竖向静荷载作用下和横向静荷载作用下的阶梯形变截面桩的理论计算方法。在阶梯形变截面桩分析基础上，借用应变能原理，推导了阶梯形变截面群桩基基桩内力和位移计算公式，提出了阶梯形变截面桩基的计算方法，并研发了横向载荷作用下的设计计算软件；最后，结合目前国内桩基工程最新进展对阶梯形变截面桩施工技术进行了研究并对设计计算参数、适用性等进行了深入分析。初步得出如下结论：

（1）阶梯形变截面桩竖向承载特性受变截面比影响显著，P-S 曲线呈现典型的非线性，在不同极限承载力确定标准情况下，均能得出阶梯形变截面桩单位体积混凝土所分担的极限承载力与变截面大小有明显的关系，揭示变截面比不宜过大或过小，存在最优变截面比的情况，b 值为 0.8 左右。同时，在不同极限承载力确定标准情况下，阶梯形变截面桩极限承载力与等截面桩极限承载力的比率与变截面比的大小相关性也十分明显，变截面比过小，竖向极限承载力损失明显。不同变截面比桩身变形形态和桩身轴力分布存在明显的差异。变截面比越小轴力值突变明显，且最大值出现在变截面附近的小桩侧，不利于桩身的受力。从桩身变形形态看，也存在最优变截面比，b 值同样为 0.8 左右。

（2）阶梯形桩变截面以上桩身侧摩阻力要大于下部桩体，变截面以上桩身段的桩—土相对位移较大，桩身侧摩阻力得到充分发挥，下部桩—土之间的相对位移比较协调，其侧摩阻力的发挥程度滞后于变截面以上桩身部分。变截面比大于

0.8 时，阶梯形变截面桩的桩身平均侧摩阻力比等截面桩大，当变径比等于 0.7 时，变截面桩的桩身平均侧摩阻力值小于等截面桩。在试验条件下桩挤土效应不明显。

（3）不同变截面位置阶梯形变截面桩身呈现不同的变形特征。从总体受力看，变截面以上大直径段受力大，变截面以下小直径段受力小，比等截面桩合理。阶梯形变截面桩存在最优变截面位置，在桩长一定的情况下，大直径段为 0.467 倍桩长的时候，变截面位置是最合适的。桩顶水平荷载－水平位移曲线以及桩顶水平荷载－转角的关系具有同样的规律性，在桩长一定的情况下，大直径段长度的增加对增加桩顶水平极限承载力贡献有限，同样说明对于阶梯形变截面桩存在合理的变截面位置。水平荷载作用下，不同变截面位置对桩身反弯点位置、桩身弯矩、剪力和水平位移的曲线形态影响较小，体现阶梯形变截面桩的合理性，故此结合桩身变形特性，确定合适的变截面位置，阶梯形变截面桩是很值得在设计中推广的。

（4）不同变截面比和不同变截面位置的阶梯形变截面桩分别在竖向和横向荷载作用下，位移场和应力场的分布形式存在一定的差异，但是当变截面比大于 0.8 时变截面比对位移场和应力场的分布影响较小；当变截面位置小于 46.7％桩长时，横向荷载作用下的位移场和应力场受变截面位置的影响显著，但是沿着桩身范围的影响深度有限。

（5）基于应变能原理，推导了阶梯形变截面群桩基的计算方法，提出了阶梯形变截面群桩计算方法，补充完善了阶梯形变截面桩基的相关计算理论，为阶梯形变截面桩的设计和施工奠定了理论基础。

（6）当桩顶截面和桩身长度相同时，虽然阶梯形变截面刚性短桩（变截面位置在大直径段占桩长的 46.7％处，变径比为 0.8）的单桩水平承载力要小于等截面刚性短桩，但阶梯形变截面桩的单位体积材料的承载力要优于等截面刚性短桩。

（7）通过预先埋设在桩身内部的振弦式钢筋计测试了不同荷载级别下的试验桩弯矩沿桩身分布，对于在桩顶截面和桩身长度相同的刚性短桩，阶梯形变截面桩（变截面位置在大直径段占桩长的 46.7％处，变径比为 0.8）的弯矩分布沿桩身分布和等截面桩基本一致皆呈现为增大后减小的变化趋势。黏土地层中阶梯形变截面刚性短桩在变截面处弯矩变化与桩周土层性质和桩身截面性质息息相关，当变截面位置以上土层较好且变截面以下桩径减小时，桩身变截面以下弯矩将会产生急剧减小的变化趋势。

（8）黏土地层中阶梯形变截面刚性短桩的水平地基反力分布形式也符合

Broms（1964）提出的黏土地层中短桩的水平地基反力分布形式。在土质较差的黏土地层中桩在水平荷载作用下，阶梯形变截面刚性短桩绕桩身某一点转动。阶梯形变截面桩与等截面桩的桩顶荷载-位移曲线皆呈现出典型的非线性变化特征，对比阶梯形变截面弹性长桩和等截面弹性长桩的桩顶 P-S 曲线，对等截面桩扩径可以显著提高其水平承载力。由数值模拟结果和实测值对比，当施加荷载小于临界荷载时数值模拟结果较为准确。

（9）在水平荷载作用下，黏土地层中阶梯形变截面弹性长桩和阶梯形变截面刚性短桩的桩身位移变化规律明显不同。阶梯形变截面刚性短桩的桩身位移曲线几乎为线性变化，而阶梯形变截面弹性长桩表现非线性变化特性。

（10）同为刚性短桩或弹性长桩时，阶梯形变截面桩弯矩沿桩身分布曲线与等截面桩弯矩分布曲线变化趋势基本一致。无论是刚性短桩还是弹性长桩，阶梯形变截面桩和等截面桩在相同荷载、加载方式和地层中其弯矩分布也是有所区别的，桩身参数对其水平荷载下的弯矩分布也会产生影响。阶梯形变截面桩的在水平荷载作用下的桩身内力变化与桩身性质和水平地基反力相关。

（11）对等截面桩进行扩径时，阶梯形变截面桩的水平承载力特征值随扩径比和扩径段占桩身长度比例增大而增大。当其扩径比一定的情况下，变截面桩的水平承载力特征值随着扩径段占桩身长度比例的增大而增大，但其增大速率会随着扩径段占桩身长度比例的增大而减小。扩径段占桩身比例相同，随着扩径比的增大，水平承载力特征值亦随之增大，扩径可以显著提高桩的水平承载力。

8.2 展望

本文通过室内及现场试验、理论推导和数值模拟等手段对竖向和横向荷载作用下不同变截面比和横向荷载作用下不同变截面位置的变截面桩的承载特性和变形特性进行了研究，得到了一些有价值的成果。为了能更进一步地掌握变截面桩的力学行为，丰富完善变截面桩相关理论，为变截面桩的推广使用奠定合理的基础，今后还需从以下几个方面开展研究工作：

（1）由于试验条件的限制，没有选取多种桩土介质材料进行对比，变截面处和桩尖处的端承条件仅为自由端承条件，没有选取多种条件进行对比分析。另外，在试验过程中采用半桩替代全桩模型时，在桩的制作过程中难免存在一定的误差，从而影响试验结果的精度。

（2）文中仅对变截面桩在竖向和横向静荷载作用下的力学行为进行了相关的分析，没有对变截面桩在动载荷作用的变形和承载特性开展理论和试验研究，是今后需要开展变截面桩研究的重点。

（3）进一步开展多级阶梯形变截面桩承载特性和相应现场试验研究也是后续研究工作的重要方向。

附：变截面单桩静荷载作用下变形和承载特性分析计算源程序

本程序采用 VC++编写：

一、框架部分

1. 类的设计部分

```
class CBigPickDlg : public CDialog
{
// 构造
public:
    CBigPickDlg(CWnd * pParent = NULL);     // 标准构造函数
    CImageList m_ImageList;
    CString Test;
    HTREEITEM m_root,m_child1,m_child2;
    CStatusBar m_StatusBar;
    CToolBar     m_wndToolBar;
// 对话框数据
    enum { IDD = IDD_BIGPICK_DIALOG };
    protected:
    virtual void DoDataExchange(CDataExchange * pDX);// DDX/DDV 支持
// 实现
protected:
    HICON m_hIcon;
    // 生成的消息映射函数
    virtual BOOL OnInitDialog();
    afx_msg void OnSysCommand(UINT nID, LPARAM lParam);
    afx_msg void OnPaint();
    afx_msg HCURSOR OnQueryDragIcon();
    //afx_msg void OnEndlabeleditTree1(NMHDR * pNMHDR, LRESULT *
pResult);
```

```
    //afx_msg void OnSelchangedTree1(NMHDR * pNMHDR, LRESULT *
pResult);
    DECLARE_MESSAGE_MAP()
public:
    // 树形导航界面
    CTreeCtrl m_TreeCtrl;
    afx_msg void OnNMDblclkTree1(NMHDR * pNMHDR, LRESULT *
pResult);
    afx_msg void OnTimer(UINT_PTR nIDEvent);
    afx_msg void BigPick_help();
    afx_msg void OnExit();
};
```

2. 实现部分关键代码

```
// CBigPickDlg 消息处理程序
BOOL CBigPickDlg::OnInitDialog()
{
    CDialog::OnInitDialog();
    // 将"关于..."菜单项添加到系统菜单中。
    // IDM_ABOUTBOX 必须在系统命令范围内。
    ASSERT((IDM_ABOUTBOX & 0xFFF0) == IDM_ABOUTBOX);
    ASSERT(IDM_ABOUTBOX < 0xF000);
    CMenu * pSysMenu = GetSystemMenu(FALSE);
    if (pSysMenu != NULL)
    {
        CString strAboutMenu;
        strAboutMenu.LoadString(IDS_ABOUTBOX);
        if (!strAboutMenu.IsEmpty())
        {
            pSysMenu->AppendMenu(MF_SEPARATOR);
            pSysMenu->AppendMenu(MF_STRING, IDM_ABOUTBOX,
strAboutMenu);
        }
```

```
    }

    // 设置此对话框的图标。当应用程序主窗口不是对话框时，框架将自动
    //  执行此操作
    SetIcon(m_hIcon, TRUE);                    // 设置大图标
    SetIcon(m_hIcon, FALSE);               // 设置小图标

    //ShowWindow(SW_MINIMIZE);//SW_MAXIMIZE);

    //初始化代码
    UINT array[3];
    for(int p=0;p<3;p++)
    {
        array[p] = 100+p;
    }
    CRect rct2;
    GetClientRect(rct2);
    //创建状态栏窗口
    m_StatusBar.Create(this);
    //添加面板
    m_StatusBar.SetIndicators(array,sizeof(array)/sizeof(UINT));
    for(int n=0;n<3;n++)
    {
    //设置面板宽度
        m_StatusBar.SetPaneInfo(n,array[n].0,rct2.Width()/3);
    }
    //设置面板文本
    m_StatusBar.SetPaneText(0,_T("人生就算是跌倒也要豪迈的笑"));
    m_StatusBar.SetPaneText(1,_T("彩虹总在风雨后"));
m_StatusBar.SetPaneText(2,_T("走百步者、半九十"));
    RepositionBars(AFX_IDW_CONTROLBAR_FIRST,AFX_IDW_CON-
TROLBAR_LAST,0);
    SetTimer(1,400,NULL);//设置定时器
```

```
    m_ImageList.Create(16,16,ILC_MASK,4,1);
    m_ImageList.Add(AfxGetApp()->LoadIcon(IDI_ICON1));
    m_ImageList.Add(AfxGetApp()->LoadIcon(IDI_ICON2));
    m_ImageList.Add(AfxGetApp()->LoadIcon(IDI_ICON3));
//      HICON
hIcon = ::LoadIcon(AfxGetResourceHandle(),MAKEINTRESOURCE(IDR_
MAINFRAME));
    m_TreeCtrl.SetImageList(&m_ImageList,LVSIL_NORMAL);
    //添加导航菜单
    m_root = m_TreeCtrl.InsertItem(_T("大直径桩"),0,0);
    m_child1 = m_TreeCtrl.InsertItem(_T("实心桩竖直计算"),1,1,m_root);
    m_child2 = m_TreeCtrl.InsertItem(_T("变截面竖直"),2,2,m_child1);
    m_child2 = m_TreeCtrl.InsertItem(_T("直截面竖直"),2,2,m_child1);
    m_child1 = m_TreeCtrl.InsertItem(_T("实心桩水平计算"),1,1,m_root);
    m_child2 = m_TreeCtrl.InsertItem(_T("变截面水平"),2,2,m_child1);
    //m_child2 = m_TreeCtrl.InsertItem(_T("直截面水平"),2,2,m_child1);

    m_TreeCtrl.Expand(m_root,TVE_EXPAND);
    return TRUE;  // 除非将焦点设置到控件,否则返回 TRUE
}

void CBigPickDlg::OnSysCommand(UINT nID, LPARAM lParam)
{
    if ((nID & 0xFFF0) == IDM_ABOUTBOX)
    {
        CAboutDlg dlgAbout;
        dlgAbout.DoModal();
    }
    else
    {
        CDialog::OnSysCommand(nID, lParam);
    }
```

```
}

// 如果向对话框添加最小化按钮，则需要下面的代码
//  来绘制该图标。对于使用文档/视图模型的 MFC 应用程序，
//  这将由框架自动完成。

void CBigPickDlg::OnPaint()
{
    if (IsIconic())
    {
        CPaintDC dc(this); // 用于绘制的设备上下文
        SendMessage(WM_ICONERASEBKGND, reinterpret_cast<WPARAM>
(dc.GetSafeHdc()), 0);
        // 使图标在工作区矩形中居中
        int cxIcon = GetSystemMetrics(SM_CXICON);
        int cyIcon = GetSystemMetrics(SM_CYICON);
        CRect rect;
        GetClientRect(&rect);
        int x = (rect.Width() - cxIcon + 1) / 2;
        int y = (rect.Height() - cyIcon + 1) / 2;
        // 绘制图标
        dc.DrawIcon(x, y, m_hIcon);
    }
    else
    {
        CDialog::OnPaint();
    }
    ///设置背景
    CDC m_dc;
    CDC * pDC = GetDC();
    m_dc.CreateCompatibleDC(pDC);
    CRect crect;
    GetClientRect(crect);
```

```
    CBitmap bitmap;//,bitmap1;
    bitmap.LoadBitmap(IDB_BITMAP1);
    m_dc.SelectObject(&bitmap);
    BITMAPINFO pInfo;
    bitmap.GetObject(sizeof(pInfo),&pInfo);
    //m_TreeCtrl.
    pDC->StretchBlt(150,0,crect.Width()-130,crect.Height()-25,&m_dc,0,
0,pInfo.bmiHeader.biWidth,pInfo.bmiHeader.biHeight,SRCCOPY);
    bitmap.DeleteObject();
    m_dc.DeleteDC();
}
//当用户拖动最小化窗口时系统调用此函数取得光标
//显示。
HCURSOR CBigPickDlg::OnQueryDragIcon()
{
    return static_cast<HCURSOR>(m_hIcon);
}
void CBigPickDlg::OnNMDblclkTree1(NMHDR * pNMHDR, LRESULT *
pResult)
{
    // TODO: 在此添加控件通知处理程序代码
    HTREEITEM hItem = m_TreeCtrl.GetSelectedItem();
    CString str_text;
    if ((hItem != NULL) && (! m_TreeCtrl.ItemHasChildren(hItem)))
    {
        str_text=m_TreeCtrl.GetItemText(hItem);
    }
    if (strcmp(str_text,"直截面竖直")==0)
    {
        CStraight * dlg_straight=new CStraight;
        //dlg_straight->DoModal();
        dlg_straight->Create(IDD_DIALOG_STRAIGHT,this);
        //dlg1->ShowWindow(SW_SHOW);
```

```
        dlg_straight->ShowWindow(SW_SHOW);
    }
        // this->ShowWindow(SW_SHOWNORMAL);
    if (strcmp(str_text,"变截面竖直")==0)
    {
        // MessageBox(_T("实心桩水平"));
        // delete dlg_straight;
        CB_STRAIGHT * b_straight=new CB_STRAIGHT;
        b_straight->Create(IDD_DIALOG_B_STRAIGHT,this);
        b_straight->ShowWindow(SW_SHOW);
    }
    if (strcmp(str_text,"变截面水平")==0)
    {
        CHorizontal * hor=new CHorizontal;
        hor->Create(IDD_DIALOG_HORIZONTAL,this);
        hor->ShowWindow(SW_SHOW);
    }
    *pResult = 0;
}

void CBigPickDlg::OnTimer(UINT_PTR nIDEvent)
{
    // TODO: 在此添加消息处理程序代码和/或调用默认值
    CString sText,sleft,sright;
    int len;
    //获得状态栏第3版面显示字符
    sText = m_StatusBar.GetPaneText(2);
    len = sText.GetLength();
    sright = sText.Left(2);
    sleft = sText.Right(len-2);
    sText = sleft + sright;
    //设置状态栏第3个面板的显示字符
    m_StatusBar.SetPaneText(2,sText);
```

```
    CDialog::OnTimer(nIDEvent);
}

void CBigPickDlg::BigPick_help()
{
    // TODO: 在此添加命令处理程序代码
      ShellExecute ( NULL," open "," help.chm ", NULL, NULL, SW _
SHOWNORMAL);
}
```

二、横向部分

1. 类的设计部分

```
class CHorizontal
{
public:
    //计算四阶矩阵的逆矩阵
    void MatrixAthwart(double A[4][4]. double (&C)[4][4]);
    // 计算 2 * 4 矩阵和 4 * 4 矩阵相乘
    void Matrix24_44(double A[2][4]. double (&C)[4][4]);
    //计算阶乘运算
    double Fac(double n,double pt);
    //计算有规律的且像阶乘的运算
    double VXmin(double n, double k,double t1,double t2);
    //通过 a、y 计算 ABCD 的值
    void JS_ABCD_Fn(double m_a,double m_y,double (&A)[4][4]. double n);
    afx_msg void OnSave();
    afx_msg void OnHelp();
    afx_msg void OnExit();
    afx_msg void On_Graph();
    //
    int m_Index;
    int m_A;
    // 数据控件
    //CGridList m_Grid;
```

```
    CGridList m_Grid_Result;
    afx_msg void OnBnClickedOk();
    afx_msg void OnCbnSelchangeCombo1();
    virtual BOOL OnInitDialog();
    CComboBox Cbo_A;
public:
    //上桩土抗比例系数
    double m_m1;
    //下桩土抗比例系数
    double m_m2;
    //桩身混凝土抗压弹性模量
    double m_Eh;
    //桩身上截面直径
    double m_d1;
    //桩身上截面长度
    double m_l1;
    //桩身下截面直径
    double m_d2;
    //桩身下截面长度
    double m_l2;
    //桩顶水平力
    double m_Qo;
    //桩顶弯矩
    double m_Mo;
    //桩尖条件
    bool m_IsFree;
    //
    double m_CO;
    //多少位置处的桩长
    double m_hy;
};
```

2. 实现部分

```
//通过 a、y 计算 ABCD 的值
void CHorizontal::JS_ABCD_Fn(double m_a,double m_y, double (&A)[4][4]. double n)
{
    for(int i=0;i<4;i++)
    {
        for (int j=0;j<4;j++)
        {
            A[i][j] = 0;
        }
    }
    if (m_a * m_y==0)
    {
        //MessageBox(_T("a 或 y 为 0"),NULL,NULL);
        for (int i=0;i<4;i++)
        {
            for (int j=0;j<4;j++)
            {
                A[i][j] = 0;
            }
        }
        A[0][a] = 1.0;
        A[1][b] = 1.0;
        A[2][c] = 1.0;
        A[3][d] = 1.0;
        return;
    }
    double pr;
        pr=m_y * m_a;

    for(int k=0, p=0;p<=10;p++)//计算 A1 的数值
    {
        A[0][0]+=VXmin(n,k,-4,0) * pow(pr,5 * k) * pow(-1.0,p);
```

```
        k++;
    }

    for(int k=0, p=0;p<=10;p++)//计算 B1 的数值
    {
        A[0][1]+=VXmin(n,k,-3,1)*pow(pr,5*k+1)*pow(-1.0,p);
        k++;
    }
    for(int k=0, p=0;p<=10;p++)//计算 C1 的数值
    {
        A[0][2]+=VXmin(n,k,-2,2)*pow(pr,5*k+2)*pow(-1.0,
p)/2;
        k++;
    }
    for(int k=0, p=0;p<=10;p++)//计算 D1 的数值
    {
        A[0][3]+=VXmin(n,k,-1,3)*pow(pr,5*k+3)*pow(-1.0,
p)/6;
        k++;
    }
    for(int k=0, p=0;p<=10;p++)//计算 A2 的数值
    {
        A[1][0]+=VXmin(n,k,-4,0)*pow(pr,5*k-1)*pow(-1.0,p)*5*k;
        k++;
    }
    for(int k=0, p=0;p<=10;p++)//计算 B2 的数值
    {
        A[1][1]+=VXmin(n,k,-3,1)*pow(pr,5*k)*pow(-1.0,p)*(5*k+1);
        k++;
    }
    for(int k=0, p=0;p<=10;p++)//计算 C2 的数值
    {
A[1][2]+=VXmin(n,k,-2,2)*pow(pr,5*k+1)*pow(-1.0,p)*(5*k
```

```
+2)/2;
        k++;
    }
    for(int k=0, p=0;p<=10;p++)//计算 D2 的数值
    {           A[1][3]+=VXmin(n,k,-1,3) * pow(pr,5 * k+2) * pow
(-1.0,p) * (5 * k+3)/6;
        k++;
    }
    for(int k=0, p=0;p<=10;p++)//计算 A3 的数值
    {
            A[2][0]+=VXmin(n,k,-4,0) * pow(pr,5 * k-2) * pow
(-1.0,p) * 5 * k * (5 * k-1);
        k++;
    }
    for(int k=0, p=0;p<=10;p++)//计算 B3 的数值
    {
            A[2][1]+=VXmin(n,k,-3,1) * pow(pr,5 * k-1) * pow(-
1.0,p) * (5 * k+1) * (5 * k);
        k++;
    }
    for(int k=0, p=0;p<=10;p++)//计算 C3 的数值
    {
            A[2][2]+=VXmin(n,k,-2,2) * pow(pr,5 * k) * pow(-1.0,p) *
(5 * k+2) * (5 * k+1)/2;
        k++;
    }
    for(int k=0, p=0;p<=10;p++)//计算 D3 的数值
    {
        A[2][3]+=VXmin(n,k,-1,3) * pow(pr,5 * k+1) * pow(-1.0,p)
* (5 * k+3) * (5 * k+2)/6;
        k++;
    }
    for(int k=0, p=0;p<=10;p++)//计算 A4 的数值
```

```
    {
            A[3][0]+=VXmin(n,k,-4,0) * pow(pr,5 * k-3) * pow(-
1.0,p) * 5 * k * (5 * k-1) * (5 * k-2);
        k++;
    }
    for(int k=0, p=0;p<=10;p++)//计算 B4 的数值
    {
        A[3][1]+=VXmin(n,k,-3,1) * pow(pr,5 * k-2) * pow(-1.0,p)
 * (5 * k+1) * (5 * k) * (5 * k-1);
        k++;
    }
    for(int k=0, p=0;p<=10;p++)//计算 C4 的数值
    {
A[3][2]+=VXmin(n,k,-2,2) * pow(pr,5 * k-1) * pow(-1.0,p) * (5 * k
+2) * (5 * k+1) * (5 * k)/2;
        k++;
    }
    for(int k=0, p=0;p<=10;p++)//计算 D4 的数值
    {
        A[3][3]+=VXmin(n,k,-1,3) * pow(pr,5 * k) * pow(-1.0,p) *
(5 * k+3) * (5 * k+2) * (5 * k+1)/6;
        k++;
    }
}
//计算部分
void CHorizontal::OnBnClickedOk()
{
    // TODO:在此添加控件通知处理程序代码
    UpdateData(TRUE);
    m_Index = 0;
    m_Grid_Result.DeleteAllItems();
    const double Pi = 3.1415926;
    // 判断是嵌固桩尖、自由桩尖
```

```
    //m_IsFree = true 为自由桩尖
    if(GetCheckedRadioButton(IDC_RADIO1, IDC_RADIO2) == IDC_
RADIO2)
    {
        m_IsFree = true;
    }
    else
    {
        m_IsFree = false;
    }
    double bo1,bo2;
    double E1,I1,E2,I2;
    double a1,a2;
///请确认 E1,E2 的取值
    E1 = m_Eh;
    E2 = m_Eh;
    // 计算 bo1,bo2
    ////////////////////////////////////////////////
    if(m_d1>1)
    {
        bo1 = 0.9*(m_d1+1);
    }
    else
    {
        bo1= 0.9*(1.5*m_d1 + 0.5);
    }

    if(m_d2>1)
    {
        bo2 = 0.9*(m_d2+1);
    }
    else
    {
```

```
    bo2 = 0.9 * (1.5 * m_d2+0.5);
}
//////////////////////////////////////////////


//计算 I1,I2,a1,a2
//////////////////////////////////////////////

I1 = Pi * pow(m_d1,4)/64.0;
I2 = Pi * pow(m_d2,4)/64.0;
a1 = pow((m_m1 * bo1)/(E1 * I1),0.2);
a2 = pow((m_m2 * bo2)/(E2 * I2),0.2);

//计算 A,B,C,D
double A[4][4] = {};
this->JS_ABCD_Fn(a1,m_l1,A,1);

/ * 通过 A,B,C,D 计算 pδ11,pδ21,pδ12,pδ22 * /
//定义 pδ11,pδ21,pδ12,pδ22 ->pFo11,pFo21,pFo12,pFo22
double pFo11,pFo21,pFo12,pFo22;
pFo11 = 1.0/(pow(a1,3) * E1 * I1) * (A[0][0] * A[2][1]-A[2][0] * A
[0][1])/(A[2][0] * A[3][1]-A[3][0] * A[2][1]);
pFo21 = 1.0/(pow(a1,2) * E1 * I1) * (A[2][0] * A[1][1]-A[1][0] * A
[2][1])/(A[2][0] * A[3][1]-A[3][0] * A[2][1]);
pFo12 = 1.0/(pow(a1,2) * E1 * I1) * (A[3][0] * A[0][1]-A[0][0] * A
[3][1])/(A[2][0] * A[3][1]-A[3][0] * A[2][1]);
pFo22 = 1.0/(pow(a1,1) * E1 * I1) * (A[1][0] * A[3][1]-A[3][0] * A
[1][1])/(A[2][0] * A[3][1]-A[3][0] * A[2][1]);

//化简其系数方程
//第一方程式系数化为 m_A1,m_B1,m_C1,m_D1,m_E1
this->JS_ABCD_Fn(a2,m_l1,A,1);//根据 L 的程度计算矩阵 A
```

```
double m_A1,m_B1,m_C1,m_D1,m_E1;
m_A1 = A[2][0];
m_B1 = A[2][1]/a2;
m_C1 = A[2][2]/(pow(a2,2) * E2 * I2);
m_D1 = A[2][3]/(pow(a2,3) * E2 * I2);
m_E1 = 0.0;
//第二方程式系数化为 m_A2,m_B2,m_C2,m_D2,m_E2
double m_A2,m_B2,m_C2,m_D2,m_E2;
m_A2 = A[3][0];
m_B2 = A[3][1]/a2;
m_C2 = A[3][2]/(pow(a2,2) * E2 * I2);
m_D2 = A[3][3]/(pow(a2,3) * E2 * I2);
m_E2 = 1.0/(pow(a2,3) * E2 * I2);


////Please check it
double Kh = m_CO/(a2 * E2);
if(a1 * m_l1+a2 * m_l2>=4)
{
    Kh = 0;
}
//第三方程式系数化为 m_A3,m_B3,m_C3,m_D3,m_E3
if(m_l2 + m_l1 >0)
{
    this->JS_ABCD_Fn(a2,m_l2+m_l1,A,1);//根据 L 的程度计算矩阵 A
}
else
{
     this->MessageBox(_T("请检测桩的长度数据是否正确"),NULL,
NULL);
    return;
}
double m_A3,m_B3,m_C3,m_D3,m_E3;
```

```
if(m_IsFree == true)
{
    m_A3 = A[2][a] + Kh * A[1][a];
    m_B3 = (A[2][b]+ Kh * A[1][b])/a2;
    m_C3 = (A[2][c]+ Kh * A[1][c])/(pow(a2,2) * E2 * I2);
    m_D3 = (A[2][d]+ Kh * A[1][d])/(pow(a2,3) * E2 * I2);
    m_E3 = 0;
}
else
{
    m_A3 = A[0][a];
    m_B3 = A[0][b]/a2;
    m_C3 = A[0][c]/(pow(a2,2) * E2 * I2);
    m_D3 = A[0][d]/(pow(a2,3) * E2 * I2);
    m_E3 = 0;
}
//第四方程系数化为 double m_A4,m_B4,m_C4,m_D4,m_E4;
double m_A4,m_B4,m_C4,m_D4,m_E4;
if(m_IsFree == true)
{
    m_A4 = A[3][a];
    m_B4 = A[3][b]/a2;
    m_C4 = A[3][c]/(pow(a2,2) * E2 * I2);
    m_D4 = A[3][d]/(pow(a2,3) * E2 * I2);
    m_E4 = 0;
}
else
{
    m_A4 = A[1][a];
    m_B4 = A[1][b]/a2;
    m_C4 = A[1][c]/(pow(a2,2) * E2 * I2);
    m_D4 = A[1][d]/(pow(a2,3) * E2 * I2);
    m_E4 = 0;
```

```
}
//OnOK();
double B[16] = {      m_A1,m_B1,m_C1,m_D1,
                      m_A2,m_B2,m_C2,m_D2,
                      m_A3,m_B3,m_C3,m_D3,
                      m_A4,m_B4,m_C4,m_D4 };
double Result[4] = {m_E1,m_E2,m_E3,m_E4};
FucHelp funHelp;
funHelp.Agaus(B,Result,4);

//Xo1,φ1->Ft1,Mo1,Qo1
double Xo1,Ft1,Mo1,Qo1;
Xo1 = Result[0];
Ft1 = Result[1];
Mo1 = Result[2];
Qo1 = Result[3];
//ppδ11,ppδ11,ppδ11,ppδ11
double ppFo11,ppFo12,ppFo21,ppFo22;

//this->JS_ABCD_Fn(a2,m_l2,A,1);
this->JS_ABCD_Fn(a2,m_l1,A,1);
ppFo11 = Xo1 * A[0][a] + Ft1 * A[0][b]/a2 + Mo1 * A[0][c]/(pow
(a2,2) * E2 * I2) + Qo1 * A[0][d]/(pow(a2,3) * E2 * I2);
ppFo21 =-a2 * (Xo1 * A[1][a] + Ft1 * A[1][b]/a2 + Mo1 * A[1][c]/
(pow(a2,2) * E2 * I2) + Qo1 * A[1][d]/(pow(a2,3) * E2 * I2));
///校对数据完成
/*////////-----------------解方程4-65----------------------///////////////////*/
//化简其系数方程
//第一方程式系数化为m_A1,m_B1,m_C1,m_D1,m_E1

this->JS_ABCD_Fn(a2,m_l1,A,1);//根据L的程度计算矩阵A
//double m_A1,m_B1,m_C1,m_D1,m_E1;
m_A1 = A[2][0];
```

```
m_B1 = A[2][1]/a2;
m_C1 = A[2][2]/(pow(a2,2) * E2 * I2);
m_D1 = A[2][3]/(pow(a2,3) * E2 * I2);
m_E1 = 1.0/(pow(a2,2) * E2 * I2);
//第二方程式系数化为 m_A2,m_B2,m_C2,m_D2,m_E2
//double m_A2,m_B2,m_C2,m_D2,m_E2;
m_A2 = A[3][0];
m_B2 = A[3][1]/a2;
m_C2 = A[3][2]/(pow(a2,2) * E2 * I2);
m_D2 = A[3][3]/(pow(a2,3) * E2 * I2);
m_E2 = 0;


////Please check it
//double Kh = m_CO/a2/m_Eh;
if(a1 * m_l1+a2 * m_l2>=4)
{
    Kh = 0;
}
//第三方程式系数化为 m_A3,m_B3,m_C3,m_D3,m_E3
if(m_l2 + m_l1 >0)
{
    this->JS_ABCD_Fn(a2,m_l2+m_l1,A,1);//根据 L 的程度计算矩阵 A
}
else
{
    this->MessageBox(_T("请检测桩的长度数据是否正确"),NULL,
NULL);
    return;
}
//double m_A3,m_B3,m_C3,m_D3,m_E3;
if(m_IsFree == true)
{
```

```
    m_A3 = A[2][a] + Kh * A[1][a];
    m_B3 = (A[2][b]+ Kh * A[1][b])/a2;
    m_C3 = (A[2][c]+ Kh * A[1][c])/(pow(a2,2) * E2 * I2);
    m_D3 = (A[2][d]+ Kh * A[1][d])/(pow(a2,3) * E2 * I2);
    m_E3 = 0;
}
else
{
    m_A3 = A[0][a];
    m_B3 = A[0][b]/a2;
    m_C3 = A[0][c]/(pow(a2,2) * E2 * I2);
    m_D3 = A[0][d]/(pow(a2,3) * E2 * I2);
    m_E3 = 0;
}

//第四方程系数化为 double m_A4,m_B4,m_C4,m_D4,m_E4;
//double m_A4,m_B4,m_C4,m_D4,m_E4;
if(m_IsFree == true)
{
    m_A4 = A[3][a];
    m_B4 = A[3][b]/a2;
    m_C4 = A[3][c]/(pow(a2,2) * E2 * I2);
    m_D4 = A[3][d]/(pow(a2,3) * E2 * I2);
    m_E4 = 0;
}
else
{
    m_A4 = A[1][a];
    m_B4 = A[1][b]/a2;
    m_C4 = A[1][c]/(pow(a2,2) * E2 * I2);
    m_D4 = A[1][d]/(pow(a2,3) * E2 * I2);
    m_E4 = 0;
}
```

```
    //OnOK();
    double B2[16] = {   m_A1,m_B1,m_C1,m_D1,
                        m_A2,m_B2,m_C2,m_D2,
                        m_A3,m_B3,m_C3,m_D3,
                        m_A4,m_B4,m_C4,m_D4 };
    double Result2[4] = {m_E1,m_E2,m_E3,m_E4};
    //FucHelp funHelp;
    funHelp. Agaus(B2,Result2,4);

    //Xo2,φo2->Ft2,Mo2,Qo2
    double Xo2,Ft2,Mo2,Qo2;
    Xo2 = Result2[0];
    Ft2 = Result2[1];
    Mo2 = Result2[2];
    Qo2 = Result2[3];


    this->JS_ABCD_Fn(a2,m_l1,A,1);

    ppFo12 = Xo2 * A[0][a] + Ft2 * A[0][b]/a2 + Mo2 * A[0][c]/(pow
(a2,2) * E2 * I2) + Qo2 * A[0][d]/(pow(a2,3) * E2 * I2);
    ppFo22 =-a2 * (Xo2 * A[1][a] + Ft2 * A[1][b]/a2 + Mo2 * A[1][c]/
(pow(a2,2) * E2 * I2) + Qo2 * A[1][d]/(pow(a2,3) * E2 * I2));

    //计算 δ11,δ12,δ21,δ22
    double Fo11,Fo12,Fo21,Fo22;
    Fo11 = pFo11 + ppFo11;
    Fo22 = pFo22 + ppFo22;
    Fo12 = pFo12 + ppFo12;
    Fo21 = Fo12;

/* ------------根据 4-69,4-70,4-71. 4-72-------------- */
    //计算 Δ1Q,Δ2Q,Δ1m,Δ2m
```

```
//根据 a1 和 L1 重新计算 ABCD 的值
this->JS_ABCD_Fn(a1,m_l1,A,1);
//计算 Δ1Q,Δ2Q,Δ1m,Δ2m
//Δ->G
double G1q,G2q,G1m,G2m;
G1q = (1.0/(pow(a1,3) * E1 * I1)) * (-A[0][a] * (A[2][b] * A[3][d] -A[3][b] * A[2][d])/(A[2][a] * A[3][b]-A[3][a] * A[2][b]) + A[0][b] * (A[2][a] * A[3][d]-A[3][a] * A[2][d])/(A[2][a] * A[3][b]-A[3][a] * A[2][b])-A[0][d]);
G2q = (1.0/(pow(a1,2) * E1 * I1)) * (A[1][a] * (A[2][b] * A[3][d] -A[3][b] * A[2][d])/(A[2][a] * A[3][b]-A[3][a] * A[2][b]) -A[1][b] * (A[2][a] * A[3][d]-A[3][a] * A[2][d])/(A[2][a] * A[3][b]-A[3][a] * A[2][b])+A[1][d]);
G1m = (1.0/(pow(a1,2) * E1 * I1)) * (-A[0][a] * (A[2][a] * A[3][d] -A[3][a] * A[2][d])/(A[2][a] * A[3][b]-A[3][a] * A[2][b]) + A[0][b] * (A[2][a] * A[3][c]-A[3][a] * A[2][c])/(A[2][a] * A[3][b]-A[3][a] * A[2][b])-A[0][c]);
G2m = (1.0/(a1 * E1 * I1)) * (A[1][a] * (A[2][a] * A[3][d] -A[3][a] * A[2][d])/(A[2][a] * A[3][b]-A[3][a] * A[2][b]) -A[1][b] * (A[2][a] * A[3][c]-A[3][a] * A[2][c])/(A[2][a] * A[3][b]-A[3][a] * A[2][b])+A[1][c]);

//计算 X1,pX1,X2,pX2
//define X1 X1',X2,X2'
double X1,pX1,X2,pX2;
double Result451[2] = {-G1q,-G2q};
//Fo11,Fo12,Fo21,Fo22
double Fuc2[4] = { Fo11,Fo12,Fo21,Fo22 };
funHelp.Agaus(Fuc2,Result451,2);
X1 = Result451[0];
X2 = Result451[1];
```

```
double Fuc542[4] = { Fo11,Fo12,Fo21,Fo22 };
double Result452[2] = {-G1m,-G2m};
//Fuc2[0][2] =-G1m;
//Fuc2[1][2] =-G2m;
funHelp.Agaus(Fuc542,Result452,2);
pX1 = Result452[0];
pX2 = Result452[1];

//计算 δqq,δqm,δmq,δmm
//define δqq,δqm,δmq,δmm;
double Foqq,Foqm,Fomq,Fomm;
//根据 a1 和 L1 重新计算 ABCD 的值
this->JS_ABCD_Fn(a1,m_l1,A,1);
Foqq = (1.0/(pow(a1,3) * E1 * I1)) * (a1 * X2 * A[3][b]-X1 * A[2][b] + A[2][b] * A[3][d]-A[3][b] * A[2][d])/(A[2][a] * A[3][b]-A[3][a] * A[2][b]);
Fomq = (1.0/(pow(a1,2) * E1 * I1)) * (a1 * X2 * A[3][a]-X1 * A[2][a] + A[2][a] * A[3][d]-A[3][a] * A[2][d])/(A[2][a] * A[3][b]-A[3][a] * A[2][b]);


Foqm = (1.0/(pow(a1,2) * E1 * I1)) * (pX2 * A[3][b]-pX1 * A[2][b]/a1 + A[2][b] * A[3][c]-A[3][b] * A[2][c])/(A[2][a] * A[3][b]-A[3][a] * A[2][b]);
Fomm = (1.0/(a1 * E1 * I1)) * (pX2 * A[3][a]-pX1 * A[2][a]/a1 + A[2][a] * A[3][c]-A[3][a] * A[2][c])/(A[2][a] * A[3][b]-A[3][a] * A[2][b]);
/*---------------------------------上述数据已经全部校对,唯有 Kh 的算法需要核实--------------------------------------------*/


//计算上桩内力情况
//define Xo,   φo2->Yo;
double Xo,Yo;
```

```
    Xo = m_Mo * Foqm + m_Qo * Foqq;
    Yo = -(m_Mo * Fomm + m_Qo * Fomq);

/* ------------------------上段桩长内力求解过程---------------------------- */
    //计算上桩任意处 y1 内力情况
    //define My,Qy,Ay
    double My1,Qy1,Ay1,y1;
    double mh = m_l1;
    int index = (int)(mh/((m_A+1) * 0.1));
    CString str;
    for(int i=1;i<=index;i++)
    {
        ++m_Index;
        y1 = i * (m_A+1) * 0.1;
        this->JS_ABCD_Fn(a1,y1,A,1);
        //弯力
        My1 = a1 * E1 * I1 * (a1 * Xo * A[2][a]+Yo * A[2][b])+m_Mo * A
[2][c]+m_Qo * A[2][d]/a1;
        //横向力
        Qy1 = pow(a1,2) * E1 * I1 * (a1 * Xo * A[3][a]+Yo * A[3][b]) +
a1 * m_Mo * A[3][c] + m_Qo * A[3][d];
        //侧向应力
        Ay1 = m_m1 * y1 * (Xo * A[0][a] + Yo * A[0][b]/a1 + m_Mo * A
[0][c]/(pow(a1,2) * E1 * I1)+m_Qo * A[0][d]/(pow(a1,3) * E1 * I1));

        str.Format(_T("%f"),i * (m_A+1) * 0.1);
        m_Grid_Result.InsertItem(i-1,str);

        str.Format(_T("%f"),My1);
        m_Grid_Result.SetItemText(i-1,1,str);
        str.Format(_T("%f"),Qy1);
        m_Grid_Result.SetItemText(i-1,2,str);
        str.Format(_T("%f"),Ay1);
```

```
        m_Grid_Result.SetItemText(i-1,3,str);
        //m_Grid_Result.InsertItem(i-1,str);
    }

    bool IsAdd = false;
    if(index*(m_A+1)*0.1<mh)
    {
        ++m_Index;
        y1 = m_l1;
        this->JS_ABCD_Fn(a1,y1,A,1);
        //弯力
        My1 = a1*E1*I1*(a1*Xo*A[2][a]+Yo*A[2][b])+m_Mo*A
[2][c]+m_Qo*A[2][d]/a1;
        //横向力
        Qy1 = pow(a1,2)*E1*I1*(a1*Xo*A[3][a]+Yo*A[3][b]) +
a1*m_Mo*A[3][c] + m_Qo*A[3][d];
        //侧向应力
        Ay1 = m_m1*y1*(Xo*A[0][a] + Yo*A[0][b]/a1 + m_Mo*A
[0][c]/(pow(a1,2)*E1*I1)+m_Qo*A[0][d]/(pow(a1,3)*E1*I1));

        str.Format(_T("%f"),mh);
        m_Grid_Result.InsertItem(index,str);

        str.Format(_T("%f"),My1);
        m_Grid_Result.SetItemText(index,1,str);
        str.Format(_T("%f"),Qy1);
        m_Grid_Result.SetItemText(index,2,str);
        str.Format(_T("%f"),Ay1);
        m_Grid_Result.SetItemText(index,3,str);
        IsAdd = true;
    }
/*--------------------上段桩长内力求解完毕----------------------*/
```

```
/* ----------------------下段桩长内力求解过程-------------------------- */
    //Xo2,φo2->Ft2,Mo2,Qo2
    //double Xo2,Ft2,Mo2,Qo2;
    double tempMo,tempQo,tempXo,tempFto;
    this->JS_ABCD_Fn(a1,m_l1,A,1);
    //求解自定义 5-40 方程式中的 Ml,Ql
    double mMl,mQl;
    mMl = a1 * E1 * I1 * (a1 * Xo * A[2][a]+Yo * A[2][b])+m_Mo * A[2]
[c]+m_Qo * A[2][d]/a1;
    mQl = pow(a1,2) * E1 * I1 * (a1 * Xo * A[3][a]+Yo * A[3][b]) + a1 *
m_Mo * A[3][c] + m_Qo * A[3][d];

    tempXo = Xo1 * mQl + Xo2 * mMl;
    tempMo = Mo1 * mQl + Mo2 * mMl;
    tempFto = Ft1 * mQl + Ft2 * mMl;
    tempQo = Qo1 * mQl + Qo2 * mMl;

    //计算下桩任意处 y2 内力情况
    //define My,Qy,Ay
    double My2,Qy2,Ay2,y2;
    y2 = m_l1;

    mh = m_l1 + m_l2;
    int indexPy = (int)(mh/((m_A+1) * 0.1));
    //CString str;
    for(int i=index+1;i<=indexPy;i++)
    {
        ++m_Index;
        y2 = i * (m_A+1) * 0.1;
        this->JS_ABCD_Fn(a2,y2,A,1);
        My2 = a2 * E2 * I2 * (a2 * tempXo * A[2][a]+tempFto * A[2][b])+
tempMo * A[2][c]+tempQo * A[2][d]/a2;
```

```
        Qy2 = pow(a2,2) * E2 * I2 * (a2 * tempXo * A[3][a]+tempFto * A
[3][b]) + a2 * tempMo * A[3][c] + tempQo * A[3][d];
        Ay2 = m_m2 * y2 * (tempXo * A[0][a] + tempFto * A[0][b]/a2 +
tempMo * A[0][c]/(pow(a2,2) * E2 * I2)+tempQo * A[0][d]/(pow(a1,3) *
E2 * I2));
        if(IsAdd == false)
        {
            str.Format(_T("%f"),i * (m_A+1) * 0.1);
            m_Grid_Result.InsertItem(i-1,str);
            str.Format(_T("%f"),My2);
            m_Grid_Result.SetItemText(i－1,1,str);
            str.Format(_T("%f"),Qy2);
            m_Grid_Result.SetItemText(i－1,2,str);
            str.Format(_T("%f"),Ay2);
            m_Grid_Result.SetItemText(i－1,3,str);
        }
        else
        {
            str.Format(_T("%f"),i * (m_A+1) * 0.1);
            m_Grid_Result.InsertItem(i,str);
            str.Format(_T("%f"),My2);
            m_Grid_Result.SetItemText(i,1,str);
            str.Format(_T("%f"),Qy2);
            m_Grid_Result.SetItemText(i,2,str);
            str.Format(_T("%f"),Ay2);
            m_Grid_Result.SetItemText(i,3,str);
        }
    }


    if(indexPy * (m_A+1) * 0.1<mh)
    {
        ++m_Index;
```

```
        y2 = m_l1 + m_l2;
        this->JS_ABCD_Fn(a2,y2,A,1);
        My2 = a2 * E2 * I2 * (a2 * tempXo * A[2][a]+tempFto * A[2][b])+
tempMo * A[2][c]+tempQo * A[2][d]/a2;
        Qy2 = pow(a2,2) * E2 * I2 * (a2 * tempXo * A[3][a]+tempFto * A
[3][b]) + a2 * tempMo * A[3][c] + tempQo * A[3][d];
        Ay2 = m_m2 * y2 * (tempXo * A[0][a] + tempFto * A[0][b]/a2 +
tempMo * A[0][c]/(pow(a2,2) * E2 * I2)+tempQo * A[0][d]/(pow(a1,3) *
E2 * I2));

        if(IsAdd == false)
        {
            str.Format(_T("%f"),mh);
            m_Grid_Result.InsertItem(indexPy,str);
            str.Format(_T("%f"),My2);
            m_Grid_Result.SetItemText(indexPy,1,str);
            str.Format(_T("%f"),Qy2);
            m_Grid_Result.SetItemText(indexPy,2,str);
            str.Format(_T("%f"),Ay2);
            m_Grid_Result.SetItemText(indexPy,3,str);
        }
        else
        {
            str.Format(_T("%f"),mh);
            m_Grid_Result.InsertItem(indexPy+1,str);
            str.Format(_T("%f"),My2);
            m_Grid_Result.SetItemText(indexPy+1,1,str);
            str.Format(_T("%f"),Qy2);
            m_Grid_Result.SetItemText(indexPy+1,2,str);
            str.Format(_T("%f"),Ay2);
            m_Grid_Result.SetItemText(indexPy+1,3,str);
        }
    }
```

```
    UpdateData(FALSE);
}

//计算任意处桩的内力情况
void CHorizontal::CalFuc(double (&Result)[4]. double y, double a1, double
H1,double a2, double H2)
{
    //计算上桩任意处内力情况
    //define My,Qy,Ay
//    double My,Qy,Ay,y;
    //y = m_l1;
    //My = a1 * E1 * I1 * (a1 * Xo * A[2][a]+Yo * A[2][b])+m_Mo * A[2]
[b]+m_Qo * A[2][d]/a1;
    //Qy = pow(a1,2) * E1 * I1 * (a1 * Xo * A[3][a]+Yo * A[3][b]) + a1 *
m_Mo * A[3][c] + m_Qo * A[3][d];
    //Ay = m_m1 * y * (Xo * A[0][a] + Yo * A[0][b]/a1 + m_Mo * A[0]
[c]/(pow(a1,2) * E1 * I1)+m_Qo * A[0][d]/(pow(a1,3) * E1 * I1));
}

BOOL CHorizontal::OnInitDialog()
{
    CDialog::OnInitDialog();

    // TODO:  在此添加额外的初始化
    /*//初始化参数输入列表
    m_Grid. InsertColumn(0,_T("土层数"),LVCFMT_CENTER,110);
    m_Grid. InsertColumn(1,_T("层厚(M)"),LVCFMT_CENTER,120);
    m_Grid. InsertColumn(2,_T("土壤类别"),LVCFMT_CENTER,120);
    m_Grid. InsertColumn(3, _T("土抗比例系数 m(kN/m4)"),LVCFMT_
CENTER,160);
    * */
    //初始化参数输出列表
    m_Grid_Result. InsertColumn(0,_T("桩身位置"),LVCFMT_CENTER,150);
```

```
    m_Grid_Result.InsertColumn(1,_T("弯　矩"),LVCFMT_CENTER,130);
    m_Grid_Result.InsertColumn(2,_T("剪　力"),LVCFMT_CENTER,130);
    m_Grid_Result.InsertColumn(3,_T("侧向应力"),LVCFMT_CENTER,150);
    //m_Grid_Result.w

    CheckRadioButton(IDC_RADIO1,IDC_RADIO2,IDC_RADIO2);

    //初始化土层数
    for (int i=1;i<31;i++)
    {
        CString str;
        str.Format(_T("%f"),i*0.1);
        Cbo_A.InsertString(i-1,str);
    }
    return TRUE;  // return TRUE unless you set the focus to a control
    // 异常：OCX 属性页应返回 FALSE
}

void CHorizontal::OnCbnSelchangeCombo1()
{
    // TODO：在此添加控件通知处理程序代码
    UpdateData(TRUE);
    m_Grid_Result.DeleteAllItems();
    UpdateData(FALSE);

}
```

三、竖向部分

1. 类的设计部分

```
class CB_STRAIGHT
{
public:
    afx_msg void OnBnClickedOk();
```

```
// 土层数,厚度,类别,侧摩阻力
CGridList m_Grid;
// 土层数控件
CComboBox Cbo_A;
//土层数
int m_A;
// 土抗比例系数
double m_C;
// 桩身混凝土抗压弹性模量 Eh
double m_Eh;
// 桩长 h
double m_l;
// 地面或一般冲刷线以上桩长 h1
double m_l1;
// 地面或一般冲刷线以下桩长 h2
double m_l2;
// 桩上段直径 d1
double m_d1;
// 桩下段直径 d2:
double m_d2;
// 桩尖沉降增大系数 η
double m_η;
// 扩散角 θ
double m_θ;
// 桩上段测摩阻力修正系数 K1
double m_k1;
// 桩下段测摩阻力修正系数 K2
double m_k2;
// 桩变截面处反力修正系数 μ1
double m_μ1;
// 桩底反力修正系数 μ2
double m_μ2;
// 容许承载力[P]
```

```
    double m_p;
    // 桩顶总沉降量Δ
    double m_Δ;
    // 地基比例系数m(kN/m4)
    double m_m;
protected:
    virtual void OnOK();
public:
    virtual BOOL OnInitDialog();
    afx_msg void OnCbnSelchangeCombo1();
    afx_msg void On_Graph();
    afx_msg void OnSaver_STRATGHT();
    afx_msg void OnExit();
    afx_msg void OnHelp();
    afx_msg void OnBnClickedCancel();
};
```

2. 实现部分

```
//计算
void CB_STRAIGHT::OnBnClickedOk()
{
    // TODO:在此添加控件通知处理程序代码
    UpdateData(true);
    double a,n,u1,u2,A1,A2,A,Ch,Ah,B2,t1,t2;
    const double w=3.1416;
    //pow是计算x的y次幂
    a=pow(172.8*m_C/(m_Eh*w*m_d2*m_d2*m_d2),1.0/4.5);
    Ch=1.8*m_C*pow(4.0/a,0.5);

    //计算A1,A2,U1,U2,Ah;
    A1=w/4.0*m_d1*m_d1;
    A2=w/4.0*m_d2*m_d2;
    u1=w*m_d1;
    u2=w*m_d2;
```

```
    Ah=w/4.0*(m_d1+2*m_l2*tan(m_θ*w/180))*(m_d1+2*m_l2*
tan(m_θ*w/180));

//计算 A
    A=1.0/((Ah/(m_η*A2))-1);
    //计算 β2->B2
    B2=m_η*m_Eh*A2/(2*m_l2*Ch*Ah);
    //计算 m->n;
n=(-(1.0/2*A+1.0/6.0-B2*(1+A))+pow((1.0/2*A+1.0/6.0-B2*(1
+A))*(1.0/2*A+1.0/6.0-B2*(1+A))+(2*A+1)*(1+A)*B2,0.5))/
(2*A+1);
    //计算 τ1,τ2->t1,t2;
    t1=0.0,t2=0.0;
    double sum1=0.0,sum2=0.0,pt=0;
    int j=0;
// 计算ΣτiLi      [τ1]
        for (int i=0;i<=m_A;i++)
        {
            pt=pt+(atof)(m_Grid.GetItemText(i,1));
            if (m_l1<=(pt+(atof)(m_Grid.GetItemText(i+1,1))))
            {
                j=i;
                break;
            }
        }
        for (int py=0;py<=j;py++)
        {
    sum1 = sum1 + (atof)(m_Grid.GetItemText(py, 3)) * (atof)(m_
Grid.GetItemText(py,1));
        }
        sum1=sum1+(atof)(m_Grid.GetItemText(j+1,3))*(m_l1-pt);
// 计算ΣτiLi      [τ2]
    sum2=((pt+(atof)(m_Grid.GetItemText(j+1,1)))-m_l1)*(atof)(m_
```

```
Grid. GetItemText(j+1,3));
        //pt=0;//重置 pt=0
        //pt=(atof)(m_Grid. GetItemText(j+1,1))-m_l1;
        pt=pt+(atof)(m_Grid. GetItemText(j+1,1))-m_l1;
        for (int i=j+2;i<=m_A;i++)
        {
    sum2 = sum2 + (atof)(m _ Grid. GetItemText (i, 3)) * (atof)(m _
Grid. GetItemText(i,1));
            pt=pt+(atof)(m_Grid. GetItemText(i,1));
}
        pt=pt-m_l2;
        sum2=sum2-pt*(atof)(m_Grid. GetItemText(m_A,3));
//计算 t1,t2
        double tt1,tt2;
        tt1=sum1/m_l1;
        tt2=sum2/m_l2;
        t2=1.0/(1+n)*tt2;
        double th1,th2;
      th2=tt2-t2;
      th1=n*t2*m_l2/m_l1;
      t1=tt1-th1;
      //计算 T1,T2,Th1,Th2;
      double T1,T2,Th1,Th2;
      T1=m_k1*u1*t1*m_l1;
      Th1=m_k1*u1*th1*m_l1;
      T2=1.0/2*m_k2*u2*t2*m_l2;
      Th2=m_k2*u2*th2*m_l2;
      //计算 R2,P1
      double R2,P1;
      R2=m_μ2*A*(T2+Th2);
      P1=Ah/(m_η*A2)*R2;
    ////R2=2985.205248
    //计算 Δh,Δ2->0h,02
```

```
        double Oh,O2;
        Oh=m_η*P1/(Ch*Ah);
        O2=m_l2/(m_Eh*A2)*(R2+Th2/2+T2/3);
        //计算 R1 δ1->q1
        double q1,R1;
        q1=m_m*m_l1*(Oh+O2);
        R1=w/4*m_μ1*q1*(m_d1*m_d1-m_d2*m_d2);
//计算 Po
        //double Po;
        m_p=T1+Th1+T2+Th2+R1+R2;
        //计算 Δ1->O1,Δ1=0.0177590098039395
        double O1;
        O1=(m_p*m_l1-T1*m_l1/2-Th1*m_l1/2)/(m_Eh*A1);
        m_Δ=Oh+O1+O2;
        m_p=(int)(m_p*1000);
        m_p=(double)(m_p)/1000;
        UpdateData(false);
}
void CB_STRAIGHT::On_Graph()
{
    // TODO: 在此添加命令处理程序代码
    static char szFilter[] = "DXF file format( *.dxf) | *.dxf|All Files ( *.
*)|*.*||";
    CFileDialog SaveDlg( FALSE, NULL, NULL/* LastFilePath */, OFN_
HIDEREADONLY | OFN_EXPLORER, szFilter, NULL );
    SaveDlg.m_ofn.lpstrTitle = "Save DXF File As";
    if(SaveDlg.DoModal()==IDOK)
    {       // Saving sample dxf file data
        CString DxfFileName( SaveDlg.GetPathName() );
        CDxfFileWrite dxffile;
        if(SaveDlg.GetFileExt().IsEmpty())
            DxfFileName += ".dxf";
        BOOL result=TRUE;
```

```
// Create dxf file
result &= dxffile.Create( DxfFileName );
// Header Section ------------------------------------------
result &= dxffile.BeginSection(SEC_HEADER);
result &= dxffile.EndSection();
// close HEADER section ------------------------------------
// Tables Section ------------------------------------------
result &= dxffile.BeginSection(SEC_TABLES);
//   LTYPE table type -------------------------
result &= dxffile.BeginTableType(TAB_LTYPE);
DXFLTYPE      ltype;
//   Continuous
ZeroMemory(&ltype, sizeof(ltype));
strcpy(ltype.Name, "Continuous");
strcpy(ltype.DescriptiveText, "Solid line");
result &= dxffile.AddLinetype(&ltype);
//   DASHDOT2
ZeroMemory(&ltype, sizeof(ltype));
strcpy(ltype.Name, "DASHDOT2");
strcpy(ltype.DescriptiveText,"Dashdot(.5x)_._._._._._._._.");
ltype.ElementsNumber = 4;
ltype.TotalPatternLength = 0.5;
ltype.Elements[0] = 0.25;
ltype.Elements[1] =-0.125;
ltype.Elements[2] = 0.0;
ltype.Elements[3] =-0.125;
result &= dxffile.AddLinetype(&ltype);
result &= dxffile.EndTableType();
//   close LTYPE table type -----------------
//   LAYER table type -----------------------
result &= dxffile.BeginTableType(TAB_LAYER);
result &= dxffile.AddLayer("Layer1", 1, "Continuous");
result &= dxffile.AddLayer("Layer2", 2, "Continuous");
```

```
result &= dxffile.AddLayer("Layer3", 3, "Continuous");
result &= dxffile.AddLayer("Layer4", 4, "Continuous");
result &= dxffile.EndTableType();
//  close LAYER table type ---------------
//  STYLE table type ------------------
result &= dxffile.BeginTableType(TAB_STYLE);
DXFSTYLE tstyle;
ZeroMemory(&tstyle, sizeof(tstyle));
strcpy(tstyle.Name, "Style1");
strcpy(tstyle.PrimaryFontFilename, "TIMES.TTF");
tstyle.Height = 0.3;
tstyle.WidthFactor = 1;
result &= dxffile.AddTextStyle(&tstyle);
result &= dxffile.EndTableType();
//  close STYLE table type ---------------
//  DIMSTYLE table type ----------------
result &= dxffile.BeginTableType(TAB_DIMSTYLE);
DXFDIMSTYLE     dimstyle;
//  DIM1
ZeroMemory(&dimstyle, sizeof(dimstyle));
strcpy(dimstyle.Name, "DIM1");            // DimStyle Name
dimstyle.DIMCLRD = 2;
// Dimension line & Arrow heads color
dimstyle.DIMDLE = 0.0000;
// Dimension line size after Extensionline
dimstyle.DIMCLRE = 2;                      // Extension line color
dimstyle.DIMEXE = 0.1800;
// Extension line size after Dimline
dimstyle.DIMEXO = 0.0625;                  // Offset from origin
strcpy(dimstyle.DIMBLK1,"ClosedFilled");// 1st Arrow head
strcpy(dimstyle.DIMBLK2,"ClosedFilled");// 2nd Arrow head
dimstyle.DIMASZ = 0.1800;                  // Arrow size
strcpy(dimstyle.DIMTXSTY, "Style1");       // Text style
```

```
    dimstyle.DIMCLRT = 3;                    // Text color
    dimstyle.DIMTXT = 0.1800;                // Text height
    dimstyle.DIMTAD = 1;
    // Vertical Text Placement
    dimstyle.DIMGAP = 0.0900;
    // Offset from dimension line
    result &= dxffile.AddDimStyle(&dimstyle);
    result &= dxffile.EndTableType();
    //  close DIMSTYLE table type ---------------
    result &= dxffile.EndSection();
    // close TABLES section ----------------------------------
    // Entities Section ------------------------------------
    result &= dxffile.BeginSection(SEC_ENTITIES);
    // set current textstyle to Style1
    result &= dxffile.SetCurrentTextStyle("Style1");
    //画第一段桩基
    result &=dxffile.SetCurrentColor(2);
    result &=dxffile.Line(0,(1+m_l1/m_l2) * m_d1 * 3,3.6 * m_d1,
(1+m_l1/m_l2) * m_d1 * 3);
    result &=dxffile.Line(1.2 * m_d1,(1+m_l1/m_l2) * m_d1 * 3,1.2 *
m_d1,(1+m_l1/m_l2) * m_d1 * 3-m_l1/m_l2 * m_d1 * 3);
    result &=dxffile.Line(2.4 * m_d1,(1+m_l1/m_l2) * m_d1 * 3,2.4 *
m_d1,(1+m_l1/m_l2) * m_d1 * 3-m_l1/m_l2 * m_d1 * 3);
    result &=dxffile.Line(1.2 * m_d1,(1+m_l1/m_l2) * m_d1 * 3-m_l1/m_
l2 * m_d1 * 3,2.4 * m_d1,(1+m_l1/m_l2) * m_d1 * 3-m_l1/m_l2 * m_d1 * 3);
    //画第二段桩基
    result &=dxffile.Line(1.45 * m_d1,m_d1 * 3,1.45 * m_d1,0);
    result &=dxffile.Line(2.15 * m_d1,m_d1 * 3,2.15 * m_d1,0);
    result &=dxffile.Line(1.45 * m_d1,0,2.15 * m_d1,0);
    result &=dxffile.SetCurrentColor(1);
    result &= dxffile.SetCurrentDimStyle("DIM1");
    CString str12;
    str12.Format("%lf",m_d2);
```

```
        //str. Format("%lf",a);
        // result &= dxffile. DimLinear(, 3, , 3, 6 , 0, );
        result &= dxffile. DimLinear(1. 45 * m_d1, m_d1 * 3,2. 15 * m_d1 ,
m_d1 * 3, 2. 15 * m_d1,2. 15 * m_d1/1. 5, 0, str12);
        str12. Format("%lf",m_d1);
        result &= dxffile. DimLinear(1. 2 * m_d1, 3 * m_d1+0. 5,2. 4 * m_
d1,3 * m_d1+0. 5, 2. 4 * m_d1,3 * m_d1 * 1. 2, 0, str12);
        result &= dxffile. EndSection();
        // close ENTITIES section ----------------------------
        // Close dxf file
        result &= dxffile. Close();
        if(! result)
            MessageBox("创建文件出现错误请检查系统配置!", "Error",
MB_ICONERROR | MB_OK);
        else
            MessageBox("已经成功创建文件!", "Dxf Test", MB_ICONIN-
FORMATION | MB_OK);
    }
}

void CB_STRAIGHT::OnSaver ()
{
    // 保存部分
    static char szFilter[] =_T( "file format( *. txt) | *. txt|All Files ( *. *)| *. *|
|");
    CFileDialog SaveDlg( FALSE, NULL, NULL/* LastFilePath */, OFN_
HIDEREADONLY | OFN_EXPLORER, szFilter, NULL );
    //SaveDlg. m_ofn. lpstrTitle = _T("Save DXF File As");
    if (SaveDlg. DoModal()==IDOK)
    {
        UpdateData(true);
        CStdioFile f(stdout);
        SaveDlg. GetPathName();
```

```
    CString filename;//=SaveDlg.GetFileName();
    if(SaveDlg.GetFileExt().IsEmpty())
    {
        filename=SaveDlg.GetPathName()+_T(".txt");
    }
    else
    {
        filename=SaveDlg.GetPathName();
    }
    f.Open(filename/* _T("Write_File.dat") */, CFile::modeCreate |
        CFile::modeReadWrite);
    CString strGet;
    CTime t = CTime::GetCurrentTime();
    // 10:15 PM March 19, 1999
    CString str =_T("保存文件时间\n")+t.Format(_T("%y/%m/%d
%H:%M"));
    //CString Nowtime,
    str+=_T("\n__________________________________________");
    str+=_T("\n地质情况参数:\n");//
    str+=_T("请选择土壤层数:");
    strGet.Format(_T("%d"),m_A+1);
    str+=strGet;
    str+=_T("\n土抗力比例系数C(kN/m3.5):");//桩变截面处反力修
正系数μ1(一般取1.0~1.2):");
    strGet.Format(_T("%lf"),m_C);
    str+=strGet+_T("\n地基比例系数m(kN/m4):");
    strGet.Format(_T("%lf"),m_m);
    str+=strGet+_T("\n__________________________________________");
    str+=_T("\n土层数/层厚(M)/土壤类别/侧摩阻力(kPa)\n");
    for (int j=0;j<=m_A;j++)
    {
        for (int i=0;i<=3;i++)
        {
```

```
            str+=m_Grid.GetItemText(j,i)+_T("/");
        }
        str+=_T("\n");
    }
    str+=_T("_______________________________________\n 桩身参数:");
    strGet.Format(_T("%lf"),m_Eh);
    str+=_T("\n 桩身混凝土抗压弹性模量 Eh(kPa):")+strGet;
    strGet.Format(_T("%lf"),m_l);
    str+=_T("\n 桩长 h(m):")+strGet;
    strGet.Format(_T("%lf"),m_l1);
    str+=_T("\n 地面或一般冲刷线以上桩长 h1(m):")+strGet;
    strGet.Format(_T("%lf"),m_l2);
    str+=_T("\n 地面或一般冲刷线以下桩长 h2(m):")+strGet;
    strGet.Format(_T("%lf"),m_d1);
    str+=_T("\n 桩上段直径 d1(m):")+strGet;
    strGet.Format(_T("%lf"),m_d2);
    str+=_T("\n 桩下段直径 d2(m):")+strGet;
    str+=_T("\n_________________________________\n 其他参数:\n");
    strGet.Format(_T("%lf"),m_η);
    str+=_T("\n 桩尖沉降增大系数(一般取值 1.1~1.3):")+strGet;
    strGet.Format(_T("%lf"),m_θ);
    str+=_T("\n 扩散角 θ(一般取 3°~5°):")+strGet;
    strGet.Format(_T("%lf"),m_k1);
    str+=_T("\n 桩上段测摩阻力修正系数 K1(一般取 1.0~1.35):")+strGet;
    strGet.Format(_T("%lf"),m_k2);
    str+=_T("\n 桩下段测摩阻力修正系数 K2(一般取 1.0~1.35):")+strGet;
    strGet.Format(_T("%lf"),m_μ1);
    str+=_T("\n 桩变截面处反力修正系数 μ1(一般取 1.0~1.2):")+strGet;
    strGet.Format(_T("%lf"),m_μ2);
    str+=_T("\n 桩底反力修正系数 μ2(一般取 1.0~1.2):")+strGet;
    str+=_T("\n___________________________\n 计算输出结果:\n");
    strGet.Format(_T("%lf"),m_p);
    str+=_T("\n 容许承载力[P](kN):")+strGet;
```

```
        strGet.Format(_T("%e"),m_Δ);
        str+=_T("\n桩顶总沉降量Δ(m):")+strGet;
        CString buf=str;
        f.WriteString(buf);
        f.Abort();
        UpdateData(false);
    }
}
```

参 考 文 献

[1] Rybnikov A M. Experimental investigation of bearing capacity of bored-case-in-place tapered piles[J]. Soil Mechanics and Found Engineering, 1990, 27(2): 48-52.

[2] Mahmoud Ghazavi. Analysis of kinematic seismic response of tapered piles[J]. Geotech Geol Eng, 2007(25): 37-44.

[3] Mohammed M Z, Sakr A. Centrifuge modeling of tapered piles in sand [D]. Ontario: Publishing Company of the University of Western Ontario, 1999.

[4] Mohammed Sakr, Nggar M Hesham EI, Moncef Nehdi. Wave equation analyses of tapered FRP-concrete piles in dense sand[J]. Soil Dynamics and Earthquake Engineering, 2007 (27): 166-182.

[5] 邵力群. 德阳地区楔形钻孔灌注桩设计探讨[J]. 建筑结构, 1993, (10): 48-50.

[6] 曾月进,邵力群. 楔形桩的承载力[J]. 西部探矿工程,2004,(11):49-52.

[7] 蒋建平,高广运. 扩底桩,楔形桩等截面桩对比试验研究[J]. 岩土工程学报,2003,25(6):764-766.

[8] 刘杰,王忠海. 楔形桩承载力的试验研究[J]. 天津大学学报,2002,35(2):257-260.

[9] 戴加东,李俊才. 楔形桩的工作性能及应用研究[J]. 建筑技术开发,2004,31(8):64-65.

[10] 成立芹. 一种变截面桩的对比试验研究[J]. 河北建筑工程学院学报,2004,22(1):11-15.

[11] 崔灏,胡璞,江仁和. 冻土中锥形桩承载力特性研究[J]. 低温建筑技术,2005(6):93-94.

[12] 钱大行,王嘉杨. 浅谈锥形短桩的性能特点[J]. 洛阳工业高等专科学校学报,2003,13(4):7-8.

[13] 曹文贵,刘成学,赵明华. 变截面桩的屈曲分析[J]. 湖南大学学报:自然科学版,2004,31(3): 55-58.

[14] 卢成原,孟凡丽,吴坚. 不同土层对支盘桩荷载传递影响的模型试验研究[J]. 岩石力学与工程学报[J]. 2004,23(20):27-29.

[15] 卢成原等. 非饱和粉质黏土模型支盘桩试验研究[J]. 岩土工程学报,2004,7(4):522-525.

[16] 卢成原,孟凡丽,王章杰,周奇辉. 非饱和粉质黏土模型支盘桩试验研究[J]. 岩土工程学报,2004,26(4):521-525.

[17] 卢成原,珊珊,孟凡丽. 非饱和粉土中模型支盘桩在重复荷载作用下的试验研究[J]. 岩土工程学报,2007,29(4):603-607.

[18] 张宝钿,卢成原. 支盘桩的抗拔机理及工程应用[J]. 建筑技术,2009,40(9):843-845.

[19] 卢成原,贾颖栋,周玲. 重复荷载下模型支盘桩工程性状的试验研究[J]. 岩土力学,2008:431-436.

[20] 钱德玲. 挤扩支盘桩的荷载传递规律及 FEM 模拟研究[J]. 岩土工程学报,2002,24(3):371-375.

[21] 钱德玲. 挤扩支盘桩的荷载传递规律及 FEM 模拟研究[J]. 岩土工程学报, 2002, 24(3): 371- 375.

[22] 钱德玲. 挤扩支盘桩受力性状的研究[J]. 岩石力学与工程学报. 2003,22(3):494-499.

[23] 钱德玲. 对挤扩支盘桩破坏性状的探讨[J]. 合肥工业大学学报(自然科学版), 2001, 24(5): 955- 958.

[24] 钱德玲,崇劲松. 用球形孔扩张理论估算支盘桩扩孔挤压效应[J]. 合肥工业大学学报(自然科学版),2003,26(1):53-56.

[25] 钱德玲. 变截面桩与土的相互作用机理[M]. 合肥:合肥工业大学出版社,2003.

[26] 邓友生,龚维明,戴国亮. 同场地支盘桩与直孔桩抗拔特性的对比试验[J]. 建筑科学,2006,22(1): 31-34.

[27] 林小伟,吴杰,卢成原. 不同成桩工艺对支盘桩承载性能影响的模型试验研究. 南通大学学报,2006,5(4):32—35.

[28] 巨玉文,梁仁旺,赵明伟,白晓红. 竖向荷载作用下挤扩支盘桩的试验研究及设计分析[J]. 岩土力学,2004,25(2).

[29] 巨玉文,穆希军,赵明伟. 挤扩支盘桩荷载传递的数值模拟方法[J]山西建筑,2003,29(2): 30-31.

[30] 巨玉文,梁仁旺,白晓红等. 挤扩支盘桩承载变形特性的试验研究及承载力计算[J]. 工程力学,2003,20(6):34-38.

[31] 崔江余. 支盘挤扩混凝土灌注桩受力机理及承载力性状的试验研究[D]. 北京:北方交通大学. 1996.

[32] 吴兴龙. DX 单桩承载力设计分析[J]. 岩土工程学报,2000,22(5):584-585.

[33] 胡骏,陈海生,张航. 支盘桩承载力的提高机理及计算公式研究[J]. 安徽建筑,2005, 12(3):105-107.

[34] 陈轮,常冬冬,李广信. DX 桩单桩承载力的有限元分析[J]. 工程力学,2002,19(6):67-72.

[35] 蒋力,陈轮. DX 桩抗拔位移的弹性理论解析解[J]. 工业建筑,2006,36(5):65-70.

[36] OGURA H. Study On beating capacity of nodular cylinder pile by scaled model test[J]. Struct Eng,1987,374:87-97.

[37] OGURA H. Study on beating capacity of nodular cylinder pile by full-scale test of jacked piles[J]. J Struct Eng,1988,386:66-77.

[38] Mohan D, Murthy V N S, Jain G S. Design and construction of ulti-under reamed piles [A]. Proc 7th Int ConfS M&FE[C]. Mexico,1969. 183-186.

[39] Mohan D. Bearing capacity ofmulti-under reamed piles[A]. Proc3th Asian ConfS M&FE [C]. Kaifa,1967. 98-101.

[40] O'Neill Mw. side resistanceinpiles and drilled shaRs[D]. Journal ofGeotechnical and Geo-environment Engineering, Div, ASCE, 2001, 1 27(1): 1-15.

[41] 杨世忠，李杨等. 嵌岩变截面桩的应用与计算[J]. 贵州工业大学学报：自然科学版，1999，28(4).

[42] 王小敏，刘玉等. 嵌岩变截面桩断面的选择与计算分析[J]. 贵州工业大学学报：自然科学版，2000，2.

[43] 杨有莲，朱俊高. 钻孔变截面灌注桩的荷载传递特性[J]. 水利水电科技进展，2008，28(3).

[44] 胡培进，汪中卫等. 变截面桩的力学性能及工程意义[J]. 上海地质，2007，3.

[45] 王伯慧，上官兴. 中国钻孔灌注桩新发展[M]. 北京：人民交通出版社，1999.

[46] 王小敏，刘玉等. 嵌岩变截面桩断面的选择与计算分析[J]. 贵州工业大学学报：自然科学版，2000，2.

[47] 杨果林，陈似华，林宇亮. 大直径扩径桩与等截面桩对比试验研究[J]. 铁道科学与工程学报，6(2)2009，4：34-42.

[48] Ismael, N. F. Behavior of Step Tapered Bored Piles in Sand under Static Lateral Loading [J]. Journal of Geotechnical and Geo-environmental Engineering, ASCE, 2009, 59(7): 669-676.

[49] Ismael, N. F. Load tests on straight and step tapered piles in weakly cemented sand. Proceedings of the 6th International Symposium on Field Measurements in Geomechanics, 15-18 September, Oslo, Norway. 2003.

[50] 易耀林，刘松玉等. 钉形搅拌桩单桩承载力及荷载传递特性的数值模拟研究[J]. 岩土力学，2009，30(6)：1843-1849.

[51] 易耀林，刘松玉，杜延军. 路堤荷载作用下钉形搅拌桩复合地基附加应力扩撒特性[J]. 中国公路学报. 第22卷第5期. 2009，9：8-14.

[52] 易耀林，刘松玉，杜延军. 路堤钉形搅拌桩复合地基沉降计算方法-广义桩体法[J]. 岩土工程学报. 第31卷第8期. 2009，8：1180-1188.

[53] 易耀林，刘松玉，杜延军等. 变径水泥土搅拌桩单桩承载力试验研究[J]. 东南大学学报(自然科学版). 第40卷第2期. 2010，3：352-356.

[54] 刘松玉，朱志铎等. 钉形搅拌桩与常规搅拌桩加固软土地基的对比研究[J]. 岩土工程学报，2009，31(7)：1059-1068.

[55] 向玮，刘松玉. 变径水泥土搅拌桩加固桥头软基的试验分析[J]. 解放军理工大学学报(自然科学版)，2009，10(5).

[56] 张金苗，石洞. 桥梁阶梯形变截面桩基的幂级数法分析[J]. 同济大学学报，18(3)，1990，9：307-316.

[57] 郗蔚东. 横向荷载作用下的变截面单桩刚度分析[J]. 桥梁建设，1990，(3)：49-60.

[58] 孙太亮. 变截面桩竖向承载特性模型试验研究[D]. 青岛：中国海洋大学，2011，6.

[59] 赵宏. 变截面桩地基破坏性状模型试验研究[D]. 青岛:中国海洋大学,2011,6.

[60] 黄明，付俊杰，陈福全等. 桩端荷载与地震耦合作用下溶洞顶板的破坏特征及安全厚度计算[J]. 岩土力学，2017(11):81-89.

[61] 黄明，张冰淇，陈福全等. 基于扰动状态概念的桩－土相互作用的新荷载渐进性传递模型[J]. 岩土力学，2017(s1):167-172.

[62] 黄明，付俊杰，陈福全等. 桩端岩溶顶板的破坏特征试验与理论计算模型研究[J]. 工程力学，2018，35(10):175-185.

[63] 黄明，付俊杰，陈福全等. 桩端岩溶顶板地震动力特性的振动台试验研究[J]. 哈尔滨工业大学学报，2019，51(02):132-141.

[64] 方焘,刘新荣,耿大新,罗照,纪孝团,郑明新. 大直径变径桩竖向承载特性模型试验研究(Ⅰ)[J]. 岩土力学,2012,33(10):2947-2952.

[65] 罗照,耿大新,方焘. 变截面桩竖向承载性状的模型实验研究[J]. 武汉大学学报(工学版),2011,44(06):731-734+756.

[66] 吴泽军,耿大新,方焘. 变截面桩的水平荷载模型试验研究[J]. 铁道建筑,2011(08):103-105.

[67] 方焘,张胤红,王宁,郭国君. 一阶变截面桩与等截面桩对比试验研究[J]. 华东交通大学学报,2019,36(01):94-99.

[68] Fang T, Huang M. Deformation and Load-Bearing Characteristics of Step-Tapered Piles in Clay under Lateral Load[J]. International Journal of Geomechanics, 2019, 19(6): 04019053.

[69] 黄明,江松,许德祥,邓涛,上官兴,方焘. 超大直径变截面空心桩的荷载传递特征与理论模型[J]. 岩石力学与工程学报,2018,37(10):2370-2383.

[70] 方焘. 阶梯形变截面桩变形及承载特性研究[D]. 重庆大学,2012.

[71] 刘新荣,方焘,耿大新,吴泽军,纪孝团. 大直径变径桩横向承载特性模型试验[J]. 中国公路学报,2013,26(06):80-86+190.